计算机课程改革实验教材系列

计算机组装与维修

杨 杰 段 欣 主编

電子工業出版社
Publishing House of Electronics Industry
北京·BEIJING

内容简介

为适应中等职业学校计算机课程改革的要求，从计算机组装与维修技能培训的实际出发，结合当前计算机硬件和软件的流行版本，我们组织编写了本书。本书的编写从满足经济发展对高素质劳动者和技能型人才的需要出发，在课程结构、教学内容、教学方法等方面进行了新的探索与改革创新，以利于学生更好地掌握本课程的内容，利于学生理论知识的掌握和实际操作技能的提高。

本书采用实训教学的方法，通过具体的实训任务讲述了计算机硬件、组装个人计算机、计算机软件安装与调试、计算机故障诊断与排除、计算机性能测试等内容。

本书是中等职业学校计算机相关专业的基础教材，也可作为各类计算机培训班的教材，也可作为计算机组装与维修从业人员的参考学习资料。

本书配有教学指南、电子教案及习题答案，详见前言。

图书在版编目(CIP)数据

计算机组装与维修/杨杰，段欣主编. —北京：电子工业出版社，2010.2
(计算机课程改革实验教材系列)
ISBN 978-7-121-10149-6

Ⅰ. 计… Ⅱ. ①杨…②段… Ⅲ. ①电子计算机－组装－专业学校－教材②电子计算机－维修－专业学校－教材 Ⅳ. TP30

中国版本图书馆 CIP 数据核字(2009)第 240248 号

策划编辑：关雅莉　　特约编辑：李新承
责任编辑：关雅莉　　杨　波
印　　刷：北京市海淀区四季青印刷厂
装　　订：涿州市桃园装订有限公司
出版发行：电子工业出版社
　　　　　北京市海淀区万寿路 173 信箱　邮编 100036
开　　本：787×1092　1/16　印张：12.25 字数：313.6 千字
印　　次：2010 年 2 月第 1 次印刷
印　　数：5 000 册　　定价：20.60 元

凡所购买电子工业出版社图书有缺损问题，请向购买书店调换。若书店售缺，请与本社发行部联系，联系及邮购电话：(010)88254888。

质量投诉请发邮件至 zlts@phei.com.cn，盗版侵权举报请发邮件至 dbqq@phei.com.cn。

服务热线：(010)88258888。

前　言

为适应中等职业学校技能型紧缺人才培养的需要，根据计算机课程改革的要求，从计算机组装与维修技能培训的实际出发，结合当前计算机硬件和软件的最流行版本，我们组织编写了本书。本书的编写从满足经济发展对高素质劳动者和技能型人才的需要出发，在课程结构、教学内容、教学方法等方面进行了新的探索与改革创新，以利于学生更好地掌握本课程的内容，利于学生理论知识的掌握和实际操作技能的提高。

本书按照"以服务为宗旨，以就业为导向"的职业教育办学指导思想，采用"行动导向，任务驱动"的方法，以实训引领知识的学习，通过实训的具体操作引出相关的知识点；通过"任务描述"、"知识准备"和"实施步骤"，引导学生在"学中做"、"做中学"，把基础知识的学习和基本技能的掌握有机地结合在一起，从具体的操作实践中培养自己的应用能力；并通过"知识拓展"介绍相关知识，进一步开拓学生视野；最后通过"达标检测"，促进读者巩固所学知识并熟练操作。本书的经典案例来自于生活，更符合中职学生的理解能力和接受程度。

本教材共分 6 章，依次介绍了计算机硬件、组装个人计算机、计算机软件安装与调试、计算机故障诊断与排除、计算机性能测试等内容。

本书由山东师范大学杨杰、山东省教学研究室段欣主编，济南信息工程学校谢夫娜、章丘一职专郭锡峰任副主编，一些职业学校的老师参与了程序测试、试教和修改工作，在此表示衷心的感谢。

由于编者水平有限，难免有错误和不妥之处，恳请广大读者批评指正。

为了提高学习效率和教学效果，方便教师教学，本书还配有教学指南、电子教案、素材及习题答案。请有此需要的读者登录华信教育资源网（http://www.hxedu.com.cn）免费注册后进行下载，有问题时请在网站留言板留言或与电子工业出版社联系（E-mail：hxedu@phei.com.cn）。

编　者

2010 年 2 月

目录

第 1 章 认识计算机

任务 1 了解计算机基础知识

任务描述

学习计算机组装的基础知识，主要包括计算机发展历程、微型计算机外观、计算机系统的组成、计算机的工作原理等。通过学习，对计算机有一个总体上的认识。

知识准备

1. 计算机的发展历程

计算机从一个庞然大物发展到现在的微机，经历了 4 个阶段的发展。

（1）第一代计算机

1946 年 2 月 16 日，人类历史上第一台电子计算机 ENIAC 诞生，它共使用了 18 000 个电子管，占地 170 平方米，耗电 150 千瓦，造价 48 万美元，每秒可执行 5000 次加法或 400 次乘法运算。1950 年，第一台并行计算机 EDVAC 出现，实现了计算机之父“冯·诺伊曼”的两个设想：采用二进制和存储程序。

（2）第二代计算机

1954 年，IBM 公司制造的第一台使用晶体管的计算机 TRADIC，其增加了浮点运算，使计算能力有了很大提高。1958 年，IBM 公司制造的 IBM 1401 是第二代计算机中的代表。

（3）第三代计算机

1964 年，第三代集成电路计算机 IBM S/360 诞生，这是计算机历史上最成功的机型之一，具有极强的通用性，可适用于各个行业。

（4）第四代计算机

1970 年，第四代大规模和超大规模集成电路计算机 IBM S/370 出现，这是 IBM 更新换代的重要产品。它采用了大规模集成电路代替磁芯存储，以小规模集成电路作为逻辑元件，并使用虚拟存储器技术，将硬件和软件分离开来，从而明确了软件的价值。

2. 计算机外观

计算机的种类很多，根据规模大小可分为巨型机、大型机、中小型机、微型机和便携机等；根据用途可分为专用计算机和通用计算机等。办公室常用的是多媒体通用微型计算机，俗称电脑。图 1-1 所示分别为微机、苹果机和笔记本。

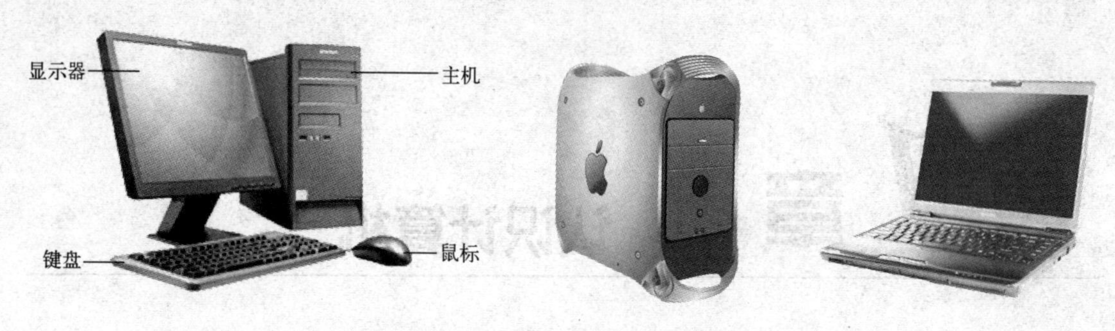

图 1-1 微型计算机、苹果机、笔记本外观

3. 计算机系统的组成

计算机系统包括硬件系统和软件系统两大部分，如图 1-2 所示。硬件是指组成计算机的各种物理设备；软件是指运行在计算机中的所有软件系统，二者相辅相成，如果没有软件系统，计算机便无法正常工作，相反，如果没有硬件的支持，计算机软件也没有运行的环境。

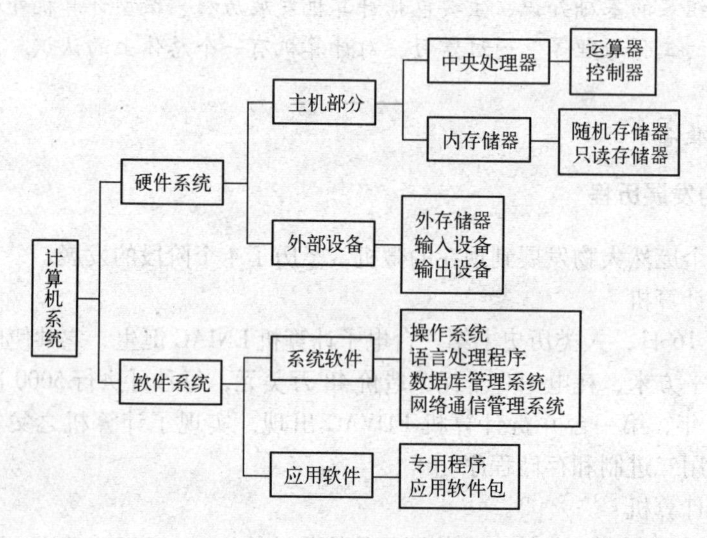

图 1-2 计算机系统的组成

硬件系统由多个单元组成，如 CPU、存储器、输入和输出设备等。

软件系统包括系统软件和应用软件两大类。系统软件是控制和协调计算机及其外部设备、支持应用软件的开发和运行的软件，其主要功能是进行调度、监控和维护系统，主要包括操作系统软件（DOS、Linux、Windows 等）、各种语言的处理程序（低级语言、高级语言、编译程序、解释程序等）、各种服务性程序（机器调试、故障检查、诊断程序和杀毒程序等）、各种数据库管理系统（SQL Server、Oracle、Informix）等。

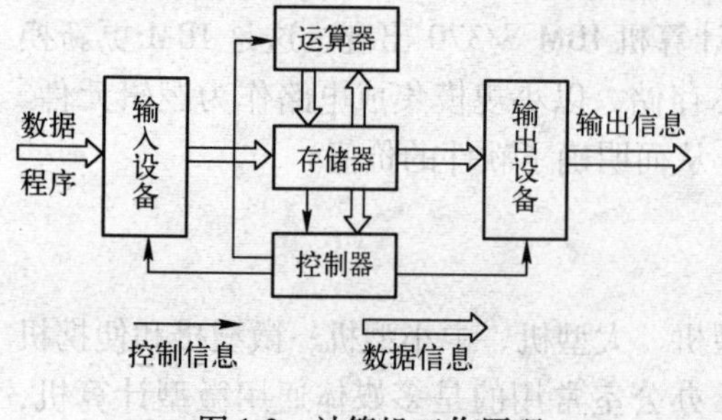

图 1-3 计算机工作原理

4. 计算机工作原理

计算机硬件由五大功能部件组成，即运算器、控制器、存储器、输入设备和输出设备。这五大部分相互配合，协同工作，如图 1-3 所示。

首先由输入设备接受外界信息（程序和数据），控制器发出指令将数据送入（内）存储器，然后向内存储器发出取指令命令。在取指令命令下，程序指令逐条送入控制器。控制器对指令进行译码，并根据指令的操作要求，向存储器和运算器发出存数、取数命令和运算命令，经过运算器计算并把计算结果存入存储器内，最后在控制器发出的取数和输出命令的作用下，通过输出设备输出计算结果。

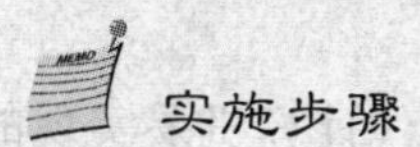

实施步骤

1. 工具准备

采用分组形式，每组一台能上网的计算机。

2. 实训过程

结合课本的知识准备部分与所搜集到的相关资料，思考如下问题。

（1）计算机经历了哪 4 个阶段的发展？
（2）多媒体微型计算机主要包括哪些硬件？
（3）计算机常用的辅助存储器有哪些？
（4）计算机常用的输入/输出设备有哪些？
（5）常用的操作系统有哪些？
（6）计算机的工作过程是怎样的？

3. 实训作业

实训完毕后完成实训报告。

知识拓展

1. 计算机组装与维修的相关网站

（1）天极网：www. yesky. com。
（2）中关村在线：www. zol. com. cn。
（3）太平洋电脑：www. pconline. com。
（4）硅谷动力：www. enet. com. cn。

2. 计算机的发展趋势

（1）功能巨型化

计算机的功能巨型化是指计算机运算速度高、存储容量大。巨型计算机主要用于尖端科学技术和军事国防系统的研究开发，其发展集中体现了计算机科学技术的发展水平，并推动了计算机系统结构、硬件和软件的理论和技术、计算数学以及计算机应用等多个科学分支的发展。

（2）体积微型化

随着微电子技术的进一步发展，微型计算机将发展得更加迅速，其中笔记本型、掌上型等微型计算机必将以更优的性能价格比受到人们的欢迎。

(3) 资源网络化

网络化是指利用通信技术和计算机技术，把分布在不同地点的计算机互连起来，按照网络协议相互通信，以达到所有用户都可共享软件、硬件和数据资源的目的。用户通过网络能更好地传送数据、文本资料、声音、图形和图像，可随时随地在全世界范围拨打可视电话或收看任何国家的电视、电影。

(4) 处理智能化

智能化就是要求计算机能模拟人的感觉和思维能力，这也是第五代计算机要实现的目标。智能化的研究领域很多，其中最有代表性的领域是专家系统和机器人。

任务2 认识计算机部件

任务描述

(1) 打开一台主机，识别主机内的各种硬件，如主板、CPU、内存条、硬盘、光驱、显卡、声卡、网卡、机箱和电源等。

(2) 结合教材准备知识，并从网上查找相关资源，了解计算机各个部件的功能。

(3) 自己动手连接计算机外部的各种连线。

知识准备

1. 主板

主板又叫主机板、系统板或母板，如图1-4所示。主板安装在机箱内，是微机最基本的也是最重要的部件之一。主板一般为矩形电路板，上面安装了组成计算机的主要电路系统，如BIOS芯片、I/O控制芯片、键盘和面板控制开关接口、指示灯插接件、扩充插槽等元件。主板在整个微机系统中扮演着重要的角色，主板的类型和档次决定着整个微机系统的类型和档次，也就是说，主板的性能影响着整个微机系统的性能。

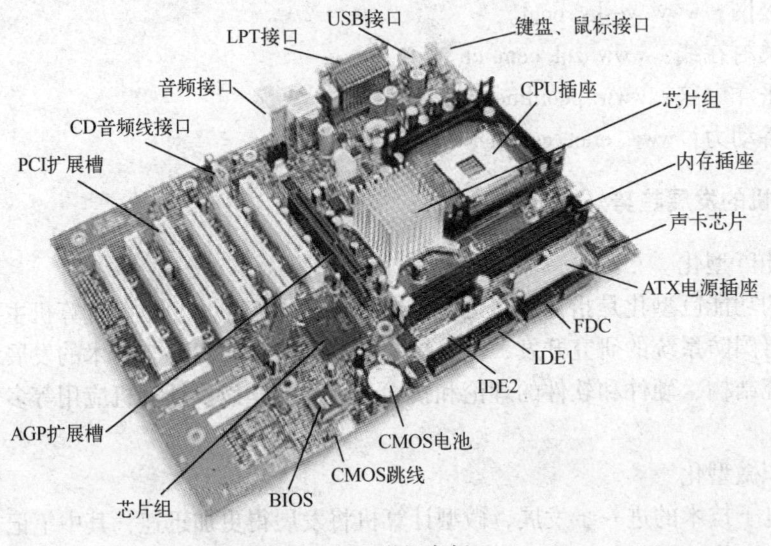

图1-4 微机主板

2. 中央处理器

CPU是Central Processing Unit——中央处理器的缩写，它由运算器和控制器组成，CPU的内部结构可分为控制单元、逻辑单元和存储单元3部分。如图1-5所示，自左至右分别是Intel Core 2 Quad Q8200台式机CPU、AMD速龙X2 7750台式机CPU和Intel Pentium Duo T4200笔记本电脑CPU。

图1-5　不同型号的CPU

CPU的工作原理就像一个工厂对产品的加工过程：进入工厂的原料（指令），经过物资分配部门（控制单元）的调度分配，被送往生产线（逻辑运算单元），生产出成品（处理后的数据）后，再存储在仓库（存储器）中，最后等着拿到市场上去卖（交由应用程序使用）。

3. 内存

存储器按用途分为主存储器和外存储器。主存储器又称为内存储器（简称内存），内存条是电脑中的主要部件。如图1-6所示，自左至右分别为金士顿DDR2 800 2GB内存条和威刚DDR2 1066 + 2GB（极速飞龙）内存条。内存是存储程序和数据的地方，比如当使用word处理文档时，从键盘上输入的字符被存入内存中，当选择存盘时，内存中的数据被存入外存储器。常用的程序如操作系统、Office软件、游戏软件等一般安装在外存储器上，当使用到软件的某一功能时，程序和数据才会被临时调入内存。

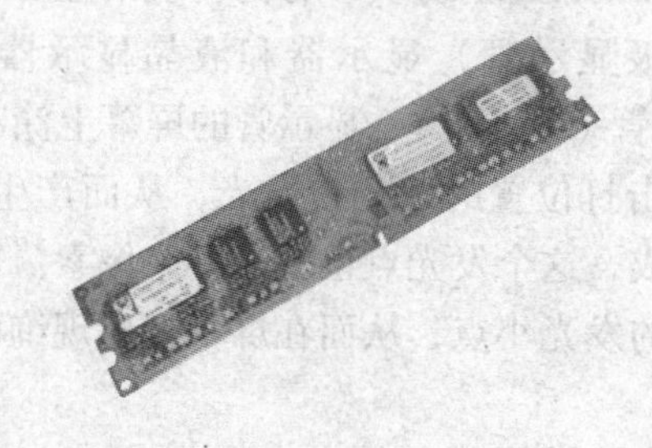

图1-6　不同品牌的内存条

4. 外存

外存储器简称外存，又称为辅助存储器，如硬盘、U盘和光盘等。如图1-7所示，自左至右分别为希捷320GB硬盘、金士顿U盘、麦克赛尔48X CD-R光盘。外存储器有补充内存和长期保存程序、数据及运算结果的作用。外存储器存储的内容不能直接供计算机使用，需要先送入内存，再从内存提供给计算机。外存的特点是容量大、能够长时间保存存储的内容，存取速度比内存慢。

图 1-7　硬盘、U 盘、光盘

5. 显卡和显示器

显卡又称显示适配卡，它是连接主机与显示器的接口卡，作用是将主机的输出信息转换成字符、图形和颜色等信息，传送到显示器上显示。显卡插在主板的扩展插槽中，显卡由显示主芯片、显示缓存（简称显存）、BIOS、数字模拟转换器（RAMDAC）、显卡的接口和卡上的电容、电阻等组成。如图 1-8 所示自左至右分别为昂达 9600GSO 384MB 显卡和七彩虹 9800GT-GD3 512MB 显卡。

图 1-8　不同品牌型号的显卡

显示器是计算机的主要输出设备，按照显示器的显示管分类，分为传统的显示器即采用电子枪产生图像的 CRT（Cathode-Ray-Tube，阴极显示管）显示器和液晶显示器（Liquid Crystal Display，LCD）。显示器的主要部件是显像管（电子枪），显示管的屏幕上涂有一层荧光粉，电子枪发射出的电子击打在屏幕上，使被击打位置的荧光粉发光，从而产生了图像，每一个发光点又由红、绿、蓝 3 个小的发光点组成，这个发光点也就是一个像素。由于电子束是分为 3 条的，它们分别射向屏幕上 3 种不同的发光小点，从而在屏幕上出现绚丽多彩的画面。显示器显示画面是由显示卡来控制的。

6. 网卡

网卡是网络接口卡的简称，是计算机局域网中最重要的连接设备之一，计算机通过网卡接入网络。在计算机网络中，网卡一方面负责接收网络上的数据包，解包后，将数据通过主板上的总线传输给本地计算机，另一方面将本地计算机上的数据打包后送入网络。如图 1-9 所示为不同品牌类型的网卡。

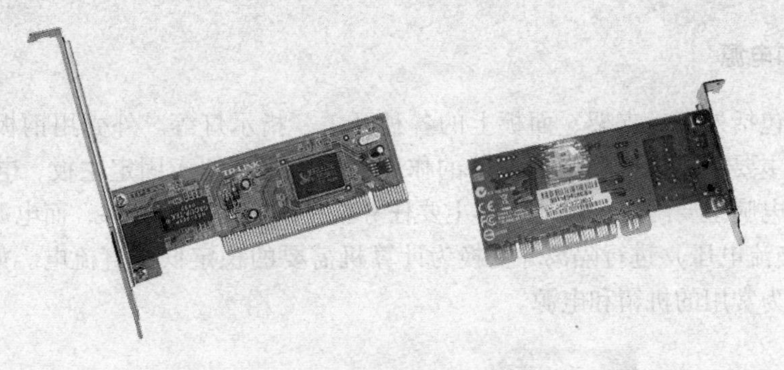

图 1-9　不同品牌型号的网卡

7. 声卡和音箱

声卡是实现声波与数字信号相互转换的一种硬件设备。声卡的基本功能是把来自话筒、磁带、光盘的原始声音信号加以转换，输出到耳机、扬声器、扩音机、录音机等声响设备，或通过音乐设备数字接口使乐器发出美妙的声音。如图 1-10 所示，自左至右分别为创新 PCI 声卡和外置 U 口的创新声卡。

图 1-10　不同型号的声卡

音箱是将音频信号变换为声音的一种设备，音箱的主机箱体或低音炮箱体内自带功率放大器，对音频信号进行放大处理后，由音箱本身回放出声音。

8. 键盘和鼠标

键盘是一组排列好了的数字键、字母键或功能键，用于把信息输入终端，从而送入既定的系统之中，是计算机系统最重要的输入设备之一。鼠标的使用是为了使计算机的操作更加简便，以代替键盘中烦琐的指令。如图 1-11 所示，自左至右分别为无线键盘、鼠标和可识别指纹的鼠标。

图 1-11　无线键盘鼠标、可指纹识别的鼠标

9. 机箱和电源

机箱一般包括外壳、支架、面板上的各种开关、指示灯等。外壳用钢板和塑料结合制成，硬度高，主要起保护机箱内部元件的作用；支架主要用于固定主板、电源和各种驱动器。机箱作为电脑主要配件的载体，其主要任务就是固定与保护配件，而电源的作用就是把市电（220V 交流电压）进行隔离并变换为计算机需要的稳定低压直流电。如图 1-12 所示，自左至右分别为常用的机箱和电源。

图 1-12　机箱和电源

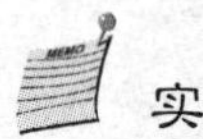

实施步骤

1. 工具准备

（1）采用分组形式，每组能上网的计算机一台。

（2）防静电手套、尖嘴钳、螺丝刀。

2. 实训过程

（1）查看主机与显示器、键盘、鼠标等设备的连线，拆卸计算机的外部设备。

（2）打开主机，认识主机箱内的各个硬件及其型号。

① 用螺丝刀将主机箱盖螺钉取下，打开机箱各面的挡板。

② 结合课本知识，观察主板、CPU、内存条、硬盘、光盘、显卡、声卡、网卡、显示器、键盘、鼠标、机箱和电源的连线，了解计算机不同部件的生产厂商、型号、结构等信息。

（3）安装主机箱盖，并动手连接计算机的外部设备。

3. 实训作业

实训完毕后，完成实训报告。

知识拓展

1. 商用电脑与家用电脑

商用电脑注重系统的稳定性、安全性、售后服务、技术支持的能力、机型之间的部件通用性，以及灵活多变的定制方案。家用计算机注重性能、多媒体能力、外观和人性化功能。

商用计算机强调机器的稳定性。计算机的稳定性远比性能更加重要，如果计算机使用过程中由于稳定性的原因导致硬件出现问题，进而导致数据损失，那么会对公司的业务开展造成非常大的损失。现在市场上销售的商用计算机配置往往低于同价位的家用计算机，但是增加了很多稳定性方面的设置，比如很高的平均无故障运行时间、完备的售后服务体系、完善的系统恢复程序等，家用计算机虽然也注意硬件搭配的合理性，但是比商用计算机要差一些。商用计算机的多媒体性能一般都较差，比如集成显卡、显存共享系统内存等，家用计算机的多媒体性能要高，一般都是独立的显卡。商用计算机会针对不同的应用领域推出不同的机型，比如专门的税控系统使用的机型，而家用计算机是在硬件搭配上有所区别，比如CPU的速度、内存的大小、硬盘的大小以及显卡的种类等，不会针对某一种用户推出专门的机型。商用计算机的外形一般比较庄重典雅，家用计算机的外形可能是五彩斑斓、色彩亮丽的。

2. 苹果机

苹果机是Apple公司生产的产品，采用Mac OS操作系统，使用G系列处理器。苹果机以其绝妙的外观和艺术价值，受到一小群人的喜爱。

从内外观上看，现代苹果产品一直被业界认为是工业设计的典范，从设计上讲，苹果机可以认为是一件艺术品；从内部结构来看，苹果机的内部简洁，几乎看不见一根电源线与数据线；从操作上来看，苹果机基本操作与IBM兼容机无异；从操作系统上看，苹果机的操作系统Mac OS X 10.3也可以认为是一件艺术品，有金属面版的效果、DOCK放大缩小效果、窗口流动的神奇效果、用户切换特效、Expose（一个漂亮但相当实用的效果）效果等；从应用软件上看，苹果机的应用软件较少，但苹果机的一些特有应用软件，可以很轻松地完成一些工作，操作之简单令人惊叹；在价格方面，苹果机相对于IBM兼容机价格要高一些。

知识归纳

1. 计算机的发展历程

计算机的发展经历了4个阶段：电子管计算机、晶体管计算机、集成电路计算机和大规模与超大规模集成电路计算机。

2. 计算机系统的组成

计算机系统包括硬件系统和软件系统两大部分。硬件系统是组成计算机的各种物理设备（主机和外设）；软件系统包括系统软件和应用软件两大类，系统软件是控制和协调计算机及其外部设备、支持应用软件的开发和运行的软件，应用软件是用户为解决各种实际问题而编制的计算机应用程序及其有关资料。

3. 计算机工作原理

计算机硬件由5大功能部件组成，即运算器、控制器、存储器、输入设备和输出设备，这5大部分相互配合，协同工作。控制器负责程序和指令的解释及执行，指挥全系统的工作；运算器对数据进行加工和运算；存储器负责程序、数据信息的存储和管理；输入和输出设备与用户打交道，负责提交用户的需求和输出计算结果。

4. 计算机的硬件组成

计算机硬件系统由主机、键盘、鼠标、显示器和音箱等组成。主机系统包括主板、中央处理器、内存、硬盘、软驱、光驱等。在个人计算机中，控制器和运算器是合在一起的，称为中央处理器，简称CPU，也叫微处理器。存储器分为内存（主存）和外存。输入设备主要有键盘、鼠标、扫描仪、软驱（软盘）或光驱（光盘）、语音或图像采集卡等。输出设备主要有显示器、绘图仪、打印机、软驱（软盘）或光驱（光盘）、语音或图像合成器，以及可编程控制器等网络硬件设备。

达标检测

一、填空题

1. ________年，美国宾夕法尼亚大学研制成功了世界上第一台电子计算机________，标志着电子计算机时代的到来。随着电子技术，特别是微电子技术的发展，依次出现了分别以________、________、________、________和________为主要元件的电子计算机。

2. 计算机系统通常由________和________两个大部分组成。

3. 计算机软件系统分为________和________两大类。

4. 中央处理器简称CPU，它是计算机系统的核心，主要包括________和________两个部件。

5. 计算机硬件和计算机软件既相互依存，又互为补充，可以这样说，________是计算机系统的躯体，________是计算机的头脑和灵魂。

6. 计算机常用的辅存储器有________、________、________。

7. 计算机硬件由5大功能部件组成，即________、________、________、________和________这5大部分相互配合，协同工作。

8. 外存储器有补充内存和长期保存________、________及________的作用。外存储器存储的内容不能直接供计算机使用，需要先送入内存，再从内存提供给计算机。

9. 显卡又称显示器适配卡，它是连接________与________的接口卡，作用是________，传送到显示器上显示。

10. 声卡是实现________与________相互转换的一种硬件。声卡的基本功能是把来自话筒、磁带、光盘的原始声音信号加以转换，输出到耳机、扬声器、扩音机、录音机等声响设备。

二、实训题

1. 认识并连接计算机外部设备。

（1）从外观上查看一台配置比较完整的计算机。

（2）查看主机与显示器、键盘、鼠标、打印机、音箱等设备的连线。

（3）断开主机与外部设备的连线。

（4）连接主机与外部设备的连线，并接通电源测试。

2. 认识主机内的各种硬件。

（1）打开主机。

（2）认识主板并查看其型号。

（3）认识CPU并查看其型号。

（4）认识内存条并查看其型号。

（5）认识硬盘、光驱、显卡、声卡、网卡及其他外部设备（显示器、音箱、机箱、电源等），并查看其型号。

第2章 认识计算机硬件

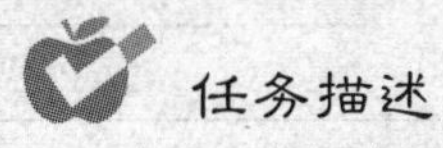

任务3 认识计算机主板

任务描述

如图2-1所示，认识华硕P5Q主板，并了解表2-1中主板的相关参数含义。

图2-1 华硕P5Q主板

表2-1 华硕P5Q主板相关参数

主板芯片	
集成芯片	声卡/网卡
主芯片组	Intel P45
芯片厂商	Intel
芯片组描述	采用Intel P45 + ICH10R芯片组
音频芯片	集成Realtek ALC1200 8声道音效芯片
图形芯片	无
网卡芯片	板载Atheros千兆网卡

续表

CPU 规格	
适用平台	Intel
CPU_ 种类	Core2 Extreme/Core 2 Quad/Core 2 Duo/Celeron
CPU_ 描述	支持 Intel 45nm 双核或四核酷睿 2 处理器
CPU_ 插槽	LGA 775
支持 CPU 数	1
总线频率	FSB 1600MHz
内存规格	
内存类型	DDR2
内存描述	支持双通道 DDR2 1200/1066/800/667 内存，最大支持 16GB
扩展插槽	
显卡插槽	PCI-E 2.0 16X
PCI 插槽	3 条 PCI 插槽，2 条 PCI-E 1X
IDE 插槽	一个 IDE 插槽
FDD 插槽	一个 FDD，接软驱
SATA 接口	8 个 SATAII 接口，支持 RAID 0，1，5，10
I/O 接口	
USB 接口	12 个 USB 2.0 接口
PS/2 接口	PS/2 鼠标，PS/2 键盘接口
其他接口	1 个 RJ 45 网络接口/1 个 1394a 接口
外接端口	音频接口
板型	
主板板型	ATX 板型
外形尺寸	30.5cm×22.4cm
软体管理	
BIOS 性能	8 Mb AMI BIOS，PnP，DMI 2.0，WfM2.0，SM BIOS 2.4，ACPI 3.0
其他特征	
其他性能	支持 Express Gate 开机 5s 快速上网功能 Drive Xpert 磁盘备份技术 华硕 EPU-6 引擎动态节能
其他参数	
电源插口	一个 8 针，一个 24 针电源接口
供电模式	八相
附件	
随机附件	说明书、驱动光盘、FDD/IDE 数据线、SATA 数据线、挡板

1. 主板结构

主板结构是根据主板上各元器件的布局排列方式、尺寸大小、形状与所使用的电源规格等制定出的通用标准，所有主板厂商都必须遵循。

主板结构分为以下几种。

（1）AT、Baby-AT 板型：老主板结构，已基本淘汰。

（2）ATX 板型：目前市场上最常见的主板结构，扩展插槽较多，PCI 插槽数量在 4-6 个，大多数主板都采用此结构。Intel 在 1995 年 1 月公布了扩展 AT 主板结构，即 ATX（AT extended）主板标准，这一标准得到世界主要主板厂商支持，目前已经成为最广泛的工业标准。

ATX 结构主板具有如下特点：

- 主板几何尺寸改为 30.5cm×24.4cm。
- 采用 7 个 I/O 插槽，CPU 与 I/O 插槽、内存插槽位置更加合理。
- 优化了软硬盘驱动器接口位置。
- 提高了主板的兼容性与可扩充性。
- 采用了增强的电源管理，真正实现电脑的软件开/关机和绿色节能功能。

（3）Micro ATX 板型：又称 Mini ATX，是 ATX 结构的简化版，即常说的“小板”，扩展插槽较少，PCI 插槽数量在 3 个或 3 个以下，多用于品牌机并配备小型机箱。

（4）LPX、NLX、Flex ATX 板型：是 ATX 的变种，多见于国外的品牌机，国内不多见。

（5）EATX、WATX 板型：多用于服务器或工作站的主板。

（6）BTX 板型：是英特尔制定的最新一代主板结构，如图 2-2 所示。

图 2-2　BTX 主板结构

BTX 结构主板具有如下特点：

- 拥有性能更好的散热系统。
- 更合理的内部架构。

CPU 及其散热器为一个模组，南桥北桥、IO 接口为一个模组，扩展卡为一个独立模组，电源部分为一个模组，驱动器及内存部分为另外一个模组，如此设计主要是为了保证系统内的空气流通效果。

- 更科学的主板螺钉安装孔。
- 更丰富的电源供应模式。

2. 主板芯片

（1）主芯片组

芯片组是主板的核心组成部分，按照在主板上排列位置的不同，通常分为北桥芯片和南桥芯片，如图 2-3 所示。

图 2-3　北桥芯片（左）与南桥芯片（右）

北桥芯片一般提供对 CPU 的类型和主频、内存的类型和最大容量、ISA/PCI/PCI-E 插槽、ECC 纠错等支持，通常在主板上接近 CPU 插槽的位置。由于此类芯片的发热量一般较高，所以在此芯片上装有散热片。南桥芯片主要用来与 I/O 及 ISA 设备相连，并负责管理中断及 DMA 通道，让设备工作得更顺畅。其提供对 KBC（键盘控制器）、RTC（实时时钟控制器）、USB（通用串行总线）、Ultra DMA/33（66）EIDE 数据传输方式和 ACPI（高级能源管理）等的支持，一般在接近 PCI 槽的位置。

主板芯片组几乎决定着主板的全部功能，其中 CPU 的类型、主板的系统总线频率、内存类型、容量和性能、显卡插槽规格等是由芯片组中的北桥芯片决定的，而扩展槽的种类与数量、扩展接口的类型和数量（如 USB 2.0/1.1、IEEE 1394、串口、并口和笔记本的 VGA 输出接口）等是由芯片组的南桥决定。还有些芯片组由于有 3D 加速显示（集成显示芯片）、AC’97 声音解码等功能，决定着计算机系统的显示性能和音频播放性能等。

到目前为止，能够生产芯片组的厂家有 Intel（美国）、VIA（中国台湾）、SiS（中国台湾）、ULI（中国台湾）、AMD（美国）、NVIDIA（美国）、ATI（加拿大）、ServerWorks（美国）、IBM（美国）、HP（美国）等为数不多的几家，其中以英特尔、NVIDIA，以及 VIA 的芯片组最为常见。

（2）BIOS 芯片

BIOS 是英文“Basic Input Output System”的缩写，即“基本输入输出系统”，它是一组被固化到电脑中，为电脑提供最低级最直接的硬件控制的程序，是连通软件程序和硬件设备之间的枢纽，负责解决硬件的即时要求，并按照软件对硬件的操作要求进行具体执行。

BIOS 芯片是主板上一块长方形或正方形芯片，如图 2-4 所示。

图2-4　主板上的BIOS芯片

BIOS中主要存放如下内容。

- 自诊断程序：通过读取CMOS RAM中的内容识别硬件配置，并对其进行自检和初始化。
- CMOS设置程序：引导过程中，用特殊热键启动，进行设置后，存入CMOS RAM中。
- 系统自举装载程序：在自检成功后将磁盘相对0道0扇区上的引导程序装入内存，让其运行以装入DOS系统。
- 主要I/O设备的驱动程序和中断服务。

BIOS具有如下功能。

- 自检及初始化程序：这部分负责启动电脑，首先加电自检，检查电脑是否良好，通常完整的POST自检包括对CPU、640KB基本内存、1MB以上的扩展内存、ROM、主板、CMOS存储器、串并口、显示卡、软硬盘子系统及键盘进行测试，一旦在自检中发现问题，系统将给出提示信息或鸣笛警告。自检中如果发现有错误，将按两种情况处理，对于严重故障（致命性故障）则停机，此时由于各种初始化操作还没完成，不能给出任何提示或信号；对于非严重故障则给出提示或声音报警信号，等待用户处理。然后是初始化，包括创建中断向量、设置寄存器、对一些外部设备进行初始化和检测等，其中很重要的一部分是BIOS设置，主要是对硬件设置的一些参数，当电脑启动时会读取这些参数，并和实际硬件设置进行比较，如果不符合，会影响系统的启动。最后是引导程序，功能是引导DOS或其他操作系统。BIOS先从软盘或硬盘的开始扇区读取引导记录，如果没有找到，则会在显示器上显示没有引导设备，如果找到引导记录会把电脑的控制权转给引导记录，由引导记录把操作系统装入电脑，在电脑启动成功后，BIOS的这部分任务就完成了。
- 程序服务处理和硬件中断处理：程序服务处理程序主要是为应用程序和操作系统服务的，与输入/输出设备有关，例如读磁盘、文件输出到打印机等。为了完成这些操作，BIOS必须直接与计算机的I/O设备打交道，它通过端口发出命令，向各种外部设备传送数据以及接收数据，使程序能够脱离具体的硬件操作；而硬件中断处理则分别处理PC硬件的需求。这两部分分别为软件和硬件服务，组合到一起，可以使计算机系统正常运行。BIOS的服务功能是通过调用中断服务程序来实现的，这些服务分为很多组，每组有一个专门的中断号。例如，视频服务的中断号为10H；屏幕打印的中断号为05H。每一组又可以根据具体功能细分为不同的服务号。应用程序需要使用哪些外设、进行什么操作，只需要在程序中用相应的指令说明即可，无须直接控制。

3. 主板插槽

1）内存插槽

内存插槽是指主板上所采用的内存插槽的类型和数量，主板所支持的内存种类和容量都是由内存插槽来决定的。目前主要应用于主板上的内存插槽有如下几种。

（1）SIMM

内存条正反两面都带有金手指，其通过金手指与主板连接。金手指可以在两面提供不同的信号，也可以提供相同的信号。如图 2-5 所示，SIMM 就是一种两面金手指都提供相同信号的内存结构，它多用于早期的 FPM 和 EDD DRAM，最初一次只能传输 8 bit 数据，后来逐渐发展出 16bit、32bit 的 SIMM 模组，其中 8bit 和 16bit SIMM 使用 30pin 接口，32bit 的则使用 72pin 接口。在内存发展进入 SDRAM 时代后，SIMM 逐渐被 DIMM 技术取代。

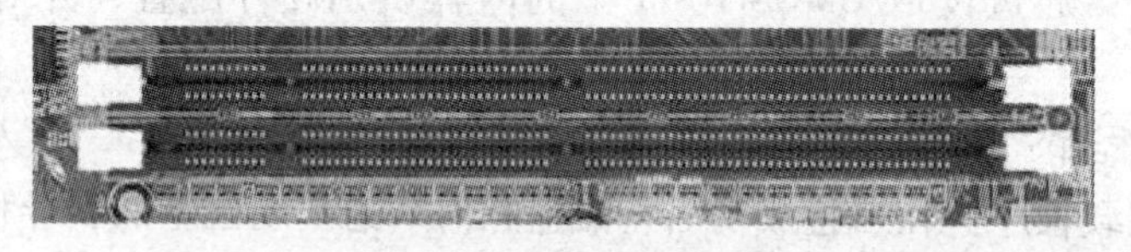

图 2-5　168 针 SIMM 插槽

（2）DIMM

DIMM 的金手指两端各自独立传输信号，可以满足更多数据信号的传送需要。SDRAM DIMM 为 168pin DIMM 结构，每面为 84pin，金手指上有两个卡口，用来避免插入插槽时，错误将内存反向插入而导致烧毁；DDR DIMM 则采用 184pin DIMM 结构，每面有 92pin，金手指上只有一个卡口，如图 2-6 所示。DDR2 DIMM 为 240pin DIMM 结构，每面有 120pin，金手指上也只有一个卡口，但是卡口的位置与 DDR DIMM 稍微有一些不同，如图 2-7 所示，因此 DDR 内存是插不进 DDR2 DIMM 的，同理 DDR2 内存也是插不进 DDR DIMM 的。

图 2-6　184 针 DIMM 插槽

图 2-7　240 针 DDR2 DIMM 插槽

（3）RIMM

RIMM 是 Rambus 公司生产的 RDRAM 内存所采用的接口类型，RIMM 内存与 DIMM 的外形尺寸差不多，其金手指同样也是双面的，但在 RIMM 金手指的中间部分有两个靠的很近的卡口。由于 RDRAM 内存的价格较高，此类内存在 DIY 市场很少见到，因此 RIMM 接口也就难见到了。

2）PCI-E 插槽

PCI-Express 是最新的总线和接口标准，如图 2-8 所示。它原来的名称为“3GIO”，是由英特尔提出的。这个新标准将全面取代现行的PCI和AGP，并最终实现总线标准的统一。它的主要优势就是数据传输速率高，目前最高可达到10Gbps以上，而且还有相当大的发展潜力。PCI Express有多种规格，从PCI Express 1X到PCI Express 16X，能满足现在和将来一定时间内出现的低速设备和高速设备的需求。支持PCI Express的芯片组主要是英特尔的i915和i925系列。

3）PCI插槽

PCI插槽是基于PCI局部总线的扩展插槽，如图2-8所示。其颜色一般为乳白色，位于主板上PCI-E插槽的下方。PCI插槽是目前主板带有最多数量的插槽类型，在当前流行的台式机主板上，ATX结构的主板一般带有5～6个PCI插槽。

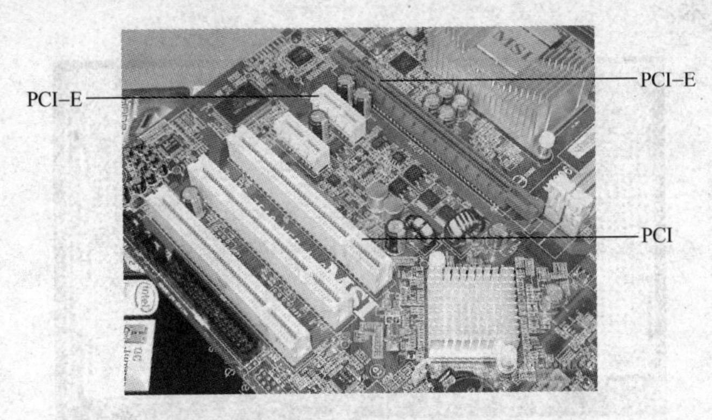

图2-8 PCI-E插槽

4）CPU插槽

不同类型的CPU具有不同的CPU插槽，因此选择CPU，就必须选择带有与之对应插槽类型的主板，而不同类型的主板CPU插槽，其插孔数、体积、形状也会有相应变化，所以不能互相接插。目前市场CPU分为Intel和AMD两大阵营，而每个厂商的主流CPU针对不同的用户又分为高端与低端两类，共4种插槽类型。

（1）Socket 478插槽

Socket 478是Intel公司Pentium 4、Celeron及Celeron D处理器使用的插座，如图2-9所示。最初的Socket 478接口是早期Pentium 4系列处理器所采用的接口类型，针脚数为478

图2-9 Socket 478插座

针。Socket 478 的 Pentium 4 处理器面积很小，其针脚排列极为紧密。英特尔公司的 Pentium 4 系列和 P4 赛扬系列都采用此接口，目前这种 CPU 正逐步退出市场。

（2）Socket 754 插槽

Socket 754 是 2003 年 9 月 AMD 64 位桌面平台最初发布时的标准插槽。如图 2-10（右）所示，是目前低端的 Athlon 64 和高端的 Sempron 所对应的插槽标准，具有 754 个 CPU 针脚插孔，支持 200MHz 外频和 800MHz 的 HyperTransport 总线频率，但不支持双通道内存技术。

（3）Socket 939 插槽

Socket 939 插槽是 AMD 公司 2004 年 6 月才推出的 64 位桌面平台接口标准，如图 2-10（左）所示。目前采用此接口的有高端的 Athlon 64 及 Athlon 64 FX，具有 939 根 CPU 针脚，支持双通道内存技术。

图 2-10 Socket 939（左）和 Socket 754（右）

（4）LGA 775 插槽

LGA 775 又称为 Socket T，如图 2-11 所示。目前采用此种插槽的有 LGA 775 封装的单核心的 Pentium 4、Pentium 4 EE、Celeron D，以及双核心的 Pentium D 和 Pentium EE 等 CPU，Core 架构的 Cornoe 核心处理器也采用此类插槽。

图 2-11 LGA 775 插座

5）硬盘接口

硬盘接口是硬盘与主机系统间的连接部件，用于在硬盘缓存和主机内存之间传输数据。硬盘接口分为 IDE、SATA、SCSI 和光纤通道 4 种，IDE 接口的硬盘多用于家用产品中，部分也应用于服务器；SCSI 接口的硬盘则主要应用于服务器市场；光纤通道只在高端服务器上，价格昂贵；SATA 接口正处于市场普及阶段，在家用市场中有着广泛的前景。

IDE 类型的接口随着接口技术的发展已经被淘汰了，而其后发展分支出更多类型的硬盘接口，比如 ATA（见图 2-12（左））、Ultra ATA、DMA、Ultra DMA 等的接口都属于 IDE 类型。

SATA 接口的硬盘又叫串口硬盘，是未来 PC 硬盘的趋势，如图 2-12（右）所示。串行 ATA 总线使用嵌入式时钟信号，具备更强的纠错能力，与以往相比其最大的区别在于能对传输指令（不仅仅是数据）进行检查，如果发现错误会自动矫正，这在很大程度上提高了数据传输的可靠性。串行接口还具有结构简单、支持热插拔的优点。

图 2-12　ATA 硬盘（左）和 SATA 硬盘（右）

4. 主板外部接口

主板作为电脑的主体部分，支持多种接口与各部件进行连接工作。随着技术的不断发展，主板上的各种接口与规范也在不断升级，进行着更新换代。如图 2-13 所示，最左边一列为键盘和鼠标的接口；第二列为 HDMI（高清晰度多媒体接口）接口，HDMI 通过在一条线缆中传输高清晰、全数字的音频和视频内容，极大简化了布线，为消费者提供最高质量的家庭影院体验；第三列蓝色和白色的接口是显示器的接口，蓝色的为 SUB 接口，传输的是模拟信号，白色的是 DVI 接口，传输的是数字信号，如果显示器和主板（显卡）提供 DVI 接口支持，可使用 DVI 接口作为输出，以获得更好的显示效果；第四、五列为大家熟悉的 4 个 USB 接口，目前最新规范为 2.0，更高的版本正在制定中，由于传输速度高，热插拔方便，因此被广大的数码产品所使用。USB 接口上面的是 RJ45 接口，也就是大家熟悉的网线接口，目前主流的是千兆接口。最右边为音频接口，目前主流主板集成的多为多声道声卡，如果想要打开多声道模式输出功能，必须要正确安装音频驱动后，再进行正确设置，才能获得多声道模式输出。

图 2-13　主板外部接口

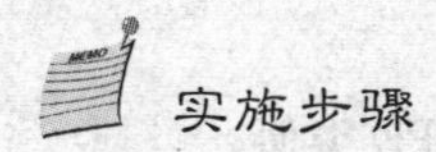

实施步骤

1. 工具准备

一块主板。

2. 实训过程

（1）结合课本的知识准备部分与所搜集到的相关资料，思考如下问题。

- 目前主流主板结构有哪些？

- 目前主流主板品牌有哪些？
- 目前主流主板芯片组有哪些？生产主流芯片组的厂商有哪些？
- 目前主板一般有哪些集成芯片？
- 目前主流 CPU 插槽有哪些？

（2）参照表 2-1 认识华硕 P5Q 主板的各个部件。

（3）解释表 2-1 中关于华硕 P5Q 主板的参数含义。

3. 实训作业

实训完毕后，完成实训报告。

知识拓展

1. 支持内存最大容量

主板所能支持内存的最大容量是指最大能在该主板上插入多大容量的内存条，超过该容量的内存条即便插在主板上，主板也不支持。主板支持的最大内存容量理论上由芯片组所决定，即北桥决定了整个芯片所能支持的最大内存容量。但在实际应用中，主板支持的最大内存容量还受到主板上内存插槽数量的限制，主板制造商出于设计、成本上的需要，可能会在主板上提供较少的内存插槽，此时即便芯片组支持很大的内存容量，但主板上并没有足够的内存插槽供使用，也就没法达到理论最大值，比如 KT600 北桥最大能支持 4GB 的内存，但大部分的主板厂商只提供了两个或三个 184pin 的 DDR DIMM 内存插槽，则其支持最大内存容量就只能达到 2GB 或 3GB。

2. Intel 芯片组命名规则

对 Intel 芯片组命名需要分系列进行，例如 845、865、915、945、975 等，同系列各个型号用字母来区分。命名有一定规则，掌握这些规则，可以在一定程度上快速了解芯片组的定位和特点。

1）845 系列到 915 系列之前

PE 是主流版本，无集成显卡，支持当时主流的 FSB 和内存，以及 AGP 插槽。

E 并非简化版本，而是进化版本，比较特殊的是，带 E 后缀的只有 845E 这一款，其相对于 845D 是增加了 533MHz FSB 支持，而相对于 845G 之类则是增加了对 ECC 内存的支持，所以 845E 常用于入门级服务器。

G 是主流的集成显卡的芯片组，支持 AGP 插槽，它的其余参数与 PE 类似。

GV 和 GL 则是集成显卡的简化版芯片组，不支持 AGP 插槽，GV 的其余参数与 G 相同，GL 则有所差别。

GE 相对于 G 则是集成显卡的进化版芯片组，同样支持 AGP 插槽。

P 有两种情况，一种是增强版，例如 875P；另一种则是简化版，例如 865P。

2）915 系列之后

P 是主流版本，无集成显卡，支持当时主流的 FSB 和内存，以及 PCI-E X16 插槽。

PL 相对于 P 则是简化版本，虽然在支持的 FSB 和内存上有所差别，无集成显卡，但同样支持 PCI-E X16。

G 是主流的集成显卡芯片组，支持 PCI-E X16 插槽，它的其余参数与 P 类似。

GV 和 GL 则是集成显卡的简化版芯片组，不支持 PCI-E X16 插槽，GV 的其余参数则与 G 相同，GL 则有所差别。

X 和 XE 相对于 P 则是增强版本，无集成显卡，支持 PCI-E X16 插槽。

3）965 系列之后

从 965 系列芯片组开始，Intel 改变了芯片组的命名方法，将代表芯片组功能的字母从后缀改为前缀，并且针对不同的用户群体进行了细分，如 P965、G965、Q965 和 Q963 等。

P 是面向个人用户的主流芯片组版本，无集成显卡，支持当时主流的 FSB 和内存，以及 PCI-E X16 插槽。

G 是面向个人用户的主流的集成显卡芯片组，支持 PCI-E X16 插槽，它的其余参数与 P 类似。

Q 则是面向商业用户的企业级台式机芯片组，具有与 G 类似的集成显卡，并且除了具有 G 的所有功能之外，还具有面向商业用户的特殊功能，例如主动管理技术等。

任务 4　认识 CPU

任务描述

如图 2-14 所示，认识 Intel 酷睿 2 四核 Q8200 CPU，并了解表 2-2 中 CPU 的相关参数含义。

图 2-14　Intel 酷睿 2 四核 Q8200 CPU

表 2-2　Intel 酷睿 2 四核 Q8200 CPU 参数

基本参数	
适用类型	台式 CPU
CPU 系列	CORE 2 QUAD
CPU 内核	
核心数量	四核心
CPU 频率	
主频	2330MHz
总线频率	1333MHz

续表

CPU 插槽	
插槽类型	LGA 775
针脚数	775pin
CPU 缓存	
L2 缓存	4MB
其他参数	
其他特点	不支持英特尔 VT 和 TXT 技术

知识准备

1. CPU 主要性能指标

（1）主频。主频也叫时钟频率，单位是 MHz，用来表示 CPU 的运算速度。CPU 的主频表示数字脉冲信号震荡的速度，与 CPU 实际的运算能力并没有直接关系。主频和实际的运算速度存在一定的关系，但目前还没有一个确定的公式能够计算两者的数值关系，因为 CPU 的运算速度取决于多方面的因素，比如 CPU 的缓存、指令集，CPU 的位数等。由于主频并不直接代表运算速度，所以在一定情况下，很可能会出现主频较高的 CPU，而实际运算速度较低的现象，因此主频仅是 CPU 性能表现的一个方面，并不代表 CPU 的整体性能。

（2）外频。外频是 CPU 的基准频率，单位也是 MHz。在早期的计算机中，内存与主板之间的同步运行的速度等于外频，在这种方式下，可以理解为 CPU 外频直接与内存相连通，实现两者间的同步运行状态。对于目前的计算机系统来说，两者完全可以不相同，但是外频的意义仍然存在，计算机系统中大多数的频率都是在外频的基础上，乘以一定的倍数来实现的，这个倍数可以是大于 1 的，也可以是小于 1 的。

（3）前端总线（FSB）频率。前端总线是将 CPU 连接到北桥芯片的总线。北桥芯片是负责联系内存、显卡等数据吞吐量大的部件，并和南桥芯片连接，CPU 就是通过前端总线连接到北桥芯片，进而通过北桥芯片和内存、显卡交换数据。前端总线是 CPU 和外界交换数据的最主要通道，因此前端总线的数据传输能力对计算机整体性能影响很大，如果没足够快的前端总线，再强的 CPU 也不能明显提高计算机整体速度，前端总线频率越大，代表着 CPU 与北桥芯片之间的数据传输能力越强，更能充分发挥出 CPU 的功能。

外频与前端总线频率的区别：

前端总线的速度是指 CPU 和北桥芯片间总线的速度，其更实质性地表示了 CPU 和外界数据传输的速度；而外频的概念是建立在数字脉冲信号震荡速度基础之上的，它更多地影响了 PCI 及其他总线的频率。

（4）倍频系数。倍频系数是指 CPU 主频与外频之间的相对比例关系，CPU 的主频 = 外频 × 倍频系数。在相同的外频下，倍频越高 CPU 的频率也越高，但实际上，在相同外频的前提下，高倍频的 CPU 本身意义并不大，因为 CPU 与系统之间数据传输速度是有限的，一味追求高倍频而得到高主频的 CPU 就会出现明显的“瓶颈”效应。

（5）缓存。缓存的工作原理是当 CPU 读取一个数据时，首先从缓存中查找，如果找到就立即读取并送给 CPU 处理；如果没有找到，就用相对慢的速度从内存中读取并送给 CPU

处理，同时把这个数据所在的数据块调入缓存中，可以使得以后对整块数据的读取都从缓存中进行，不必再调用内存，提高对数据的访问速度。

一级缓存（L1 Cache）是CPU第一层高速缓存，内置的L1高速缓存的容量和结构对CPU的性能影响较大，不过高速缓冲存储器均由静态RAM组成，结构较复杂，容量不可能做得太大。

二级缓存（L2 Cache）是CPU性能表现的关键之一，在CPU核心不发生变化的情况下，增加二级缓存容量能使性能大幅度提高。

三级缓存（L3 Cache）可以进一步降低内存延迟，同时提升大数据量计算时处理器的性能。

2. CPU指令集

（1）MMX指令集：是指多媒体扩展指令集，包含57条多媒体指令，主要用于增强CPU对多媒体信息的处理能力，提高CPU处理3D图形、视频和音频信息的能力。

（2）SSE、SSE2、SSE3、SSE4系列指令集：SSE是指数据流单指令序列扩展指令集，SSE兼容了MMX指令，可以通过SIMD（单指令多数据技术）和单时钟周期并行处理多个浮点，有效地提高浮点运算速度，并且SSE指令寄存器可以全速运行，保证了与浮点运算的并行性。SSE2引入新的数据格式，更好地利用了高速缓存，并允许程序员控制已经缓存过的数据。SSE3增加了13条新指令，一条用于视频解码，两条用于线程同步，其余用于复杂的数学运算、浮点到整数转换和SIMD浮点运算。SSE4新增加了50条用于增加性能的指令，这些指令有助于编译、媒体、字符/文本处理和程序指向加速。

（3）3D Now！扩展指令集：是AMD公司1998年开发的多媒体扩展指令集，共含有21条指令，与MMX指令集相比并没有加强浮点处理能力，而是重点提高了AMD公司K6系列CPU对3D图形的处理能力，但由于指令有限，3D Now！指令集主要用于3D游戏，而对其他商业图形应用处理支持不足。

（4）X86指令集：X86指令集源于X86架构，是Intel为其第一块16位CPU（i8086）专门开发的，同时为提高浮点数据处理能力而增加的X87芯片系列数学协处理器则另外使用X87指令，后来将X86指令集和X87指令集统称为X86指令集。

（5）EM64T指令集：EM64T指令集英文全称为Extended Memory 64 Technology，为Intel公司的64位内存扩展技术，该技术为服务器和工作站平台应用提供扩充的内存寻址能力，拥有更多的内存地址空间，可带来更大的应用灵活性，对于音频视频编辑、CAD设计等复杂工程软件及游戏软件的应用也带来极大的便利。

（6）CISC指令集：也称为复杂指令集，英文名全称为Complex Instruction Set Computing。在CISC微处理器中，程序的各条指令是按顺序串行执行的，每条指令中的各个操作也是按顺序串行执行的。顺序执行的优点是控制简单，但计算机各部分的利用率不高，执行速度慢。

（7）RISC指令集：也称精简指令集，英文全称为Reduced Instruction Set Computing，是在CISC指令系统基础上发展起来的。有人对CISC机进行测试表明，各种指令的使用频度相当悬殊，最常使用的是一些比较简单的指令，仅占指令总数的20%，但在程序中出现的频度却占80%。复杂的指令系统必然增加微处理器的复杂性，使处理器的研制时间长，成本高，并且复杂指令需要复杂的操作，必然会降低计算机的速度。

3. CPU 的适用类型

CPU 适用类型分为嵌入式、微控制式和通用式。

嵌入式 CPU 主要用于运行面向特定领域的专用程序，配备轻量级操作系统，其应用极其广泛，像移动电话、DVD、机顶盒等都是使用嵌入式 CPU。

微控制式 CPU 主要用于汽车空调、自动机械等自控设备领域。

通用式 CPU 追求高性能，主要用于高性能个人计算机系统（即 PC 台式机）、服务器（工作站）及笔记本 3 种。台式机的 CPU，即平常所说 Intel 的酷睿、奔腾、赛扬，AMD 的 AthlonXP 等都属于此类 CPU。应用于服务器和工作站上的 CPU 在稳定性、处理速度、同时处理任务的数量等方面的要求都要高于单机 CPU，并且应用了多 CPU 并行处理、多核多线程等技术。笔记本 CPU 在外观尺寸、功耗方面都有很高的要求，CPU 的功耗大小对电池使用时间有着最直接的影响，所以为了降低功耗，笔记本的处理器中都包含有一些节能技术。

4. CPU 的封装技术

封装技术是一种将集成电路用绝缘的塑料或陶瓷材料打包的技术。通常我们看到的体积和外观并不是真正的 CPU 内核的大小和面貌，而是 CPU 内核等元件经过封装后的产品。

封装技术对于芯片来说是必需的，也是至关重要的。封装技术可以防止空气中的杂质对芯片电路的腐蚀而造成电气性能下降，封装后的芯片也更便于安装和运输，封装技术的好坏直接影响到芯片自身性能的发挥和与之连接的 PCB（印制电路板）的设计和制造。

由于现在处理器芯片的频率越来越高，功能越来越强，引脚数越来越多，封装的外形也不断在改变，因此封装时要考虑如下因素：

- 为提高封装效率，芯片面积与封装面积之比尽量接近 1:1 。
- 引脚要尽量短以减少延迟，同时引脚间的距离应尽量远，以保证互不干扰，提高性能。
- 基于散热的要求，封装越薄越好。

实施步骤

1. 工具准备

CPU、CPU 风扇。

2. 实训过程

（1）结合课本的知识准备部分与所搜集到的相关资料，思考如下问题。

- 目前主流 CPU 品牌有哪些？
- CPU 的性价比与哪些参数有关？各个参数分别代表什么含义？
- 目前主流 CPU 型号有哪些？
- 目前高端 CPU 产品有哪些？

（2）参照图 2-14，认识 Intel 酷睿 2 四核 Q8200 CPU。

（3）解释表 2-2 中关于 Intel 酷睿 2 四核 Q8200 CPU 的参数含义。

3. 实训作业

实训完毕后，完成实训报告。

知识拓展

1. Intel 公司 CPU 发展历程

（1）Intel 4004 CPU：人类历史上第一块真正意义上的CPU，集成了2 250个晶体管，每个晶体管的距离是10μm，它能够处理4比特的数据，每秒运算6万次，运行的频率为108kHz，成本不到100美元，如图2-15（左）所示。

（2）Intel 8080 CPU：第二代微处理器，到目前为止，Intel 8080仍作为代替电子逻辑电路的器件被广泛用于各种应用电路和设备中，如图2-15（中）所示。

（3）Intel 8086 CPU：第一块16位处理器i8086，它是所有x86兼容处理器的基础，如图2-15（右）所示。

图2-15　Intel 4004（左）、8080（中）、8086 CPU（右）

（4）Intel 8088 CPU：在IBM公司的PC中全面使用，开创了全新的微机时代，如图2-16（左）所示。

（5）Intel 80286 CPU：16位字长，集成了14.3万个晶体管，时钟频率为6～20MHz。内部和外部数据总线皆为16位，地址总线24位，可寻址16MB，能够使用外存储设备模拟大量存储空间，还能通过多任务硬件机构使处理器在各种任务间来回快速切换，以同时运行多个任务，其运行速度比8086提高了5倍甚至更多。该CPU也使得人们逐渐对计算机熟悉起来，如图2-16（中）所示。

（6）Intel 80386 CPU：集成了27.5万个晶体管，时钟频率为12.5MHz，内、外部数据总线均为32位，可寻址4GB内存，并在x86处理器中首次实现了32位系统，可配合使用80387数字协处理器增强浮点运算能力，首次采用高速缓存（外置）解决内存速度瓶颈问题，如图2-16（右）所示。

图2-16　Intel 8088（左）、80286（中）、80386（右）CPU

（7）Intel 80486 CPU：1989年，Intel推出80486。80486集成了120万个晶体管，时钟频率为25～50MHz，它将80386和数学协处理器80387及一个8KB的高速缓存集成在一个芯片内，并在X86系列中首次使用了RISC（精简指令集）技术，可以在一个时钟周期内执行一条指令，如图2-17（左）所示。80486的出现使得电脑的整体价格逐步下降，很多单位和一些家庭开始购置电脑用于平时的工作。

（8）Intel Pentium CPU：为了同市面上其他厂商的CPU命名区分开来，Intel用Pentium来命名新一代CPU，它包含了310万个以上晶体管，内置16K的一级Cache，时钟频率由最初的60MHz和66MHz到后来的200MHz，均采用Socket 7架构，如图2-17（中）所示。

（9）Intel Pentium Pro CPU：1995年，Intel推出了专门为32位服务器以及工作站设计的处理器Pentium Pro，它整合了高速二级缓存芯片，外部地址总线扩展至36位，处理器的直接寻址能力达到64GB，如图2-17（右）所示。

图2-17 Intel 80486（左）、Pentium（中）、Pentium Pro（右）CPU

（10）Intel Pentium MMX CPU：集成了450万个以上晶体管，有166/200/233三种频率，一级缓存均为32KB，使用Socket 7接口，首次引入了MMX多媒体指令扩展集，增强了CPU的多媒体处理能力，如图2-18（左）所示。

（11）Intel Pentium II CPU：1997年，Intel推出了Pentium II，集Pentium Pro精华与MMX技术于一身，架构已经从Socket 7转成Slot 1，并首次引入了S. E. C封装（Single Edge Contact）技术，将高速缓存与处理器整合在一块PCB板上。采用了双独立总线结构，大大提高了数据的交换速度，它具有Klamath与Deschutes两种版本的核心，如图2-18（中）所示。

1997年，为了占领低端市场，Intel推出了Celeron（赛扬），但由于浮点运算性能不好，所以在推出一段时间后，没有获得成功，很快就淡出了市场。

（12）Intel Pentium II Xeon CPU：1998年，Intel推出了主要用于服务器和工作站的Pentium II Xeon（至强）。其采用330线的Slot 2插槽，制造工艺为0.25μm，最低主频为400MHz，内部带有512KB或者1MB的二级高速缓存。这款CPU主要是为了占领高端服务器市场，如图2-18（右）所示。同年，为了弥补Celeron的不足，Intel又推出了Celeron A处理器，集成了128K二级缓存，采用了66MHz的前端总线，该处理器成了当时人们购置电脑的首选CPU。

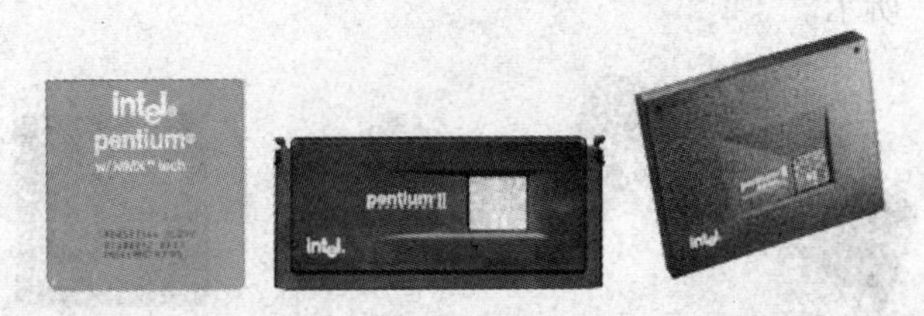

图2-18 Intel Pentium MMX（左）、Pentium II CPU（中）、Pentium II Xeon（右）CPU

（13）Intel Pentium III CPU：1999年，Intel推出了Pentium III（简称PIII）。系统总线频率为100MHz，采用第六代CPU核心P6微架构，并针对32位应用程序进行优化，双重独立总线，一级缓存为 32KB（16KB 指令缓存加 16KB 数据缓存），二级缓存大小为 512KB，如图 2-19（左）所示。

（14）Celeron II CPU：2000 年，为了进一步提高 CPU 的运行频率同时降低制造成本，Intel 推出了 Celeron II。Celeron II 所使用的接口为 Socket 370，二级缓存为 128KB，外频为 100MHz，其中核心为 Tulatain 的 CPU 集成了 256K 二级缓存，如图 2-19（中）所示。

（15）Intel Pentium 4 CPU：Pentium 4 分为 Socket 423、Socket 478、Socket 775 三种接口，有 Willamette、Northwood 和 Prescott 三种核心，带有超线程技术的 P4 是 Intel 的一个卖点。Pentium 4 处理器的前端总线有 400MHz、533MHz、800MHz 三种，外频有 100MHz 和 133MHz、200MHz 三种，如图 2-19（右）所示。

Socket 478接口的CPU

图 2-19　Intel Pentium III（左）、Celeron II（中）、Pentium 4（右）CPU

Intel 同时期推出了 Celeron 4 CPU，Celeron 4 处理器采用 0.18 或 0.13μm 制造工艺，Socket 478 接口，带有 128K 二级高速缓存，前端总线为 400MHz，外频为 100MHz，如图 2-20（左）所示。

（16）Intel Pentium D CPU：2005 年，Intel 发布双核心设计的 Pentium D，采用了两个 Prescott 内核和 1MB×2 二级缓存方案，如图 2-20（中）所示。

（17）Intel Core2 系列 CPU：2006 年，Intel 推出基于 Core2（酷睿）架构的 Intel 新一代 CPU，结合了 Pentium M 高效率和 NetBurst 动态执行性能优越两方面的优点。Core2 处理器的数据流水线长度从 Prescott 的 31 级大幅度缩短至目前的 14 级，其算术逻辑运算单元 ALU 数量由上代 NetBurst 微构架的 2 组提升至 3 组，同时在 Cache 构架上也经过了大幅度的改良，整体运算性能大大增加，支持 SSE4 多媒体指令集及 EM64T 64 位技术，如图 2-20（右）所示。

图 2-20　Intel Celeron 4（左）、Pentium D（中）、Core2（右）CPU

2. 超线程技术

超线程技术（Hyper-Threading，简称“HT”）就是利用特殊的硬件指令，把两个逻辑内核模拟成两个物理芯片，让单个处理器都能使用线程级并行计算，进而兼容多线程操作系统和软件，减少 CPU 的闲置时间，提高 CPU 的运行效率。

CPU 生产商通过提高 CPU 的时钟频率和增加缓存容量来提高 CPU 的性能，但目前 CPU

的频率越来越快，如果再通过提升 CPU 频率和增加缓存的方法来提高性能，往往会受到制造工艺上的限制，以及成本过高的制约。在实际应用中，由于 CPU 执行线程缺乏 ILP（Instruction-Level Parallelism，多种指令同时执行）支持，造成了目前 CPU 的性能没有得到全部发挥，因此，Intel 采用另一个思路去提高 CPU 的性能，让 CPU 可以同时执行多重线程，以便发挥更大效率，即所谓超线程技术。

超线程技术使得应用程序可以在同一时间使用芯片的不同部分，提升芯片的性能。虽然采用超线程技术能同时执行两个线程，但它并不像两个真正的 CPU 那样，每个 CPU 都具有独立的资源。当两个线程都同时需要某一个资源时，其中一个要暂时停止并让出资源，直到这些资源闲置后才能继续，因此超线程的性能并不等于两个 CPU 的性能。

任务 5 认识内存

任务描述

如图 2-21 所示，认识现代 1GB DDR2 667 内存条，并说明表 2-3 中内存条的相关参数含义。

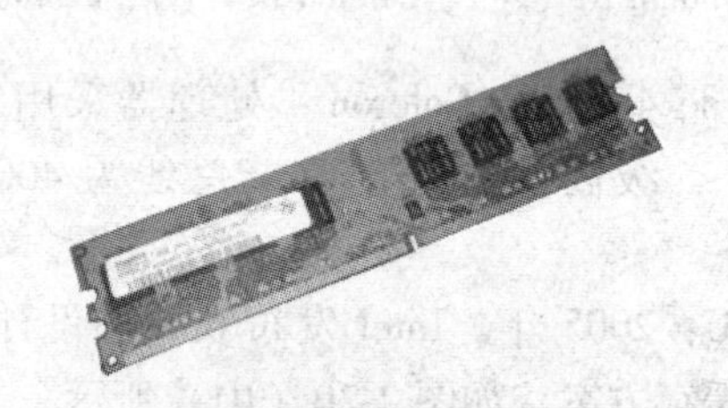

图 2-21 现代 1GB DDR2 667 内存条

表 2-3 现代内存条参数

基本参数	
内存类型	DDR2
适用机型	台式机内存
内存容量	1GB
工作频率	667MHz
接口类型	240pin
技术参数	
封装模式	FBGA
ECC 校验	否
电压	1.8V
CL 设置	4

知识准备

1. 内存条的作用与分类

内存条是连接 CPU 和其他设备的通道，起到缓冲和数据交换作用。内存是用于存放数据与指令的半导体存储单元，包括RAM（随机存取存储器）、ROM（只读存储器）及Cache（高速缓存）3部分。人们习惯将既能读又能写的RAM直接称为内存。当计算机系统运行时，会通过硬盘或光驱等外部存储器将所需的数据及指令预先调入内存，然后CPU再从内存中读取数据或指令进行运算，并把运算结果放入内存中。

按内存条的接口形式，分为单列直插内存条（SIMM）和双列直插内存条（DIMM）。SIMM内存条分为30线和72线两种。DIMM内存条与SIMM内存条相比，引脚增加到了168线。DIMM可单条使用，不同容量也可混合使用，而SIMM必须成对使用。

按内存条的工作方式不同，可将内存条分如下几种。

（1）FPM DRAM（Fast Page Mode RAM）：快速页面模式内存，是一种在486时期被普遍应用的内存。72线，5V电压，带宽32bit，基本速度60ns以上，现在已经退出市场。

（2）EDO DRAM（Extended Data Out）：扩展数据输出内存，取消了主板与内存两个存储周期之间的时间间隔，每隔2个时钟脉冲周期传输一次数据，存取速度60ns。EDO内存主要用于72线的SIMM内存条，以及采用EDO内存芯片的PCI显示卡，这种内存流行在486以及早期的奔腾计算机系统中，它有72线和168线之分，采用5V工作电压，带宽32bit，必须两条或四条成对使用。

（3）SDRAM（Synchronous DRAM）：同步动态随机存储器，曾经是PC电脑上最为广泛应用的一种内存类型。SDRAM内存分为PC66、PC100、PC133等不同规格，采用3.3V工作电压，168pin的DIMM接口，带宽为64位。SDRAM不仅应用在内存上，在显存上也较为常见，如图2-22所示。

图2-22　SDRAM内存条

（4）DDR（Double Data Rate）SDRAM是双数据传输模式，如图2-23（上）所示。DDR引用了一种新的设计方式，在一个内存时钟周期中，在方波上升沿时进行一次操作，在方波的下降沿时也进行一次操作，可以完成SDRAM两个周期才能完成的任务。

（5）DDR2（Double Data Rate 2）SDRAM是由JEDEC（电子设备工程联合委员会）进行开发的新生代内存技术标准，DDR2内存的每个时钟能够以4倍外部总线的速度读/写数据，拥有两倍于DDR内存预读取能力，而且DDR2内存采用了FBGA封装形式，提供了更为良好的电气性能与散热性，如图2-23（中）所示。随着Intel最新处理器技术的发展，前端总线对内存带宽的要求越来越高，拥有更高更稳定运行频率的DDR2内存已是大势所趋。

（6）DDR3（Double Data Rate 3）SDRAM目前最高能够达到1 600MHz的速度，采用100nm以下的生产工艺，将工作电压从1.8V降至1.5V，增加异步重置（Reset）与ZQ校准功能等，如图2-23（下）所示。

2. 内存条的主要性能指标

（1）存储容量。存储容量是内存条的关键性参数，内存容量越大越有利于系统的运行，目前台式机中主流采用的内存容量为1GB或2GB，256MB、512MB的内存容量已较少采用。

内存容量等于插在主板内存插槽上所有内存条容量的总和，内存容量的上限一般由主板芯片组和内存插槽决定，目前多数芯片组可以支持到2GB以上的内存，主流的可以支持到4GB，更高的可以到16GB。此外主板内存插槽的数量也会对内存容量造成限制，在选择内存时要考虑主板内存插槽数量，并且考虑将来可能升级的余地。

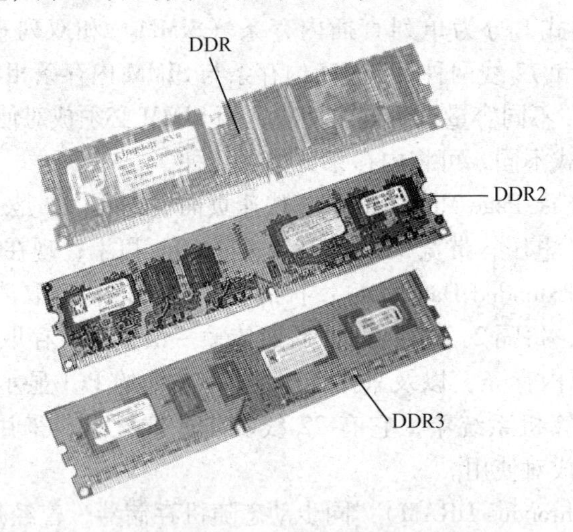

图2-23　DDR、DDR2、DDR3内存条

（2）存取速度，即两次独立的存取操作之间所需的最短时间，又称为存储周期。半导体存储器的存取周期一般为60～100ns。存取速度越小，速度就越快，也就表示内存的性能越高。

（3）工作频率。内存工作频率是以MHz（兆赫）为单位来计量的。内存工作频率越高，在一定程度上代表着内存所能达到的速度越快，内存工作频率决定着该内存最高能在什么样的频率下正常工作。目前较为主流的内存频率是533MHz和667MHz的DDR2内存。

（4）接口类型。接口类型是根据内存条金手指上导电触片的数量来划分的，金手指上的导电触片也习惯称为针脚数（pin）。不同的内存采用的接口类型各不相同，而每种接口类型所采用的针脚数也各不相同，一般DDR、DDR2内存条针脚数分别为184pin和240pin接口。

（5）CL设置。CL（CAS Latency的缩写）是指CPU在接到读取某列内存地址上数据的指令后，到实际开始读出数据所需的等待时间。例如，CL=3指等待时间为3个CPU时钟周期，而CL=4则为4个CPU时钟周期。厂家在内存条生产完成后进行检测时，精度高的内存条CL数值小，精度低的内存条CL数值大。

3. 内存编号识别

各内存生产厂商的内存编号大致相同，了解内存编号规律能有效识别内存条的真假。下面以现代内存条（HYNIX DDR2 SDRAM）为例，介绍内存编号。

HYNIX DDR2 SDRAM颗粒编号：

HY XX X XX XX X X X X　X　X - XX　X

1　2 3　4 5 6 7 8 9 10　11 - 12 13

DDR2 SDRAM颗粒的编号，由数字或字母组成，分别代表内存的重要参数，它们的含义如下。

- 1—HY是HYNIX的简称，代表着该颗粒是现代制造的产品。

- 2—内存芯片类型，如5P = DDR2 SDRAM。
- 3—处理工艺及供电，如S表示VDD = 1.8V & VDDQ = 1.8V。
- 4—芯片容量密度和刷新速度，如28表示128MB 4K刷新；56表示256MB 8K刷新；12表示512MB 8K刷新；1G表示1GB 8K刷新；2G表示2GB 8K刷新。
- 5—内存条芯片结构，如4 = 4颗芯片；8 = 8颗芯片；16 = 16颗芯片；32 = 32颗芯片。
- 6—内存bank（储蓄位），如1 = 2bank；2 = 4bank；3 = 8bank。
- 7—接口类型，如1 = SSTL_ 18；2 = SSTL_ 2。
- 8—内核代号，如空白 = 第1代；A = 第2代；B = 第3代；C = 第4代。
- 9—能源消耗，如空白 = 普通；L = 低功耗型。
- 10—封装类型，如F = FBGA；S = FBGA Stack封装；M = FBGA DDP（Dual Die Package）。
- 11—封装原料，如空白 = 普通；P = 铅；H = 卤素；R = 铅 + 卤素。
- 12—速度，如S7 = DDR2-800 7-7-7；S6 = DDR2-800 6-6-6；Y6 = DDR2-667 6-6-6；Y5 = DDR2-667 5-5-5；C5 = DDR2-533 5-5-5；C4 = DDR2-533 4-4-4；C3 = DDR2-533 3-3-3；E4 = DDR2-400 4-4-4；E3 = DDR2-400 3-3-3。
- 13—工作温度，如I = 工业常温（-40～85℃）；E = 扩展温度（-25～85℃）。

如图2-24所示，为现代内存颗粒的编号HY5PS2G831A MP-Y5，含义如下。

图2-24　现代内存颗粒

- HY：现代内存。
- 5P：DDR2。
- S：工作电压为1.8V。
- 2G：芯片容量为2GB，刷新速度为8K。
- 8：内存条为8颗芯片。
- 3：逻辑BANK数量为8。
- 1：接口类型为SSTL_ 18。
- A：内核为第2代。
- 空白：能源消耗为普通。
- M：封装类型为M。
- P：封装原料为铅。
- Y5：速度为DDR2-667 5-5-5，其中667代表工作频率，延迟为5-5-5。

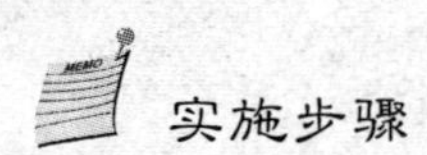

实施步骤

1. 工具准备

一块内存条。

2. 实训过程

(1) 结合课本的知识准备部分与所搜集到的相关资料，思考如下问题。

- 目前主流内存条品牌有哪些?
- 内存条的性价比与哪些参数有关? 各个参数分别代表什么含义?
- 目前主流内存型号有哪些?
- 目前高端内存条产品有哪些?

(2) 参照图2-21，认识现代1GB DDR2 667内存条。

(3) 解释表2-3中关于现代1GB DDR2 667内存条的参数含义。

3. 实训作业

实训完毕后，完成实训报告。

知识拓展

1. 内存发展历程

1) 内存条

早期，PC上所使用的内存是一块块的集成电路，必须将其焊接到主板上才能使用，一旦某一块内存集成电路坏了，就必须先将其焊下来才能更换，维修起来很麻烦，因此PC设计人员推出了模块化的条装内存，每一条上集成了多块内存电路，同时在主板上也设计相应的内存插槽，这样就方便随意安装与拆卸内存条了。

2) SIMM内存

随着软件程序和新一代80286硬件平台的出现，程序和硬件对内存性能提出了更高要求，为了提高速度并扩大容量，内存必须以独立的封装形式出现，因而诞生了SIMM（Single In-lineMemory Modules，单边接触内存模组），容量为30pin、256kb，必须是由8片数据位和1片校验位组成1个bank。在386和486时代，CPU向16bit发展，所以30pin SIMM内存无法满足需求，其较低的内存带宽已经成为急待解决的瓶颈，所以出现了72pin SIMM内存，72pin SIMM支持32bit快速页模式内存，内存带宽得以大幅度提升。

3) EDO DRAM内存

EDO DRAM（Extended Date Out RAM，外扩充数据模式存储器）内存，是1991年到1995年之间盛行的内存条，它取消了扩展数据输出内存与传输内存两个存储周期之间的时间间隔，可以在把数据发送给CPU的同时去访问下一个页面，工作电压为一般为5V，带宽32bit，速度在40ns以上，主要应用在当时的486及早期的Pentium电脑上。

4）SDRAM 内存

自 Intel Celeron 系列和 AMD K6 处理器以及相关的主板芯片组推出后，EDO DRAM 内存性能已无法满足需要，内存技术必须彻底得到革新才能满足新一代 CPU 架构的需求，因此内存开始进入 SDRAM 时代。

第一代 SDRAM 内存为 PC66 规范，但很快由于 Intel 和 AMD 的频率之争将 CPU 外频提升到了 100MHz，所以 PC66 内存很快就被 PC100 内存取代，接着 133MHz 外频的 PIII 以及 K7 时代的来临，PC133 规范也以相同的方式进一步提升 SDRAM 的整体性能，带宽提高到 1GBps 以上。由于 SDRAM 的带宽为 64bit，正好对应 CPU 的 64bit 数据总线宽度，因此它只需要一条内存便可工作，便捷性得到进一步提高。在性能方面，由于其输入输出信号保持与系统外频同步，因此速度明显超越 EDO 内存。

5）Rambus DRAM 内存

Intel 为了达到独占市场的目的，与 Rambus 联合在 PC 市场推广 Rambus DRAM 内存。与 SDRAM 不同的是，其采用了新一代高速简单内存架构，但 Rambus RDRAM 内存很快被更高速度的 DDR 代替了。

6）DDR 内存

DDR 是 SDRAM 的升级版本，DDR 在时钟信号上升沿与下降沿各传输一次数据，这使得 DDR 的数据传输速度为传统 SDRAM 的两倍。由于仅多采用了下降沿信号，因此并不会造成能耗增加，至于定址与控制信号则与传统 SDRAM 相同，仅在时钟上升沿传输。DDR 内存作为一种在性能与成本之间折中的解决方案，迅速建立起牢固的市场空间，继而一步步在频率上高歌猛进，最终弥补内存带宽上的不足。

7）DDR2 内存

随着 CPU 性能不断提高，仅仅依靠频率提升带宽的 DDR 已不能满足当前需求，因此 JEDEC 组织开始酝酿 DDR2 标准，加上 LGA 775 接口的 915/925 以及最新的 945 等新平台开始支持 DDR2 内存，所以 DDR2 内存开始普及。DDR2 能够在 100MHz 的发信频率基础上提供每插脚最少 400MBps 的带宽，而且其接口将运行于 1.8V 电压上，从而进一步降低发热量，提高了频率。此外，DDR2 融入 CAS、OCD、ODT 等新性能指标和中断指令，提升了内存带宽的利用率。

2. 金手指

金手指是内存条上与内存插槽之间的连接部件，所有的信号都是通过金手指进行传送的。金手指由众多金黄色的导电触片组成，因其表面镀金而且导电触片排列如手指状，所以称为“金手指”。金手指实际上是通过特殊工艺在覆铜板上再覆上一层金，因为金的抗氧化性极强，传导性也很强。不过因为金的价格昂贵，大多数内存都是采用镀锡来代替的，从 20 世纪 90 年代锡材料就开始普及，目前主板、内存和显卡等设备的金手指几乎都是采用的锡材料，只有部分高性能服务器/工作站的配件接触点才会继续采用镀金的做法。

内存处理单元的所有数据流、电子流都是通过金手指与内存插槽的接触与 PC 系统进行交换的，它是内存的输出输入端口，因此金手指制作工艺对于内存连接显得非常重要。

任务6 认识硬盘

任务描述

如图 2-25 所示，认识希捷 500GB 7200. 12 硬盘，并解释表 2-4 中硬盘的相关参数含义。

图 2-25 希捷 500GB 7200. 12 硬盘

表 2-4 希捷 500GB 7200. 12 硬盘

基本参数	
适用类型	台式机
硬盘容量	
硬盘容量	500GB
硬盘接口	
接口类型	Serial ATA
传输速率	
缓存	16MB
转速	7200rpm
磁头	2 个

知识准备

1. 硬盘结构

1）硬盘的外部结构

硬盘是一个集机、电、磁于一体的高精密系统，但是其外部结构并不复杂，主要由电源接口、数据接口、控制电路板等几部分构成。硬盘的外壳与底板结合成一个密封的整体，称为盘体。正面的外壳起到了保证硬盘盘片和机构稳定运行的作用，在其面板上印有产品标签，标明此产品的型号、大小、转速、序列号、产地及生产日期等信息。硬盘的外部结构如图 2-26 所示。

硬盘的电源接口用于连接主机的电源，为硬盘工作提供电力。一般而言，硬盘采用最为常见的 4 针 D 形电源接口。Serial-ATA 硬盘使用的是 SATA 专用电源接口，这种接口有 15 个插针，但其宽度与以前的电源接口相当。在购买 SATA 硬盘时，厂商一般会在其产品包装中提供必备的电源转接线。

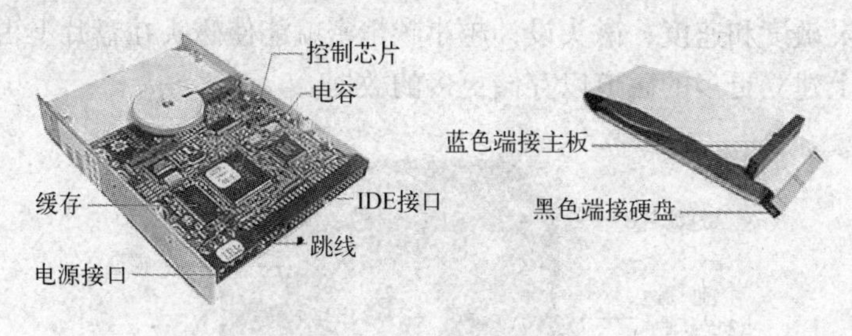

图 2-26　硬盘外部结构

硬盘要通过硬盘数据线连接硬盘数据接口。老式的 IDE 硬盘采用的是普通 40pin 数据线，现在已很少见了，目前 IDE 硬盘采用的是 80pin 数据线。SCSI 硬盘数据线有 68pin 接口和 80pin 接口两种。SATA 硬盘采用 7 芯的数据线，以及点对点传输协议，这样可以做到在减少数据线内部电缆数目的情况下提高抗干扰能力。硬盘数据线旁边有一个跳线，通过跳线可以设置硬盘工作的“主盘”模式还是“从盘”模式，以便让多个硬盘在工作时能够一致。

硬盘的控制电路板由主轴调速电路、磁头驱动与伺服定位电路、读/写控制电路、控制与接口电路及 S. M. A. R. T（Self-Monitoring、Analysis and Reporting Technology，自我监测、分析和报告技术）等构成，控制电路板一般裸露在硬盘下表面，但是也有少数硬盘将其完全封闭，以更好地保护各种控制芯片，同时还能降低噪声，如图 2-27 所示。

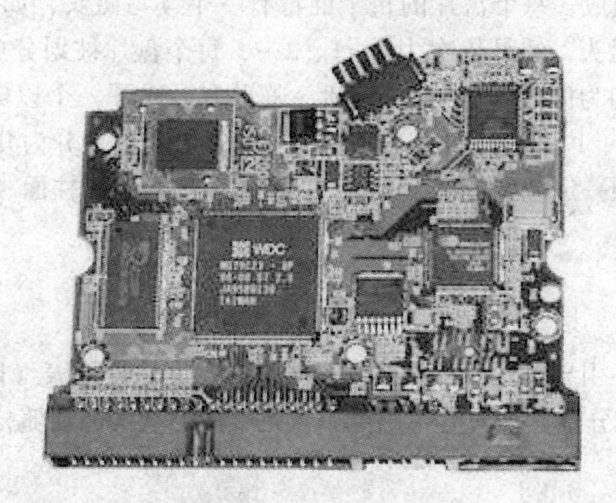

图 2-27　硬盘控制电路板

2）硬盘的物理结构

硬盘存储数据是根据电、磁转换原理实现的。硬盘由一个或几个表面镀有磁性物质的金属或玻璃等物质盘片和相应的控制电路组成，盘片两面安装有磁头，如图 2-28 所示，其中盘片和磁头密封在无尘的金属壳中。

硬盘工作时，盘片以设计转速高速旋转，设置在盘片表面的磁头则在电路控制下径向移动到指定位置，然后将数据存储或读取出来。当系统向硬盘写入数据时，磁头中“写数据”电流产生磁场，使盘片表面磁性物质状态发生改变，并在写电流磁场消失后仍能保持，这样数据就存储下来了；当系统从硬盘中读数据时，磁头经过盘片指定区域，盘片表面磁场使磁头产生感应电流或线圈阻抗产生变化，经相关电路处理后还原成数据。因此只要能将盘片表面处理得更平滑、磁头设计得更精密，以及尽量提高盘片旋转速度，就能造出容量更大、读写数据速度更快的硬盘。这是因为盘片表面处理越平、转速越快就能越使磁头离盘片表面越近，提高读、写灵敏度和速度；磁头设计越小越精密就能使磁头在盘片上占用空间越小，使磁头在一张盘片上建立更多的磁道以存储更多的数据。

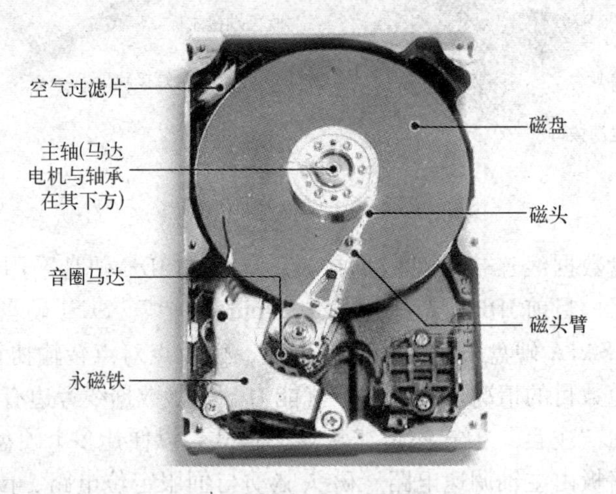

图 2-28　硬盘的物理结构

3）硬盘的逻辑结构

硬盘由很多盘片组成，每个盘片的每个面都有一个读写磁头，如果有 N 个盘片，就有 $2N$ 个面，对应 $2N$ 个磁头，编号依次为 0、1、2…，每个盘片被划分成若干个同心圆磁道，这样每个盘片的半径均为固定值 R 的同心圆，逻辑上形成了一个以电机主轴为轴的柱面，从外至里依次编号为 0、1、2…，每个盘片上的每个磁道又被划分为几十个扇区，通常的容量是 512 字节，并按照一定规则依次编号为 1、2、3…。磁道、柱面、扇区这 3 个参数即是硬盘的物理参数。

2. 硬盘引导原理

一般将硬盘分成主引导扇区、操作系统引导扇区、文件分配表（FAT）、目录区（DIR）和数据区（Data）5 部分（其中只有主引导扇区是唯一的，其他则随分区数的增加而增加）。

1）主引导扇区

主引导扇区位于整个硬盘的 0 磁道 0 柱面 1 扇区，包括硬盘主引导记录 MBR（Main Boot Record）和分区表 DPT（Disk Partition Table），其中主引导记录的作用就是检查分区表是否正确，以及确定哪个分区为引导分区，并在程序结束时把该分区的启动程序（也就是操作系统引导扇区）调入内存加以执行。在总共 512 字节的主引导扇区中，MBR 的引导程序占了其中的前 446 个字节，随后的 64 个字节为硬盘分区表（DPT），最后的两个字节是分区有效结束标志。

2）操作系统引导扇区

操作系统引导扇区 OBR（OS Boot Record）通常位于硬盘的 0 磁道 1 柱面 1 扇区（这是对于 DOS 来说的，而对于那些以多重引导方式启动的系统，则位于相应的主分区/扩展分区的第一个扇区），是操作系统可直接访问的第一个扇区，它包括一个引导程序和一个被称为

BPB（BIOS Parameter Block）的本分区参数记录表。每个逻辑分区都有一个 OBR，其参数视分区的大小、操作系统的类别而有所不同。引导程序的主要任务是判断本分区根目录前两个文件是否为操作系统的引导文件，如果是，就把第一个文件读入内存，并把控制权交予该文件。BPB 参数块记录着本分区的起始扇区、结束扇区、文件存储格式、硬盘介质描述符、根目录大小、FAT 个数、分配单元的大小等重要参数。OBR 由高级格式化程序产生。

3）文件分配表

文件分配表 FAT（File Allocation Table）是系统的文件寻址系统，为了数据安全起见，一般做两个 FAT，第二 FAT 是第一 FAT 的备份，FAT 区紧接在 OBR 之后，其大小由本分区的大小及文件分配单元的大小决定。

4）目录区

目录区 DIR（Directory）紧接在第二 FAT 表之后，FAT 必须和 DIR 配合才能准确定位文件的位置。DIR 记录着每个文件（目录）的起始单元、文件的属性等。

5）数据区

数据区 DATA 虽然占据了硬盘的绝大部分空间，但没有了前面的各部分，它也只能是一些枯燥的二进制代码，没有任何意义。通常所说的高级格式化程序，并没有把 DATA 区的数据清除，只是重写了 FAT 表而已，至于分区硬盘，也只是修改了 MBR 和 OBR，绝大部分的 DATA 区的数据并没有被改变，这也是许多硬盘数据能够得以修复的原因。

3. 硬盘主要性能参数

1）分类

按尺寸不同分为 1.5 英寸、1.8 英寸、3.5 英寸和 5.25 英寸 4 种，其中 1.5 英寸和 3.5 英寸硬盘应用最为广泛。

按接口类型的不同分为 IDE 硬盘、SCSI 硬盘和 SATA 硬盘等。由于 IDE 接口的硬盘具有价格低廉、稳定性好、标准化程度高等优点，因此得到广泛应用。

按接入方式的不同可以分为固定硬盘和可移动硬盘。装机时固定在计算机中的硬盘称为固定硬盘，通过 USB 连接线接入计算机的硬盘称为可移动硬盘。可移动硬盘支持热插拔，携带、移动方便，受到越来越多用户的欢迎。

2）容量

硬盘的容量大小是衡量硬盘最重要的技术指标，是用户购买时最为关心的参数。

硬盘的容量有两种计算方法：

- 硬盘容量 = 磁道数 × 柱面数 × 扇区数 ×512B
- 硬盘容量 = 单碟容量 × 碟片数

在硬盘内部往往有多个叠起来的磁盘片，硬盘的单碟容量对硬盘的性能有一定的影响，单碟容量越大，硬盘的密度就越高，磁头在相同时间内可以读取的信息就越多，因此，在硬盘总容量相同的情况下，要优先选购碟片少的硬盘。硬盘的常用单位是 GB，目前主流硬盘的容量为 80 ~ 160GB。

3）转速

硬盘转速对硬盘的数据传输率有直接的影响，转速是硬盘内部传输率的决定性因素之一，也是区别硬盘档次的重要标志。从理论上说，转速越快越好，因为较高的转速可缩短硬盘的平均寻道和读/写时间，从而可以提高在硬盘上的读/写速度，但任何事物都有两面性，在转速提高的同时，硬盘的发热量也会增加，它的稳定性就会有一定程度的降低。主流硬盘的转速多为5400rpm、7200rpm和10000rpm。7200rpm的硬盘已经成为主流，但5400rpm的硬盘仍具有性价比高的优势。

4）缓存

缓存是硬盘与外部总线交换数据的场所。硬盘上的缓存容量越大越好，大容量的缓存对提高硬盘速度很有好处，目前市面上的硬盘缓存容量通常为2～8MB。

5）平均寻道时间

平均寻道时间指的是硬盘磁头移动到数据所在磁道所用的时间，单位为毫秒（ms）。平均寻道时间越短硬盘速度越快，平均寻道时间一般在5～13ms之间。

6）数据传输率

硬盘的数据传输率又称吞吐率，表示在磁头定位后，硬盘读或写数据的速度。

4. 硬盘编号识别

硬盘的每个编号都代表着特定的含义，硬盘编号就像是硬盘的身份证，通过这些复杂的编号，可以从中解读出硬盘的容量、转速、接口类型、缓存等各项性能指标，而这些信息对选购适合的硬盘产品是非常有帮助的。下面以希捷500GB 7200.12硬盘产品为例，介绍硬盘编号规律，如图2-29所示。

图2-29 希捷500GB 7200.12标签

从标签上可以看出，该硬盘属于希捷Barracuda 7200.12系列，转速为7200rpm，容量为500G。硬盘型号为ST3500410AS，其中ST代表希捷，3代表是3.5英寸的桌面硬盘，500代表硬盘容量是500GB，410代表16MB缓存和单盘片设计，AS代表这块硬盘是SATA接口。

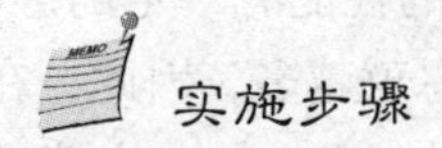

实施步骤

1. 工具准备

一个3.5英寸硬盘。

2. 实训过程

（1）结合课本的知识准备部分与所搜集到的相关资料，思考如下问题。

- 目前主流硬盘品牌有哪些？
- 硬盘的性价比与哪些参数有关？各个参数分别代表什么含义？
- 目前主流硬盘型号有哪些？
- 目前高端硬盘产品有哪些？

（2）参照图 2-25，认识希捷 500GB 7200.12 硬盘。

（3）解释表 2-4 中关于希捷 500GB 7200.12 硬盘的参数含义。

3. 实训作业

实训完毕后，完成实训报告。

知识拓展

1. 硬盘的发展历程

1956 年，IBM 的 IBM 350 RAMAC 是现代硬盘的雏形，它相当于两个冰箱的体积，不过其储存容量只有 5MB；1973 年 IBM 3340 问世，确立温彻斯特的基本架构；1980 年，希捷（SEAGATE）公司开发出 5.25 英寸规格的 5MB 硬盘，这是首款面向台式机的产品。

20 世纪 80 年代末，IBM 公司推出 MR（Magneto Resistive 磁阻）技术大大提升了磁头的灵敏度，使盘片的储存密度较之前的 20Mbpsi（bit/每平方英寸）提高了数十倍，该技术为硬盘容量的巨大提升奠定了基础。1991 年，IBM 应用该技术推出了首款 3.5 英寸的 1GB 硬盘；1995 年，为了配合 Intel 的 LX 芯片组，昆腾（Quantum）与 Intel 携手发布 UDMA 33 接口——EIDE 标准，将原来接口数据传输率从 16.6MBps 提升到了 33MBps；同年，希捷开发出液态轴承（Fluid Dynamic Bearing，FDB）马达，所谓的 FDB 就是指将陀螺仪上的技术引进到硬盘生产中，用厚度相当于头发直径十分之一的油膜取代金属轴承，减轻了硬盘噪声与发热量。

1996 年，希捷收购康诺；2000 年 10 月，迈拓（Maxtor）收购昆腾；2003 年 1 月，日立宣布完成 20.5 亿美元的收购 IBM 硬盘事业部计划，并成立日立环球储存科技公司；2005 年，日立环储和希捷都宣布了将开始大量采用磁盘垂直写入技术，该原理是将平行于盘片的磁场方向改变为垂直（90 度），更充分地利用储存空间；2005 年 12 月 21 日，硬盘制造商希捷宣布收购迈拓；2007 年 1 月，日立环球储存科技宣布将发售全球首款 1TB 硬盘。

2. 硬盘的磁盘保护技术

1）S.M.A.R.T 技术

S.M.A.R.T 技术（Self-Monitoring, Analysis and Reporting Technology），即“自我监测、分析和报告技术”。S.M.A.R.T 监测的对象包括磁头、磁盘、马达和电路等，由硬盘的监测电路和主机上的监测软件对被监测对象的运行情况、历史记录及预设的安全值进行分析、比较，当出现安全值范围以外的情况时，会自动向用户发出警告，并自动降低硬盘的运行速度。

2）DFT 技术

DFT（Drive Fitness Test，驱动器健康检测）技术是 IBM 公司为其 PC 硬盘开发的数据保护技术，它通过使用 DFT 程序访问 IBM 硬盘里的 DFT 微代码对硬盘进行检测，可以让用户方便快捷地检测硬盘的运转状况。硬盘上有一个专门用于存放 DFT 程序的空间，并且 DFT 是一个独立且不依赖操作系统的软件，它可以在其他任何软件失效的情况下运行。

3）3D 防护系统

3D 防护系统是希捷公司所独有的硬盘保护技术，它包括硬盘防护、数据防护和诊断防护，而这三方面的防护技术可确保用户得到的是高质量、高稳定性的硬盘。3D Defense System 是捆绑在希捷硬盘特性中的一种保护手段，可防止硬盘在震动及其他冒险性动作中对数据的损坏，同时还带有诊断工具以供用户对硬盘的错误进行标识或解决。这里的 3D 指的是硬盘防护（Drive Defense）、数据防护（Data Defense）及论断防护（Diagnostic Defense）。

除了 S. M. A. R. T. 技术、DFT 技术、3DS 防护系统外，各家硬盘厂商均竞相推出了各自的硬盘数据保护技术，例如原昆腾硬盘公司的 DPS（数据保护系统），迈拓公司的 MaxSafe 技术，西部数据公司的数据卫士（Data Lifeguard）技术等。

3. 固态硬盘

固态硬盘是由控制单元和存储单元组成，是用固态电子存储芯片阵列制成的硬盘。固态硬盘的接口规范和定义、功能及使用方法与普通硬盘的完全相同，在产品外形和尺寸上也完全与普通硬盘一致，包括 3.5"，2.5"，1.8" 多种类型，如图 2-30 所示。由于固态硬盘没有普通硬盘的旋转介质，因而抗震性极佳，同时工作温度很宽，扩展温度的电子硬盘可工作在 -45 ~ +85℃。目前的硬盘（ATA 或 SATA）都是磁碟型的，数据就储存在磁碟扇区里，固态硬盘由闪存颗粒制作而成，外观上和传统硬盘没有区别。固态硬盘是未来硬盘发展的趋势。

图 2-30 固态硬盘

任务 7 认识显卡

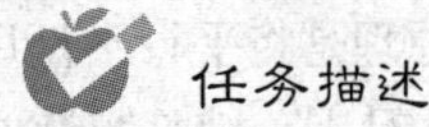

任务描述

如图 2-31 所示，认识七彩虹逸彩 9800GT-G 显卡，并了解表 2-5 中显卡的相关参数含义。

图 2-31 七彩虹逸彩 9800GT-G 显卡

表2-5　七彩虹逸彩9800GT-G显卡参数表

显卡核心	
显卡芯片	GeForce 9800 GT
芯片厂商	NVIDIA
制造工艺	55nm
核心代号	G92
显卡频率	
核心频率	600MHz
显存频率	1800MHz
显存规格	
显存类型	GDDR3
显存容量	512MB
显存位宽	256bit
显存描述	采用1.0ns GDDR3显存
显存速度	1.0ns
最高分辨率	2560×1600
显卡散热	
散热方式	散热风扇
显卡接口	
总线接口	PCI Express 2.0 16X
输出/输入接口	HDMI
显示器接口	24针DVI-I接口/15针D型（VGA）接口
外接电源接口	6pin
物理特性	
渲染管线	N/A
顶点着色单元	N/A
3D API	DirectX 10
SP单元	112个

知识准备

1. 显卡的结构及工作原理

显卡由图形处理器（也称为显卡芯片）、显存、BIOS、数字模拟转换器（RAMDAC）、显卡的接口及卡上的电容、电阻、散热风扇或散热片等组成。多功能显卡还配备了视频输出输入接口，如图2-32所示。

图形处理器（Graphic Processing Unit，GPU）是显卡的核心部件，是NVIDIA公司在发布GeForce 256图形处理芯片时首先提出的概念。GPU使显卡减少了对CPU的依赖，并承担了部分原本CPU在3D图形处理时的工作。GPU的开发代号即为显卡的核心代号，是显卡制造商为了便于显示芯片在设计、生产、销售方面的管理和驱动架构的统一，而对一个系列的显示芯片给出的相应的基本代号。GPU 所采用的核心技术有硬件 T&L（几何转换和光照处理）、立方环境材质贴图和顶点混合、纹理压缩和凹凸映射贴图、双重纹理四像素 256 位渲染引擎等，而硬件 T&L 技术可以说是 GPU 的标志。GPU 的生产主要有 nVidia 与 ATI 两家厂商生产。GPU 是显卡最重要的部分，包含像素着色单元（pixel shaders）、顶点着色单元（vertex shaders）、管线和频率速率零组件等。图形处理器安装在散热器后，因此往往看不到它。一般来说，GPU 是显卡上体积最大、温度最高的零件。

数据一旦离开 CPU，需要经过 4 个步骤达到显示器，如图 2-33 所示。

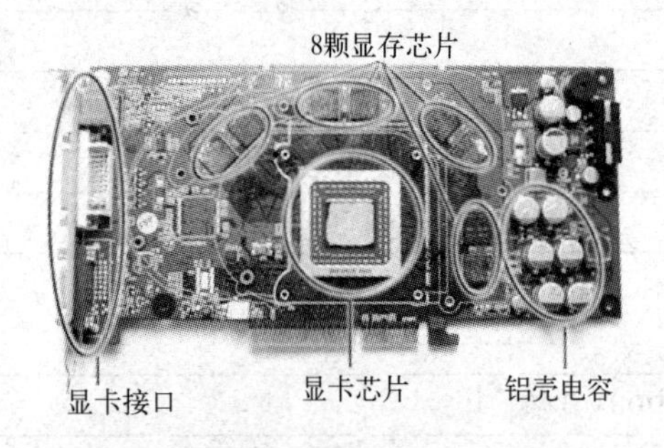

图 2-32　显卡结构

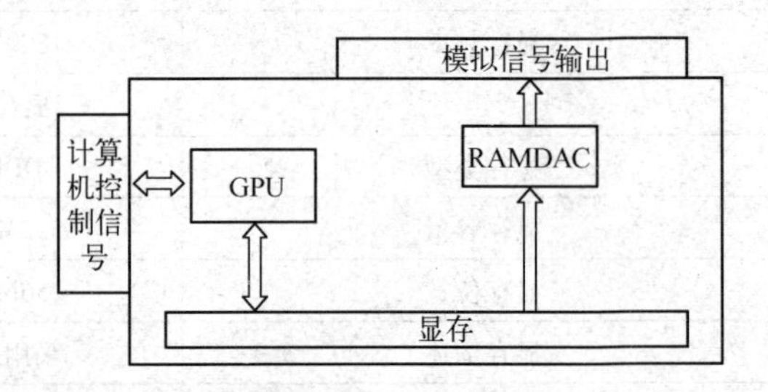

图 2-33　显卡工作原理

（1）将 CPU 送来的数据送到图形处理器（GPU）进行处理。

（2）将图形处理器处理完的数据送到显存。

（3）由显存读取出数据送到 RAM DAC 进行数据转换的工作（数字信号转换为模拟信号）。

（4）将转换完的模拟信号送到显示屏。

2. 显卡主要性能指标

1）显存

显存是显卡的专用内存，里面存放着处理图像所用的数据。显存芯片（通常芯片数为 2 ~8 个）会依次环绕安装在显卡的 GPU 上（或安装在 GPU 的侧边），它们的体积非常小，形状也大多以正方形或矩形为标准规格。现在市面上显存基本采用的是 DDR3 规格的，在某些高端卡上则采用了性能更为出色的 DDR4 或 DDR5 内存。显存主要由传统的内存制造商提供，比如三星、现代、Kingston 等。

显存速度是显存一个非常重要的性能指标，显存速度决定于显存的时钟周期和运行频率，它们影响显存每次处理数据需要的时间，显存芯片速度越快，单位时间交换的数据量也就越大，在同等条件下，显卡性能也会得到明显的提升。

显存位宽也是显卡的一个重要性能指标。显存位宽可理解为数据进出通道的大小，在运行频率和显存容量相同的情况下，显存位宽越大，数据的吞吐量就越大，性能也就越好。现在常见的显存位宽有 64bit、128bit 和 256bit，在运行频率相同的情况下，256bit 显存位宽的数据吞吐量是 128bit 显存位宽的两倍。

显存容量的大小决定了显示芯片处理的数据量，显存担负着系统与显卡之间数据交换，以及显示芯片运算 3D 图形时的数据缓存，理论上讲，显存容量越大，显卡性能就越好。

2）显卡频率

显卡的核心频率是指显示核心的工作频率，其工作频率在一定程度上可以反映出显示核心的性能，但显卡的性能是由核心频率、显存、像素管线、像素填充率等多方面的情况所决定的，因此在显示核心不同的情况下，核心频率高并不代表此显卡性能强劲。在同样级别的芯片中，核心频率高的则性能要强一些，提高核心频率是显卡超频的方法之一。

显存频率是指默认情况下，该显存在显卡上工作时的频率，以 MHz（兆赫兹）为单位，显存频率一定程度上反映该显存的速度。DDR3 显存是目前高端显卡采用最为广泛的显存类型。不同显存提供的显存频率差异很大，有 800MHz、1200MHz、1600MHz，甚至更高。显卡制造厂商设定显存实际工作频率，而实际工作频率不一定等于显存最大频率，此时显存就存在一定的超频空间。

3）散热方式

由于显卡核心工作频率与显存工作频率的不断攀升，显卡芯片的发热量也在迅速提升，显示芯片的晶体管数量已经达到，甚至超过了 CPU 内的数量，因此显卡必须采用必要的散热方式。

显卡的散热方式分为被动式散热和主动式散热。

一般一些工作频率较低的显卡采用的都是被动式散热，这种散热方式并不需要散热风扇，只是在显示芯片上安装一个散热片。因为较低工作频率的显卡散热量并不是很大，没有必要使用散热风扇，这样在保障显卡稳定工作的同时，不仅可以降低成本，而且还能减少使用中的噪声。如图 2-34 所示，显卡正面覆盖着巨大的散热片。

主动式散热除了在显示芯片上安装散热片之外，还安装了散热风扇，工作频率较高的显卡都需要这种主动式散热，因为较高的工作频率会带来更高的热量，仅安装一个散热片很难满足散热的需要，所以就需要风扇的帮助。

4）显卡接口

显卡的接口很多，有输出的也有输入的。如图 2-35 所示，靠近机箱的一边，可以看到显卡有不少外部接口，从左往右分别是 S-Video、DVI 和 VGA 接口。S-Video 是用来连接电视机的，目前大部分的电视机都有 AV 口和 S-Video 口，利用连接线就能够使电脑显示的画面从电视机输出。DVI 接口又称为数字接口，是用来连接一些高端的液晶显示器的，数字接口和传统的模拟信号相比，在清晰度上会有更惊人的表现，所以目前这个接口很流行。VGA 是传统的显示器接口，现在很多的 CRT 显示器还在使用这个接口。

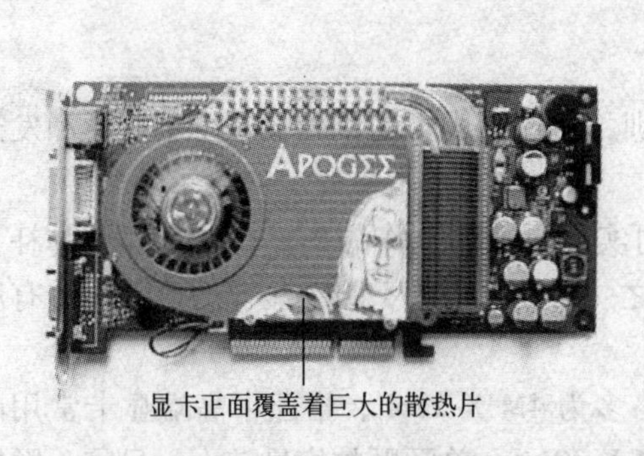

图 2-34　显卡正面的散热片

图 2-35　显卡接口

5）物理特性

渲染管线也称为渲染流水线，是显示芯片内部处理图形信号相互独立的并行处理单元，渲染管线是为了提高显卡的工作能力和效率而设置的。

API（Application Programming Interface）是应用程序接口的意思，3D API 则是显卡与应用程序的接口。3D API 允许编程人员直接调用其 API 内的程序，启动 3D 芯片内强大的 3D 图形处理功能，从而大幅度地提高 3D 程序设计的效率。

顶点着色单元是 GPU 中处理影响顶点的着色器。一般来说，顶点越多，3D 对象便越复杂，而 3D 场景包含了较多或是更复杂的 3D 对象，因此顶点着色单元对最终的图形效果非常重要。

像素着色单元是 GPU 芯片中专门处理像素着色程序的组件，这些处理单元仅执行像素运算，由于像素代表色值，因此像素着色单元是用来处理绘图影像的各种视觉特效。

实施步骤

1. 工具准备

一块显卡。

2. 实训过程

（1）结合课本的知识准备部分与所搜集到的相关资料，思考如下问题。

- 目前主流显卡品牌有哪些？
- 显卡的性价比与哪些参数有关？各个参数分别代表什么含义？
- 目前主流显卡型号有哪些？
- 目前高端显卡产品有哪些？

（2）参照图 2-31，认识七彩虹逸彩 9800GT-G 显卡。

（3）解释表 2-5 中关于七彩虹逸彩 9800GT-G 显卡的参数含义。

3. 实训作业

实训完毕后，完成实训报告。

知识拓展

1. DDR3 显存的特点

（1）功耗和发热量较小：吸取了 DDR2 的教训，在控制成本的基础上减少了能耗和发热量，使得 DDR3 更易于被用户和厂家接受。

（2）工作频率更高：由于能耗降低，DDR3 可实现更高的工作频率，在一定程度弥补了延迟时间较长的缺点，同时还可作为显卡的卖点之一，这在搭配 DDR3 显存的显卡上已有所表现。

（3）降低显卡整体成本：DDR2 显存颗粒规格多为 4M X 32bit，搭配中高端显卡常用的 128MB 显存需要 8 颗，而 DDR3 显存规格多为 8M X 32bit，单颗颗粒容量较大，只需 4 颗即可构成 128MB 显存。如此一来，显卡 PCB 面积可减小，成本得以有效控制，此外，颗粒数减少后，显存功耗也能进一步降低。

（4）通用性好：由于针脚、封装等关键特性不变，搭配 DDR2 的显示核心和公版设计的显卡稍加修改便能采用 DDR3 显存，这对厂商降低成本大有好处。

目前，DDR3 显存在新出的大多数中高端显卡上得到了广泛的应用。

2. nVidia 显卡后缀的含义

（1）Vanta：表示相应芯片的简化版本。

（2）Pro：字面意思为“加强”，表示相应芯片比较高端的版本。

（3）Ultra：字面意思为“激进，极端”，表示在同类芯片中是高端的产品。

（4）MX：平价版，大众类的意思，nVidia 专用。

（5）GTS：只出现在最早的 Geforce2 产品中，代表当时最高端的 Geforce2。

（6）Ti：是太空金属钛（Titanium）的缩写，一般代表 nVidia 的高端版本，在 Geforce3 中出现过，后来又加入了 Geforce2 Ti，代表芯片 Geforce4 Ti4200。

（7）XT：XT 按照 nVidia 的说法是降频版的意思，而在 ATI 中代表了高端产品，代表芯片有 Geforce FX5600XT、GeforceFX5900XT、Geforce 6800XT。

（8）LE：是“Lower Edition”的缩写，代表比较低端的产品，代表芯片有 Geforce 6600LE、Geforce 7300LE。

（9）ZT：是 nVidia 用来推广 Doom 而设计，在 XT 基础上再次降频以降低价格，代表芯片有 GeforceFX5900ZT。

（10）GT：表示芯片中介于标版和 Ultra 版的产品，属于比较高端的一类，代表芯片有 Geforce6600GT、Geforce7600GT。

（11）SE：是一种简化版，只在 Geforce4 系列中用到，代表芯片有 Geforce4 MX440SE。

任务 8　认识显示器

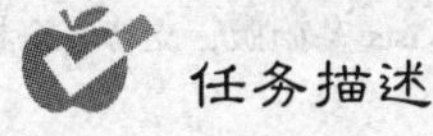

任务描述

如图 2-36 所示，认识三星 943NW 液晶显示器，并了解表 2-6 中液晶显示器的相关参数含义。

图 2-36　三星 943NW 液晶显示器

表2-6 三星943NW液晶显示器参数

外观设计	
外观颜色	黑色
外形尺寸	宽×高×厚（包括底座）439mm×368mm×185mm 宽×高×厚（包装）512mm×131mm×367mm
产品重量	净重3.8kg 毛重5.1kg
显示屏	
显示屏尺寸	19英寸
是否宽屏	是
屏幕比例	16:10
可视角度	170/160°
面板特征	
亮度	300cd/m^2
对比度	DC 8000：1（1000:1）（Typ）
黑白响应时间	5ms
点距	0.285mm
最佳分辨率	1440×900
输入输出	
接口类型	D-SUB
音频性能	无
即插即用	支持
其他性能	
其他性能	魔亮（MagicBright3），定时关机，图像尺寸调节，颜色效果，定制键，MagicWizard & MagicTune（具有资源管理功能），支持Windows Vista基础版，支持安全模式（DownScaling in UXGA）
其他特点	底座功能 简洁（倾斜）

知识准备

1. 显示器分类及工作原理

按照显示器的显示管分类，分为CRT显示器和液晶显示器；按显示色彩分类，分为单色显示器和彩色显示器，而单色显示器已经被淘汰；按显示屏幕大小分类，通常以英寸为单位（1英寸=2.54cm），有14英寸、15英寸、17英寸和20英寸或者更大；按显示器屏幕分类，早期14寸的显示屏幕多是球面的，屏幕就好像是从一个球体上切下来的一样，图像在屏幕的边缘就会变形，现在已被淘汰。目前显示器大部分采用平面直角，图像十分逼真，还有一部分显示器采用柱面显示管，屏幕的表面就像一个巨大圆柱体的一部分，看上去立体感比较强，可视面积也比较大，在VGA显示器出现之前，曾有过CGA、EGA等类型的显示器，它们采用数字系统，显示的颜色种类十分有限，分辨率也较低，现在普遍使用的SVGA显示器，采用模拟系统，分辨率和显示的颜色种类得到了很大的提高。

CRT 显示器是一种使用阴极射线管的显示器，阴极射线管主要由电子枪、偏转线圈、荫罩、荧光粉层、玻璃外壳 5 部分组成。经典的 CRT 显像管使用电子枪发射高速电子，经过垂直和水平的偏转线圈控制高速电子的偏转角度，最后高速电子击打屏幕上的磷光物质使其发光，通过电压来调节电子束的功率，就会在屏幕上形成明暗不同的光点，从而显示出各种图案和文字。彩色显像管屏幕上的每一个像素点都是由红、绿、蓝 3 种涂料组合而成的，当 3 束电子束分别激活这 3 种颜色的磷光涂料时，以不同强度的电子束调节 3 种颜色的明暗程度，就可得到所需的颜色。

液晶显示器工作时，背光源（灯管）射出光线经过一个偏光板，然后再经过液晶，到达前方的彩色滤光片与另一块偏光板。根据其间电压的变化控制液晶分子的排列方式，就可以实现不同的光线强度与色彩，从而在液晶显示屏上形成丰富多彩的图像效果，如图 2-37 所示。

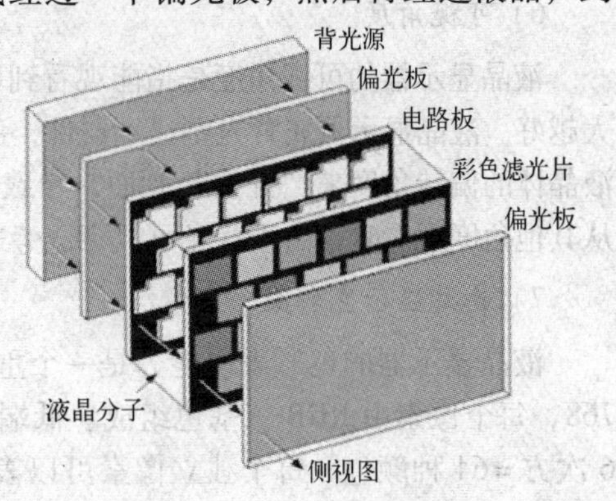

图 2-37　液晶显示器工作原理

2. 液晶显示器主要性能参数

1）点距和可视面积

所谓点距是指同一像素中两个颜色相近的磷光体之间的距离。液晶显示器的点距和可视面积有直接的对应关系，例如一台 14 英寸的液晶显示器的可视面积一般为 285.7mm×214.3mm，最大分辨率为 1024×768，说明液晶显示板在水平方向上有 1024 个像素，垂直方向有 768 个像素，由此可以计算出此液晶显示器的点距是 285.7/1024 =0.279mm，一般这个技术参数在产品说明书都有标注。同样，可以在得知液晶显示器的点距和最大分辨率下，算出该液晶显示器的最大可视面积来。

2）最佳分辨率和刷新率

任何一个像素的色彩和亮度信息都是与屏幕上的像素点直接对应的，液晶显示器只有在显示与其液晶显示板的分辨率完全一样的画面时才能达到最佳效果。LCD 最佳分辨率即其最大分辨率，在显示小于最佳分辨率的画面时，液晶显示会采用两种方式来显示，一种是居中显示，清晰度高，但画面太小；另外一种则是扩大方式，画面大，但比较模糊。15 英寸的液晶显示器的最佳分辨率为 1024×768，17 英寸的最佳分辨率则是 1280×1024。

3）亮度

由于液晶分子本身并不发光，而是靠外界光源，即采用在液晶的背部设置发光管提供背透式发光，因此，亮度这一指标是相当重要的，它决定其抗干扰能力的大小。液晶显示器亮度以平方米烛光（cd/m^2）或者 nits 为单位，液晶显示器亮度普遍在 150nits 到 300nits 之间，LCD 的亮度最好在 $200cd/m^2$ 以上，低档液晶显示器存在严重的亮度不均匀的现象，即中心的亮度和距离边框部分区域的亮度差别比较大。

4）对比度

对比度是指最亮区域和最暗区域之间的比值，对比度直接体现该液晶显示器能否显示丰富的色阶参数。对比度越高，还原的画面层次感就越好，即使在观看亮度很高的照片时，黑暗部位的细节也可以清晰显示，液晶显示器的对比度普遍在 150:1 ~500:1。

5）响应时间

响应时间是指液晶显示器对于输入信号的反应时间。组成整块液晶显示板的最基本的像素单元“液晶盒”，在接受到驱动信号后，从最亮到最暗的转换需要一段时间，而且液晶显示器从接收到显卡输出信号后，开始处理信号，并把驱动信息加到晶体驱动管也需要一段时间，在大屏幕液晶显示器上尤为明显。液晶显示器的这项指标直接影响到对动态画面的还原。LCD 反应时间越短越好，液晶显示器由于过长的响应时间导致其在还原动态画面时，出现比较明显的托尾现象，15 英寸液晶显示器响应时间一般在 16～40ms 之间。

6）可视角度

液晶显示器的可视角度是指能观看到可接收失真值的视线与屏幕法线的角度，这个数值越大越好。液晶显示器属背光型显示器件，由液晶模块背后的背光灯发光，而液晶主要是靠控制液晶体的偏转角度来“开关”画面，导致液晶显示器只有一个最佳的欣赏角度——正视。当从其他角度观看时，由于背光可以穿透旁边的像素而进入人眼，从而造成颜色的失真。

7）最大显示色彩数

液晶显示器的色彩表现能力是一个重要指标，15 英寸的液晶显示器像素一般是 1024×768，每个像素由 RGB 三基色组成。低端的液晶显示板，各个基色只能表现 6 位色，即 2 的 6 次方 =64 种颜色。每个独立像素可以表现的最大颜色数是 64×64×64 =262 144 种颜色，高端液晶显示板利用 FRC 技术使得每个基色可以表现 8 位色，即 2 的 8 次方 =256 种颜色，此时像素能表现的最大颜色数为 256×256×256 =16 777 216 种颜色。

8）点缺陷

液晶显示器的点缺陷分为：亮点、暗点和坏点。

亮点是指在黑屏的情况下呈现的 R、G、B 的点。亮点的出现分为两种情况：在黑屏的情况下，单纯地呈现 R 或者 G 或者 B 色彩的点；在切换至红、绿、蓝三色显示模式下，只有在 R 或者 G 或者 B 中的一种显示模式下有白色点，而在另外两种模式下均有其他色点的情况，这种情况是在同一像素中存在两个亮点。

暗点是指在白屏的情况下出现非单纯 R、G、B 的色点。暗点的出现分为两种情况：在切换至红、绿、蓝三色显示模式下，在同一位置只有在 R 或者 G 或者 B 一种显示模式下有黑点的情况，这种情况表明此像素内只有一个暗点；在切换至红、绿、蓝三色显示模式下，在同一位置上在 R 或者 G 或者 B 中的两种显示模式下都有黑点的情况，这种情况表明此像素内有两个暗点。

坏点是在液晶显示器制造过程中不可避免的液晶缺陷，由于目前工艺局限性，在液晶显示器生产过程中很容易造成硬性故障——坏点的产生。这种缺陷表现为无论在任何情况下都只显示为一种颜色的一个小点。要注意的是，挑坏点时不能只看纯黑和纯白两个画面，要将屏幕调成各种不同的颜色来查看，在各种颜色下捕捉坏点，如果坏点多于两个，最好不要购买。按照行业标准，3 个坏点以内都是合格的。

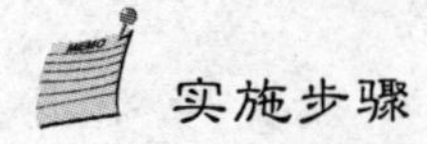

实施步骤

1. 工具准备

一台显示器。

2. 实训过程

(1) 结合课本的知识准备部分与所搜集到的相关资料，思考如下问题。

- 目前主流显示器品牌有哪些？
- 显示器的性价比与哪些参数有关？各个参数分别代表什么含义？
- 目前主流显示器型号有哪些？
- 目前高端显示器产品有哪些？

(2) 参照图2-36，认识三星943NW液晶显示器。

(3) 解释表2-6中关于三星943NW液晶显示器的参数含义。

3. 实训作业

实训完毕后，完成实训报告。

知识拓展

1. 液晶显示器接口类型

显示器通常有15针D-Sub和DVI两种接口，如图2-38所示。

图2-38 15针D-Sub接口和DVI接口类型

15针D-Sub输入接口也叫VGA接口，由于设计制造上的原因，CRT彩色显示器只能接受模拟信号输入，包含R\G\B\H\V（分别为红、绿、蓝、行、场）5个最基本的分量，不管以何种类型的接口接入，其信号中至少包含以上这5个分量。大多数PC显卡最普遍采用的接口为D-15，即D形三排15针插口，其中有一些是无用的，连接使用的信号线上也是空缺的。除了这5个必不可少的分量外，在1996年以后的彩显中还增加入DDC数据分量，用于读取显示器EPROM中记载的有关彩显品牌、型号、生产日期、序列号、指标参数等信息内容，以实现Windows所要求的PnP（即插即用）功能。

DVI数字输入接口是近年来随着数字化显示设备的发展而发展起来的一种显示接口。普通的模拟RGB接口在显示过程中，首先要在计算机的显卡中经过数字/模拟转换，将数字信号转换为模拟信号传输到显示设备中，而在数字化显示设备中，又要经模拟/数字转换将模拟信号转换成数字信号，然后显示。在经过2次转换后，不可避免地造成了一些信息的丢失，对图像质量也有一定影响。而在DVI接口中，计算机直接以数字信号的方式将显示信息传送到显示设备中，避免了2次转换过程，因此从理论上讲，采用DVI接口的显示设备的图像质量要更好。另外，DVI接口实现了真正的即插即用和热插拔，免除了在连接过程中需关闭计算机和显示设备的麻烦。现在大多数液晶显示器都采用该接口。

2. LCD 显示器和 CRT 显示器比较

（1）LCD 显示器机身小巧、便携，厚度，体积不到传统 CRT 的 1/3。

（2）LCD 显示器具有完全的纯平面，尽管传统 CRT 显示器已经全面向纯平方向发展，但其显像管的厚度比较大，折射的问题是不可能避免的，所以其观看效果并不是一个平面，特别是物理纯平的显示器，视觉上会明显产生内凹现象。

（3）LCD 显示器节约能源、环保。目前 17 英寸 CRT 显示器功耗都在 100W 以上，而 LCD 连 35W 都不到。另外，在降低辐射和减少污染方面，LCD 也具有非常明显优势。

（4）LCD 显示器有利于健康。LCD 无辐射、无闪烁的特点，使眼睛感觉非常舒适。

（5）色彩表现方面，LCD 显示器色彩表现差强人意。液晶显示屏幕的某一部分会出现异常亮的线条，或出现一些不雅的条纹，有时一幅特殊的浅色或深色图像会对相邻显示区域造成影响，精密图案（比如经抖动处理的图像）可能在屏幕上出现难看的波纹或者干扰纹。

（6）屏幕响应速度方面，在一些需要高速反映的画面中，液晶显示器往往会存在一些视觉残留，这是长期困扰液晶显示器的“拖尾”现象。目前市面上大多数液晶显示器的响应时间为 35～40ms，高质量的液晶显示器甚至能达到 25ms，但在运行极品飞车等高速 3D 动画游戏时，还是存在可以看到的拖尾现象，游戏中的边角图像显示不清晰，效果差强人意。

任务 9 认识机箱和电源

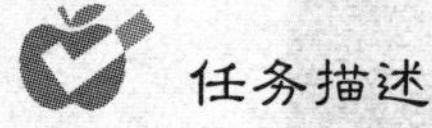

任务描述

如图 2-39 所示，认识金河田飓风 II 8197（带电源）机箱，并了解表 2-7 中机箱的相关参数含义。

图 2-39 金河田飓风 II 8197 机箱外观与内部构造

表 2-7 金河田飓风 II 8197 相关参数

主要性能	
机箱结构	Micro ATX/ATX
机箱类型	台式机类
产品颜色	白色
PCI 插槽	7

续表

	主要性能
3.5 英寸仓位	1 个软驱仓位 +6 个硬盘仓位
5.25 英寸仓位	4 个
机箱接口	USB/音频输出
机箱样式	立式
机箱尺寸	440mm×190mm×445mm
机箱重量	净重 5.9kg
产品电源	金河田 355WB 3C
扩展板数	7 个
防辐射性	防辐射，防静电，防电磁干扰设计
散热性能	多风扇位设置，散热更强劲
其他参数	高亮时尚蓝色指示灯

知识准备

1. 功能

机箱作为电脑主要配件的载体，其主要功能就是固定与保护配件，而电源的功能就是把市电（220V 交流电压）进行隔离并变换为计算机需要的稳定低压直流电，它们都是标准化、通用化的电脑外设，如图 2-40 所示。

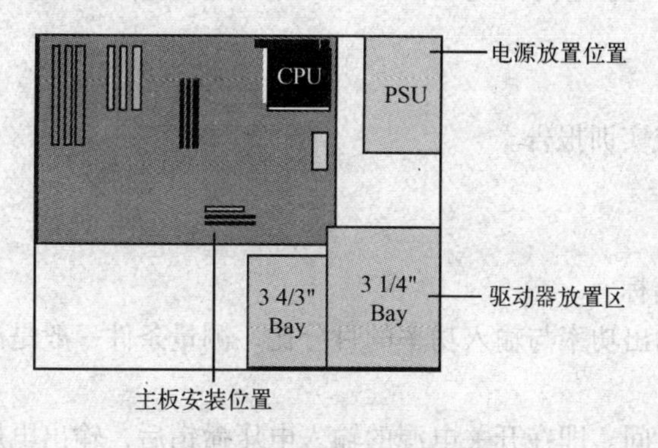

图 2-40　机箱电源俯视图

在 ATX 的结构的机箱中，主板安装在机箱的左上方，并且是横向放置的，而电源安装位置在机箱的右上方，机箱前方的位置是预留给储存设备使用的，后方则预留了各种外接端口的位置。这样规划的目的就是在安装主板时，可以避免 I/O 接口过于复杂，而主板的电源接口及软硬盘数据线接口可以更靠近预留位置。整体上也能够让使用者在安装适配器、内存或者处理器时，不会移动其他设备，这样机箱内的空间就更加宽敞简洁，对散热很有帮助。

在机箱的规格中，最重要的就是主板的定位孔，因为定位孔的位置和多少决定着机箱所能使用主板的类型，比如 ATX 机箱标准规格中，共有 17 个主板定位孔，而 ATX 主板真正使用的只有其中 9 个，其他的定位孔主要是为兼容其他类型的主板而设计的。

2. 电源的工作原理

微机电源的工作原理是将220V的市电输入，经滤波及整流之后变成309V的直流电压，该直流电压被送到脉宽调制器（PWM）功率转换线路，在PWM控制线路控制下，变成幅值在300V的矩形波，再经高频变压器降压及整流滤波即可输出+12V、+5V的直流稳定电压。通过控制300V矩形方波的占空比即可以得到稳定的直流输出值，这就是反馈稳压的主要原理。

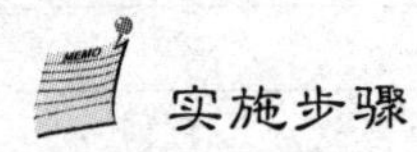
实施步骤

1. 工具准备

机箱、电源各一个。

2. 实训过程

(1) 结合课本的知识准备部分与所搜集到的相关资料，思考如下问题。
- 目前主流机箱品牌有哪些？
- 机箱的性价比与哪些参数有关？各个参数分别代表什么含义？
- 目前主流机箱电源型号有哪些？
- 目前高端机箱电源产品有哪些？

(2) 参照图2-39，认识金河田飓风II 8197机箱。
(3) 解释表2-7中关于金河田飓风II 8197机箱的参数含义。

3. 实训作业

实训完毕后，完成实训报告。

知识拓展

开关电源的重要指标
- 效率。电源的输出功率与输入功率的百分比，测量条件一般是满负载，输入交流电压为标准值。
- 输出电压保持时间。即在开关电源的输入电压撤销后，输出电压的保持时间。
- 隔离电压。电源电路中的任何一部分与电源基板地线之间的最大电压，或者能够加载到开关电源的输入端和输出端之间的最大直流电压。
- 电网稳定度（线性调整率）。输出电压随着输入电压在指定范围内变化而变化的百分率，其应用条件是负载和周围的温度保持恒定。
- 负载稳定度。输出电压随着负载在指定范围内变化而变化的百分率，条件是输入电压和周围的温度保持恒定。
- 噪声和纹波。附加在直流输出电压上的交流电压和高频尖峰信号的峰值，通常以MV为度量。
- 过载或过流保护。防止因负载过大，使输出电流超过原设计的额定值而造成电源损坏。

- 过压保护。当输出电压超过额定值时，电源会迅速自动关闭，停止输出，以防烧毁供电设备。
- 电磁干扰。即那些由开关电源的开关器件产生的，不希望传输和发射的高频能量频谱。

任务 10　认识计算机其他设备

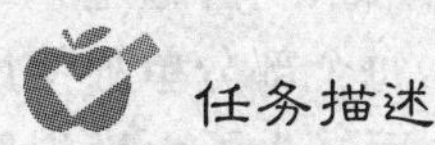

任务描述

了解 CPU 散热器、声卡、网卡、音箱、键盘、光电鼠标、光盘与光盘驱动器、打印机、扫描仪、摄像头、U 盘等设备。

知识准备

1. CPU 散热器

CPU 散热器是现在电脑中必备的配件之一，对系统的性能起着十分关键的作用。目前 CPU 散热方式主要分两类，一类是液体散热，一类是风冷散热，如图 2-41 所示。液体散热包括水冷、油冷等，其中主要是水冷，而风冷散热就是在一个散热片上面镶嵌一个风扇的散热方式。

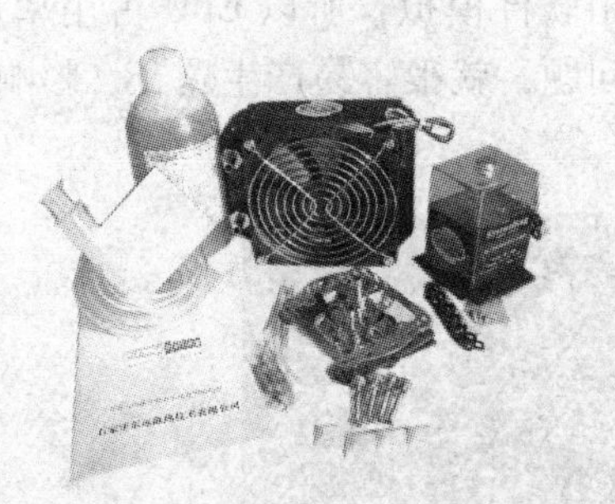

图 2-41　液冷（左）和风冷（右）CPU 散热器

水冷散热器的好处是散热效果突出，目前很少有风冷散热器可以与之媲美的，但它致命的缺陷是安全问题，虽然很多水冷散热器号称绝不漏水，但谁也无法保证肯定不漏。此外水冷散热器需要一个大水箱，以及耐心细致地安装。

风冷散热器的散热效果不如水冷散热器，但使用安全，安装简便。风冷散热器包括两部分，一部分是散热片，另一部分是散热风扇。热量的基本传递方式有 3 种：传导、对流、辐射。CPU 散热器的散热片必须紧贴 CPU，这种传递热量的方式是传导；散热风扇带来冷空气带走热空气，引起空气对流；温度高于空气的散热片将附近的空气加热，其中有一部分就是辐射。好的风冷散热器传导好，对流好，辐射好。

2. 声卡

一般来说，只有高品质音箱才能体现出独立声卡的优势。如果没有特殊需要，比如专业的音乐人或是发烧友，使用集成声卡就足够了。电脑集成声卡分为两类：软声卡和硬声卡。

1）AC'97 标准

1996 年 6 月，5 家 PC 领域中颇具知名度和权威性的软硬件公司共同提出了一种全新思路的芯片级 PC 音源结构，也就是现在所见的 AC'97 标准（Audio Codec97）。早期的 ISA 声卡由于集成度不高，声卡上散布了大量元器件，后来随着技术和工艺水平的发展，出现了单芯片的声卡，只用一块芯片就可以完成声卡所有的功能，但是由于声卡的数字部分和模拟部分集成在一起，很难降低电磁干扰对模拟部分的影响，使得 ISA 声卡信噪比并不理想。AC'97 标准则提出“双芯片”结构，即将声卡的数字与模拟两部分分开，每个部分单独使用一块芯片。AC'97 标准结合了数字处理和模拟处理两方面的优点，一方面减少了由模拟线路转换至数字线路时可能会出现的噪声，营造出了更加纯净的音质；另一方面，将音效处理集成到芯片组后，可以进一步降低成本。1997 年后，市场上出现的 PCI 声卡大多数已经开始符合 AC'97 规范，把模拟部分的电路从声卡芯片中独立出来，成为一块被称之为“Audio Codec”（多媒体数字信号编解码器）的小型芯片，而声卡的主芯片即数字部分则成为一块被称之为“Digital Control”（数字信号控制器）的大芯片。

2）软声卡和硬声卡

AC'97 软声卡是指在主板芯片组的南桥芯片中加入声卡的功能，通过软件模拟声卡，完成一般声卡上主芯片的功能，并将音频输出交给“Audio Codec”芯片完成，所以这类主板上没有那种较大的“Digital Control”芯片，只有一块小小的“Audio Codec”芯片。由于软声卡没有“Digital Control”芯片，而是采用软件模拟，所以 CPU 占用率比一般声卡高，如果 CPU 速度达不到要求或因为驱动软件有问题，就很容易产生爆音，影响音质。图 2-42 所示为 AD 系列的 AC'97 CODEC 芯片。

图 2-42 AC'97 CODEC 芯片

AC'97 硬声卡是指将普通声卡上的“Digital Control”芯片也集成到主板上，即把芯片及辅助电路都集成到主板上，这样相对于单独的主板和声卡来说，成本降低了很多，而且声音效果在理论上与独立声卡差不多。在这种集成硬声卡主板 PCI 插槽的附近，可以看到一块大大的“Digital Control”芯片。

3. 网卡

网卡全称网络适配器，是局域网中最基本的部件之一，也是连接计算机与网络的硬件设备，无论是双绞线连接、同轴电缆连接还是光纤连接，都必须借助于网卡才能实现数据的通信。每块网卡都有一个唯一的网络节点地址，即MAC地址，它是网卡生产厂家在生产时烧入ROM（只读存储芯片）中的。我们日常使用的网卡都是以太网网卡，目前网卡按其传输速度来分，可分为10M网卡、10/100M自适应网卡，以及千兆（1000M）网卡。如果只是作为一般用途，如日常办公等，使用10M网卡和10/100M自适应网卡两种即可。如果应用于服务器等产品领域，则要选择千兆级的网卡。网卡分为有线网卡和无线网卡，如图2-43所示。网卡的接口有RJ-45、USB等。

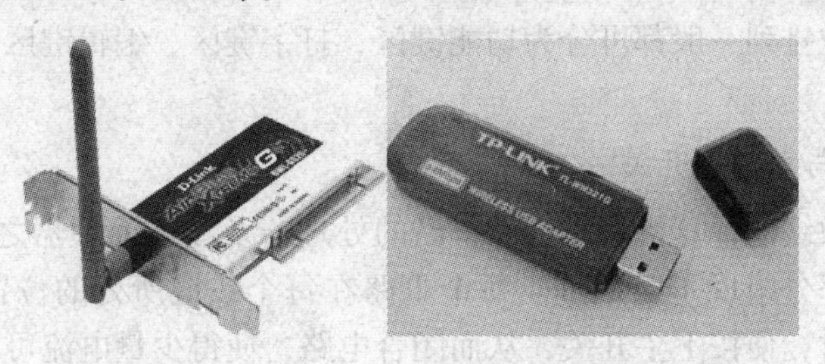

图2-43 有线网卡（左）和无线网卡（右）

4. 音箱

音箱是将电信号还原成声音信号的一种装置，还原出声音的真实性将作为评价音箱性能的重要标准。音箱分为倒相式和密闭式两种。密闭式音箱就是在封闭的箱体上装上扬声器；而倒相式音箱则是在前面或后面板上装有圆形的倒相孔，按照赫姆霍兹共振器的原理工作。倒相式音箱的优点是灵敏度高，能承受的功率较大且动态范围广。

音箱主要性能指标如下。

（1）功率：音箱音质的好坏和功率没有直接的关系，功率决定的是音箱所能发出的最大声强。根据国际标准，功率有两种标注方法，即额定功率与瞬间功率。前者是指在额定频率范围内给扬声器一个规定了波形的持续模拟信号，在有一定间隔并重复一定次数后，扬声器不发生任何损坏的最大电功率；后者是指扬声器短时间所能承受的最大功率。

（2）频率范围与频率响应：前者是指音箱系统的最低有效回放频率与最高有效回放频率之间的范围；后者是指将一个以恒电压输出的音频信号与系统相连接时，音箱产生的声压随频率的变化而发生增大或衰减，以及相位随频率而发生变化的现象，这种声压和相位与频率的相关联的变化关系称为频率响应，单位分贝（dB）。

（3）失真度：有谐波失真、互调失真和瞬态失真之分。谐波失真是指声音回放中增加了原信号没有的高次谐波成分而导致的失真；互调失真影响到的主要是声音的音调方面；瞬态失真是因为扬声器具有一定的惯性质量存在，无法跟上瞬间变化的电信号的震动而导致的原信号与回放音色之间存在的差异。

（4）音箱的灵敏度：音箱的灵敏度每差3dB，输出的声压就相差一倍，一般以87dB为中灵敏度，84dB以下为低灵敏度，90dB以上为高灵敏度。

（5）阻抗：是指扬声器输入信号的电压与电流的比值。音箱的输入阻抗一般分为高阻抗和低阻抗两类，高于16Ω的是高阻抗，低于8Ω的是低阻抗。在功放与输出功率相同的情况下，低阻抗的音箱可以获得较大的输出功率，但是阻抗太低了又会造成欠阻尼和低音劣化等现象。

（6）信噪比：是指音箱回放的正常声音信号与噪声信号的比值。信噪比低时，小信号输入时噪声严重，整个音域的声音明显感觉混浊不清，所以信噪比低于80dB的音箱一般不建议购买。

5. 键盘

键盘属于计算机硬件的一部分，是为计算机输入指令和操作计算机的主要设备之一，中文汉字、英文字母、数字符号，以及标点符号就是通过键盘输入计算机的。无论是哪一种键盘，它的功能和键位排列一般都可分为功能键区、打字键区、编辑键区、数字键盘区和指示灯区5个区域。

1）机械式开关与电容式开关

键盘很像一台微缩的计算机，它拥有自己的处理器及在该处理器之间传输数据的电路，这个电路的很大一部分组成了键矩阵。每个电路在每个按键所处的位置点下均处于断开状态。当按下某个键时，便按下了开关，从而闭合电路，使得少量电流可以通过。一旦处理器发现某处电路闭合，它就将该电路在键矩阵上的位置与其只读存储器内的字符映射表进行对比，字符映射表的基本功能就是比较图或查询表，它会告诉处理器每个键在矩阵中的位置，以及每次按键或者按键组合所代表的含义。

电容式开关可看作是非机械开关。每个按键都带有一个弹簧，并且在底部装有一个小底盘，当按下某个键时，其底盘会向下方的底盘逐渐靠拢，当两个底盘十分靠近时，通过矩阵的电流量就会发生变化，处理器将检测到这一变化，并将其解释为按下了相应位置的按键。

2）有线键盘和无线键盘

有线键盘一般是通过带有PS/2或USB（通用串行总线）接头的电缆连接到计算机，无线键盘则是通过红外、射频或者蓝牙连接与计算机相连。红外和射频连接与遥控器的原理相同。无论使用何种信号，无线键盘都需要一个接收器（内置或者插入到USB端口）来与计算机通信。

6. 光电鼠标

光电鼠标由光学感应器、光学透镜、发光二极管、接口微处理器、轻触式按键、滚轮、连线、PS/2或USB接口、外壳等组成。在光电鼠标内部有一个发光二极管，通过该发光二极管发出的光线，照亮光电鼠标底部表面，然后将光电鼠标底部表面反射回的一部分光线，经过一组光学透镜，传输到一个光感应器件内成像。这样，当光电鼠标移动时，其移动轨迹便会被记录为一组高速拍摄的连贯图像，最后利用光电鼠标内部的一块专用图像分析芯片，对移动轨迹上摄取的一系列图像进行分析处理，通过对这些图像上特征点位置的变化进行分析，来判断鼠标的移动方向和移动距离，从而完成光标的定位，如图2-44所示。

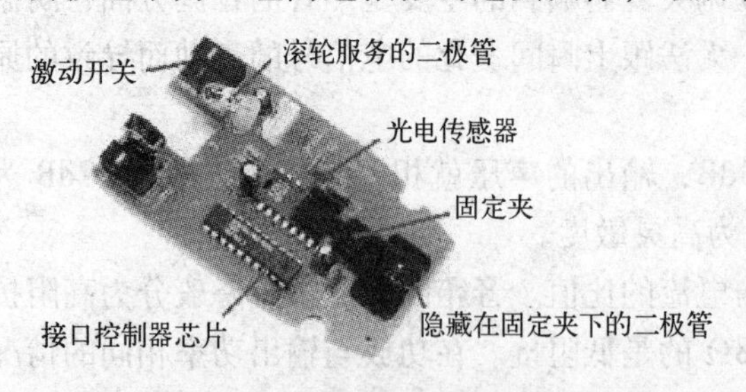

图2-44 光电鼠标组成

7. 光盘与光盘驱动器

光盘驱动器就是平常所说的光驱（CD-ROM），它是读取光盘信息的设备，也是多媒体电脑不可缺少的硬件配置。光盘存储容量大，价格便宜，保存时间长，适宜保存大量的数据，如声音、图像、动画、视频信息和电影等多媒体信息。普通光盘有三种，CD-ROM、CD-R 和 CD-RW。其中，CD-ROM 是只读光盘；CD-R 只能写入一次，以后不能再次改写；CD-RW 是可重复擦、写光盘。现在又出现了更大容量的 DVD-ROM、DVD-R、DVD + R、DVD-RW、DVD + RW 等盘片。

1）光驱的结构

光驱的前面板一般包含防尘门和 CD-ROM 托盘、耳机插孔（有些光驱无此功能）、音量控制按钮（有些光驱无此功能）、播放键（有些光驱无此功能）、弹出键、读盘指示灯、手动退盘孔（当光盘由于某种原因不能退出时，可以用小硬棒插入此孔以退出光盘），如图 2-45所示。

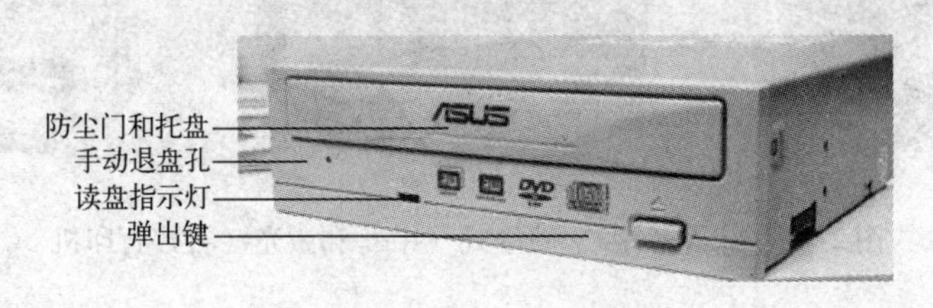

图 2-45 光驱前面板

光驱的背面板包括电源线插座、主从跳线、数据线插座、音频线插座等，如图2-46所示。

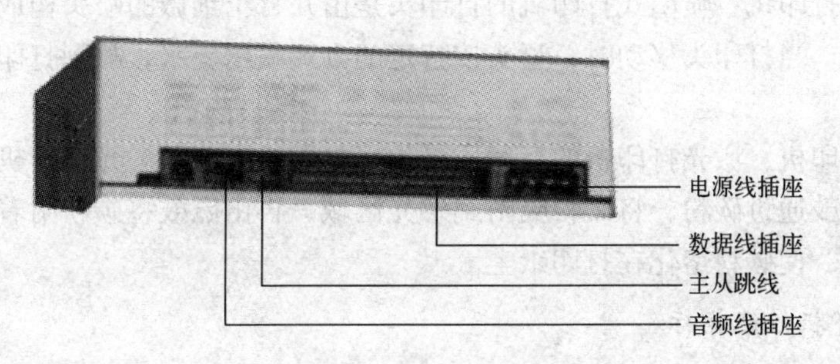

图 2-46 光驱背面板

2）光驱的工作原理

读取信息时，光驱的激光头会向光盘发出激光束，当激光束照射到光盘的凹面或非凹面时，反射光束的强弱会发生变化，光驱就根据反射光束的强弱，把光盘上的信息还原成为数字信息，即“0”或“1”，再通过相应的控制系统，把数据传给电脑。

3）光驱性能指标

只知道光驱的外表是不够的，还要了解它的“内心”，即光驱的性能。下面是几个关于光驱的技术指标。

（1）数据传输率：即倍速，单倍速（1X）光驱是指每秒钟光驱的读取速率为 150KB，同理，双倍速（2X）就是指每秒读取速率为 300KB，现在市面上的 CD-ROM 光驱一般都在 48X、50X 以上。

（2）平均寻道时间：是指激光头（光驱中用于读取数据的一个装置）从原来位置移到新位置并开始读取数据所花费的平均时间。

（3）CPU 占用时间：是指光驱在维持一定的转速和数据传输率时所占用 CPU 的时间，

它是衡量光驱性能好坏的一个重要指标。

(4) 数据缓冲区：是光驱内部的存储区，它能减少读盘次数，提高数据传输率。现在大多数光驱的缓冲区为128KB或256KB。

8. 打印机

1) 打印机分类

按打印原理可将打印机分为如下3类，如图2-47所示。

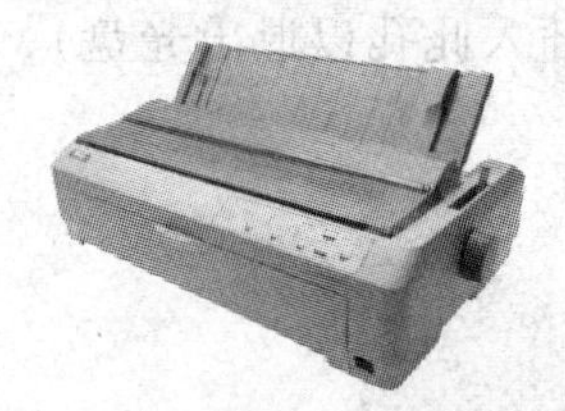

图2-47 针式（左）、喷墨式（中）和激光（右）打印机

(1) 针式打印机（即点阵式打印机）：现在的针式打印机普遍是24针打印机。所谓针数是指打印头内的打印针的排列和数量，针数越多，打印的质量就越好。针式打印机主要有9针和24针两种，其中9针已经被淘汰了。

(2) 喷墨式打印机：喷墨式打印机的打印头是由几百个细微的喷头构成的，它的精度比针式要高出许多。当打印头移动时，喷头按特定的方式喷出墨水，喷到打印纸上，从而形成打印图样。

(3) 激光打印机：激光打印机的打印质量位居打印机之首。激光打印机使用激光扫描光敏旋转磁鼓，磁鼓通过碳粉，将碳粉吸附到感光区域，再由磁鼓将碳粉附着在打印纸上，最后通过加热装置，使碳粉熔化在打印纸上。

2) 激光打印机性能指标

(1) 打印速度：打印机的打印速度是用每分钟打印多少页纸（ppm）来衡量的。厂商在标注产品的技术指标时，通常都会用黑白和彩色两种打印速度进行标注，因为打印图像和文本时打印机的速度是有很大不同的。另外，打印速度还与打印时设定的分辨率有直接的关系，打印分辨率越高，打印速度自然也就越慢了，所以衡量打印机的打印速度必须在统一标准下进行综合的评定。

(2) 首页输出时间：是指打印机接收到打印命令后至输出首页所花费的时间。厂家在测试该参数时，一般只考虑打印机自身原因造成的打印延时，对激光打印机而言，影响首页打印时间最关键的因素是定影辊的加热速度。

(3) 耗材：现在打印机厂商多采用鼓粉分离的耗材设计，当粉盒里的碳粉用完，只要更换粉盒即可继续使用，节省了成本。

9. 扫描仪

扫描仪是一种捕获影像的装置，能将影像转换为计算机可以显示、编辑、储存和输出的数字格式，如图2-48所示。扫描仪的应用范围很广泛，例如将美术图形和照片扫描到文件中；将印刷文字扫描输入到文字处理软件中；将传真文件扫描输入到数据库软件或文字处理软件中储存，以及在多媒体中加入影像等。

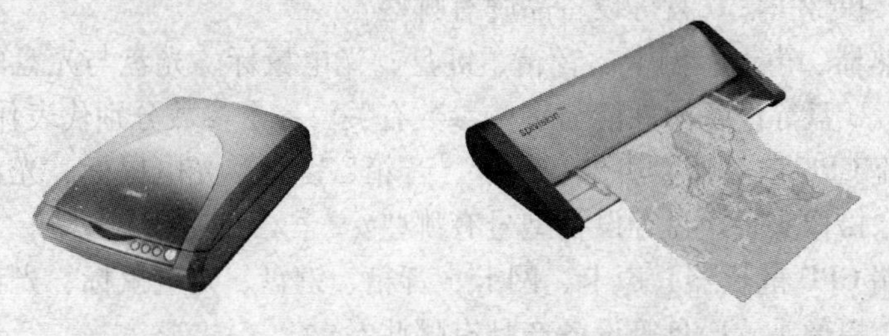

图 2-48　普通扫描仪（左）和大幅面扫描仪（右）

1）工作原理

目前市面上见到的扫描仪采用的是两种完全不同的制造原理。一种是 CCD 技术，以镜头成像到感光元件上；另一种则是 CIS 接触式扫描，图像用 LED 灯管扫过之后会直接通过 CID 感光元件记录下来，不需要使用镜片折射，因此整个机体能够做得很轻薄，适合文件或一般平面图文的扫描。

2）性能指标

（1）扫描精度：即分辨率，是衡量一台扫描仪档次高低的重要参数，它所体现的是扫描仪在扫描时所能达到的精细程度。扫描精度通常以 DPI（分辨率）表示，DPI 值越大，扫描仪扫描的图像越精细。

（2）色彩位数：表明了扫描仪在识别色彩方面的能力和能够描述的颜色范围，它决定了颜色还原的真实程度，色彩位数越大，扫描的效果越好、越逼真，扫描过程中的失真就越少。

（3）灰度级：反映了扫描时提供由暗到亮层次范围的能力，即扫描仪从纯黑到纯白之间平滑过渡的能力。灰度级位数越大，相对来说扫描结果的层次就越丰富，效果就越好。

（4）扫描幅面：是指扫描仪所能扫描的范围，也就是纸张的大小，一般有 A4、A4 +、A3 等。

3）扫描软件

（1）图像类：扫描物件用做图像处理，如 Photoshop、扫描大师，以及 Windows 自带的映像程序等。

（2）OCR 类：扫描物件用做文字处理，即将图像文件转为文本文件，如清华紫光 OCR、尚书 OCR、蒙恬 OCR、文通 OCR 等，还有用做英语识别的 TEXTBRIDGE。

（3）矢量化软件：用于专业扫图纸，一般需配合工程扫描仪（A0 或超 A0 大幅面）。

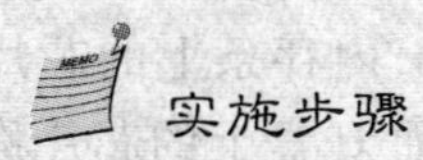

实施步骤

1. 工具准备

CPU 散热器、声卡、网卡、音箱、键盘、光电鼠标、光盘与光盘驱动器、打印机、扫描仪、摄像头、U 盘等。

2. 实训过程

结合课本的知识准备部分与所搜集到的相关资料，思考如下问题。

(1) 目前主流 CPU 散热器、声卡、网卡、音箱、键盘、光电鼠标、光盘与光盘驱动器、打印机、扫描仪、摄像头、U 盘等设备品牌有哪些?

(2) CPU 散热器、声卡、网卡、音箱、键盘、光电鼠标、光盘与光盘驱动器、打印机、扫描仪、摄像头、U 盘等设备的性能与哪些参数有关? 各个参数分别代表什么含义?

(3) 目前主流 CPU 散热器、声卡、网卡、音箱、键盘、光电鼠标、光盘与光盘驱动器、打印机、扫描仪、摄像头、U 盘等设备型号有哪些?

(4) 目前高端 CPU 散热器、声卡、网卡、音箱、键盘、光电鼠标、光盘与光盘驱动器、打印机、扫描仪、摄像头、U 盘等设备产品有哪些?

3. 实训作业

实训完毕后，完成实训报告。

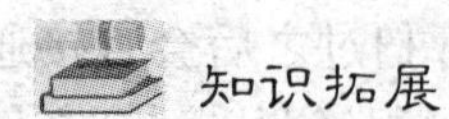

知识拓展

1. U 盘

U 盘是采用 Flash Memory（也称闪存）存储技术的 USB 设备，如图2-49所示。USB 是英文 Universal Serial Bus 的缩写，中文含义是“通用串行总线”，它是一种应用在 PC 领域的新型接口技术。早在 1995 年，就已经出现了带有 USB 接口的 PC 了，但由于缺乏软件及硬件设备的支持，这些 PC 的 USB 接口都闲置未用，1998 年后，随着微软在 Windows 98 中内置了对 USB 接口的支持模块，加上 USB 设备的日渐增多，USB 接口才逐步走进了实用阶段。近年来，随着大量支持 USB 的个人电脑的普及，USB 逐步成为 PC 的标准接口。

图 2-49 形态各异的 U 盘

U 盘的内部是一种半导体存储芯片，它和内存条上的芯片不同，内存条上的芯片叫 RAM（即随机访问存储器），它里面的数据在断电后是不能保存的，而 U 盘上的芯片称为 Flash Memory，即“闪存”，写上去的数据可以长期保存，断电后不会丢失，因此可以当做外部存储器来使用。

U 盘容量远远超过软盘，通常一张软盘只有 1. 44MB 左右，而 U 盘从 64MB 到目前的 1GB 及 4GB 甚至更大；U 盘速度很快，它靠芯片上集成的电子线路来存储数据，不像磁盘那样要靠机械动作来寻址，因此其读写速度比软盘快 30 多倍；U 盘体积小巧，便于携带。

2. 摄像头

摄像头作为一种视频输入设备，过去被广泛地应用于视频会议、远程医疗及实时监控等方面，如图 2-50 所示。近年来，随着因特网技术的发展，网络速度的不断提高，摄像头已成为视频聊天的重要设备。现在电脑市场上的摄像头基本以数字摄像头为主，而数字摄像头中又以使用新型数据传输接口的 USB 数字摄像头为主。

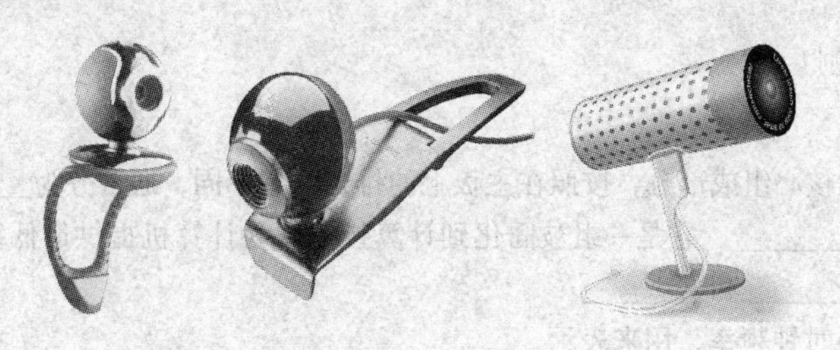

图 2-50 形态各异的摄像头

摄像头的主要结构和组件如下。

(1) 镜头：透镜结构，由几片透镜组成，有塑胶透镜和玻璃透镜。通常摄像头所使用的镜头构造有 1P、2P、1G1P、1G2P、2G2P 和 4G 等。透镜越多，成本越高。玻璃透镜比塑胶贵，但成像效果比塑胶镜头好，因此一个品质好的摄像头应该是采用玻璃镜头的。现在市场上的大多摄像头产品为了降低成本，一般会采用塑胶镜头或半塑胶半玻璃镜头（即 1P、2P、1G1P 和 1G2P 等）。

(2) 图像传感器：可以分为电荷耦合器件 CCD（Charge Couple Device）和互补金属氧化物半导体 CMOS（Complementary Metal Oxide Semiconductor）两类。CCD 的优点是灵敏度高，噪声小，信噪比大，但是生产工艺复杂、成本高、功耗高。CMOS 的优点是集成度高，功耗低（不到 CCD 的 1/3），成本低，但是噪声比较大，灵敏度较低，对光源要求高。

(3) 数字信号处理芯片：简称为 DSP，其生产厂商较多，市面上较为流行的有松翰（SONIX）、中星微（VIMICRO）等。现在 DSP 的设计和生产技术已经逐渐成熟，各项技术指标上相差不是很大，只是有些 DSP 在细微的环节及驱动程序要进行进一步改进。

(4) 电源：摄像头内部需要 3.3V 和 2.5V 两种工作电压，电源是保证摄像头稳定工作的一个因素。

知识归纳

(1) 主板是用来承载电脑上所有板卡的基本板卡，其芯片组的型号决定了该主板所能用到的 CPU、内存、线卡等的性能发挥水平。

(2) CPU 是电脑的核心配件，是一台计算机的运算核心和控制核心。电脑中的所有操作都是由 CPU 负责读取指令，对指令译码并执行指令的。CPU 是各种档次微机的代名词，它的性能大致上反映出了微机的性能。

(3) 内存条是连接 CPU 和其他设备的通道，是数据处理的交换平台，起到缓冲和数据交换作用。

(4) 硬盘是一种储存量巨大的设备，其作用是储存计算机运行时需要的数据。硬盘是电脑中的重要部件之一，电脑所安装的操作系统及所有的应用软件等都位于硬盘中，它是存储数据的主要场所。

（5）显卡是主机与显示器之间连接的桥梁，其作用是控制电脑的图形输出，负责将CPU送来的影像数据处理成显示器认识的格式，再送到显示器形成图像。

（6）显示器是计算机最主要的输出设备之一，是人与计算机交流的主要渠道，显示器质量的好坏，直接影响到工作效率与娱乐效果。

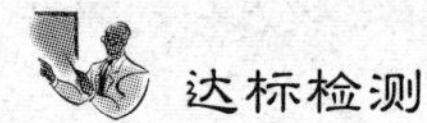

达标检测

一、填空题

1. 芯片组是主板的核心组成部分，按照在主板上的排列位置不同，通常分为________和________。

2. BIOS的全称是________，它是一组被固化到计算机中，为计算机提供最低级最直接的硬件控制的程序，BIOS的功能是________和________。

3. CPU的主频也叫时钟频率，用来表示________。

4. 缓存的工作原理是：当CPU要读取数据时，首先从________中查找，如果找到就立即读取并送给________处理；如果没有找到，就用相对慢的速度从________中读取并送给CPU处理，同时把这个数据所在的数据块调入缓存中，可以使得以后对整块数据的读取都从缓存中进行，不必再调用________。

5. 内存条是连接CPU和其他设备的通道，起到________作用。内存是用于存放________与________的半导体存储单元，包括RAM（随机存取存储器）、ROM（只读存储器）及Cache（高速缓存）3部分。

6. 硬盘存储数据是根据电、磁转换原理实现的。一般将硬盘分成________、________、________、________和________5部分。

7. 显存是显卡的专用内存，里面存放着________。________是显存非常重要的一个性能指标，决定于显存的时钟周期和运行频率，它们影响显存每次处理数据需要的时间，

8. CRT显示器是一种使用________的显示器，主要由电子枪、偏转线圈、荫罩、荧光粉层、玻璃外壳五部分组成。液晶显示器由两块________构成，厚约1mm，其间由包含有液晶材料的5μm均匀间隔隔开。

9. CPU散热器是现在计算机中必备的配件之一，而且对系统的性能起到十分关键的作用。目前CPU散热方式主要分两类，一类是________，另一类是________。

10. 光盘驱动器就是我们平常所说的光驱，是读取光盘信息的设备。普通光盘有3种，________是只读光盘；________只能写入一次，以后不能再次改写；________是可重复擦、写光盘。

二、实训题

1. 如图2-51所示为微星KA785GM-E65主板，请搜集有关此主板的资料，结合课本的知识说明主板各个部件的组成，并解释表2-8中各项参数的含义。

图2-51 微星KA785GM-E65主板

表 2-8　微星 KA785GM-E65 主板参数

主板芯片	
集成芯片	显卡/声卡/网卡
主芯片组	AMD 785G
芯片厂商	AMD
芯片组描述	采用 AMD 785G + SB710 芯片组
音频芯片	集成 8 声道音效芯片
图形芯片	集成 ATI Radeon HD4200 显示核心
网卡芯片	板载 Realtek 8111DL 千兆网卡
CPU 规格	
适用平台	AMD
CPU_ 种类	Athlon II/Phenom II
CPU_ 描述	支持 Socket AM3 接口 Athlon II/Phenom II 处理器
CPU_ 插槽	Socket AM3
支持 CPU 数	1
总线频率	FSB 2600MHz
内存规格	
内存类型	DDR3
内存描述	支持双通道 DDR3 1600（OC）/1333/1066/800 内存，最大支持 16GB
扩展插槽	
显卡插槽	PCI-E 2.0 16X
PCI 插槽	2 条 PCI 插槽，1 条 PCI-E 1X
IDE 插槽	一个 IDE 插槽
FDD 插槽	一个 FDD，接软驱
SATA 接口	5 个 SATAII 接口，支持 RAID 0，1，0 + 1 and JBOD
I/O 接口	
PS/2 接口	PS/2 键盘接口
其他接口	1 个 RJ45 网络接口/1 个 eSATA 接口/1 个 1394 接口/1 个光纤接口
外接端口	HDMI 接口/VGA 接口/DVI 接口
板型	
主板板型	Micro ATX 板型
外形尺寸	24.4cm × 24.4cm
其他特征	
其他性能	支持组建 Hybrid CrossFireX（混合交火）模式
其他特点	板载 128MB DDR3 显存
其他参数	
电源插口	一个四针，一个 24 针电源接口
供电模式	五相
附件	
随机附件	说明书、驱动光盘、FDD/IDE 数据线、SATA 数据线、挡板

2. 如图2-52所示为AMD速龙II X2 240CPU，请搜集有关此CPU的资料，结合课本的知识说明CPU各个部件的组成，并解释表2-9中各项参数的含义。

图2-52 AMD速龙II X2 240CPU

表2-9 AMD速龙II X2 240参数

基本参数	
适用类型	台式CPU
CPU系列	Athlon64 X2
CPU内核	
核心数量	双核心
热设计功耗	65W
内核电压	0.85～1.425V
制作工艺	45nm
CPU频率	
主频	2800MHz
倍频	14倍
外频	200MHz
CPU插槽	
插槽类型	Socket AM3
针脚数	938pin
CPU缓存	
L1缓存	128KB
L2缓存	2MB

3. 如图2-53所示为威刚2G DDR2 800+内存条，请搜集有关此内存条的资料，结合课本的知识说明内存条的性能，并解释表2-10中各项参数的含义。

图2-53 威刚2G DDR2 800+内存条

表 2-10　威刚 2G DDR2 800 + 参数

基本参数	
内存类型	DDR2
适用机型	台式机内存
内存容量	2GB
工作频率	800MHz
接口类型	240pin
技术参数	
CL 设置	4－4－4－12

4. 如图 2-54 所示为西部数据 WD 320GB 7200 转硬盘，请浏览相关网站，搜集有关此硬盘的资料，结合课本的知识说明硬盘各个部件的组成，并解释表 2-11 中各项参数的含义。

图 2-54　WD 320GB 7200 转 16MB 硬盘

表 2-11　WD 320GB 7200 转 16MB 参数

基本参数	
适用类型	台式机
硬盘容量	
硬盘容量	320GB
单碟容量	320GB
盘片数	1 张
硬盘接口	
接口类型	Serial ATA
接口速率	Serial ATA 300
传输速率	
缓存	16MB
转速	7200rpm
磁头（个）	2
平均寻道时间	8.7ms
外部传输速率	300MBps
其他参数	
硬盘尺寸	3.5 英寸

5. 如图2-55所示为铭瑄极光9800GT终结显卡，请搜集有关此显卡的资料，结合课本的知识说明显卡各个部件的组成，并解释表2-12中各项参数的含义。

图2-55 铭瑄极光9800GT终结显卡

表2-12 铭瑄极光9800GT终结显卡参数

显卡核心	
显卡芯片	GeForce 9800 GT
芯片厂商	NVIDIA
制造工艺	65nm
核心代号	G92
显卡频率	
核心频率	600MHz
显存频率	1800MHz
着色器频率	1500MHz
显存规格	
显存类型	GDDR3
显存容量	512MB
显存位宽	256bit
显存描述	采用1.0ns GDDR3显存
显存速度	1.0ns
最高分辨率	2560×1600
显卡散热	
散热方式	散热风扇
显卡接口	
总线接口	PCI Express 2.0 16X
输出/输入接口	HDMI
显示器接口	24针DVI-I接口/15针D型（VGA）接口
外接电源接口	6pin
物理特性	
渲染管线	N/A
顶点着色单元	N/A
3D API	DirectX 10
SP单元	112个

第3章 组装个人计算机

任务11 选购个人计算机部件

任务描述

选购一台家用学习型计算机配件，选购计算机部件要求如下：

（1）对计算机性能要求不高，能满足简单学习、上网和娱乐需求。

（2）满足日常基本应用的同时，考虑以后某些配件的性能升级。

（3）计算机购机预算为3000元左右。

知识准备

1. 计算机配件选购的基本原则

1）组装计算机按需配置，明确计算机使用范围

计算机配件的价格千差万别，选购之前，应结合实际情况，认真考虑购买计算机的主要目的，是为了在家里上网，进行文字处理，还是为了进行图形图像处理，或者是为了玩大型的3D游戏。根据实际需要选购计算机配件，这是计算机配置的最基本原则。

2）衡量装机预算

确定计算机的用途以后就要衡量自己的经济了，预算一般有个差价浮动，这样做一是可以防止计算机市场配件价格变化，二是可以在配件品牌之间有更广的选择性。

3）衡量整机运行速度

计算机整机的运行速度是由最慢的那个配件决定的，所以配电脑的原则是要各个配件相互配合，不能出现瓶颈。

2. 计算机配件选购注意事项

1）大配件尽量选名牌

现在CPU的生产厂家只有Intel和AMD，是容易选择的，但是主板、显卡、显示器等大件的生产厂家较多，选购时不能只图便宜，建议尽量选择名牌或DIY口碑好的产品，凡是质量没有保证的杂牌、小品牌，即使价格便宜，也尽量不要选配。

2）配件要选择容易换修和升级的

装机配置时尽量选择平台新、持续时间久的产品，这样方便今后的换修、升级。

3）配件选购尽量找代理

配件选购尽量找代理某一品牌的柜台，这样做不仅可以节约配机成本，而且可以避免经销商向你推荐一些利润高，但不出名的品牌。

总之，选购计算机配件之前要进行全面的市场对比和分析，根据个人实际情况适当调整机器配置，以便在满足自身要求的同时力求节省资金。

3. 电脑主要部件选购技巧

1）CPU 选购技巧

CPU 是决定计算机性能的主要部件之一，在价格上有很大差别，选购 CPU 不仅要知道市场行情，了解双核 CPU 等热点产品的特性，更要把握按需选购的原则。

（1）了解市场行情：因特网上有很多硬件行情网站，提供 CPU 的市场价格、评测和导购文章等信息。用户可以此了解主流 CPU 信息和各种装机方案，并向有装机经验的朋友咨询，以便形成自己的选购参考方案。

（2）关于升级：由于技术发展，CPU 的换代需要配合新的主板才能发挥性能，而更换这些配件的代价很高，基本等同于更换新主机（机箱、硬盘、显示器可不变），因此，普通用户可以先不考虑 CPU 的升级。

（3）关于品牌：目前的两大 CPU 主流 Intel 和 AMD 的产品都很可靠，且型号也能满足各种需求。因此在选购 CPU 时，品牌不是特别的因素，其影响远比性能、价格小的多。

（4）关于主频：不要盲目追求主频，目前主流的 CPU 工作频率已经很高了，主频低不等于性能差。

（5）关于 CPU 盒装与散装：从技术角度而言，散装和盒装 CPU 并没有本质的区别，只是盒装 CPU 的保修期要长一些（通常为三年），且附带一只质量较好的散热风扇，因此往往受到广大消费者的喜爱。不管盒装还是散装 CPU，购买时都要注意辨别真伪。

2）主板选购技巧

主板作为计算机一个非常重要的部件，其质量的优劣直接影响着整个计算机的工作性能，因此在品牌繁多的主板市场上，挑选出质量过关的主板，就显得非常重要了。

（1）品牌：主板的技术含量通常很高，一般用户往往无法辨别出主板的优劣。品牌主板无论是质量、做工还是售后服务都有良好的口碑，因此对于不太了解主板技术的用户来说，最先考虑的应该是选用合适的品牌。

（2）平台：依据支持 CPU 类型的不同，主板产品有 AMD、Intel 平台之分，不同的平台决定了主板的不同用途。AMD 平台有着较高的性价比，游戏性能比较强劲。Intel 平台稳定但价格较高。

（3）做工：首先查看主板的印刷电路板厚度，一般情况下四层以上的 PCB 板质量较好。在确保厚度的前提下，再仔细查看 PCB 板边缘是否光滑，要求用手触摸，没有刺手感觉；然后检查主板上的各焊接点，是否饱满有光泽，排列是否十分整洁，再用手感觉一下扩展槽孔内的弹片，是否弹性十足；最后，查看 PCB 板的走线布局。

（4）扩展：考虑主板支持内存扩充的能力，以及可以增加的插卡数等。

（5）细节：第一，检查 CPU 插座在主板上的位置是否合理；第二，检验主板上的内存插槽在安装了显卡后，是否变得很难插拔了；第三，注意 ATX 电源接口的位置，如果该接口出现在CPU和左侧I/O接口之间的话，则很有可能会出现电源连线过短的现象，而且还会影响CPU热量的散发。

（6）服务：第一，检查商家提供的质保承诺，正规品牌的主板，正常应提供3年的质保承诺，15天之内应该能够保换；第二，检查维修周期的时间长短，一般来说，维修时间应不超过一周时间；第三，检查销售商是否提供完整的附件，包括是否有中文的产品说明书，是否有精致的外包装，提供的配件产品是否齐全，有没有正规的销售发票，能否提供保修卡等；第四，查看主板的保修网点数量，有些品牌的主板在国内有很少的维修网点，每次遇到主板故障需要维修时，都要通过销售商间接送往维修点，这给用户带来了很大的麻烦。

3）内存条选购技巧

（1）内存容量：微机的程序必须先装入内存后才能运行，因此内存的大小直接影响程序的运行速度，目前台式机的内存容量一般都是1GB或更高。

（2）内存类型：一般选择内存的类型必须与所装配的电脑各配件具有良好的匹配性，如果不匹配，轻则影响电脑的性能，重则出现各种各样的故障。目前CPU的两大生产商Intel和AMD都在其官方网站上明确说明了其CPU支持的内存类型，以及适合的主板类型，用户根据自己所确定的装机配置中的CPU和主板类型，就可以确定选购DDR还是DDR2的内存条。

（3）内存频率：针对不同规格的内存，所选择的内存频率也有很大不同。一般DDR内存用户在升级时购买DDR400规格产品；DDR2内存用户可以直接购买2GB DDR2-800规格产品。

（4）兼容性：在内存升级过程中很难购买到与之前内存批次一模一样的产品，因此不得不考虑不同内存之间的兼容性。如果知道之前使用的内存的品牌、频率、规格参数，则在升级时就应该优先购买同品牌、同频率、同规格参数的产品，容量则不需要与之前产品相同。

（5）PCB电路板层数：内存PCB电路板的作用是连接内存芯片引脚与主板信号线，其做工好坏直接关系着系统稳定性。目前主流内存PCB电路板层数一般是6层，这类电路板具有良好的电气性能，可以有效屏蔽信号干扰。

实施步骤

1. 工具准备

采用分组形式，每组准备一本笔记本，一支笔。

2. 实训过程

（1）到电脑市场做调查或访问硬件DIY相关网站，了解市场行情，可参考如下网站。

- 太平洋电脑网：http://www.pconline.com.cn/
- 泡泡网：http://www.pcpop.com/
- 中关村在线：http://www.zol.com.cn/
- IT168：http://www.it168.com/
- 驱动之家：http://www.mydrivers.com/

（2）根据预算资金，填写电脑配机单，如表3-1所示。

表 3-1　电脑组装配置单

3000 元家用学习型电脑配置					
配　件	型　号	参考价格（元）	配　件	型　号	参考价格（元）
CPU			光驱		
主板			显示器		
内存			鼠标		
硬盘			键盘		
显卡			音箱		
声卡			机箱电源		
网卡			整机		

（3）到电脑市场实际采购，检查各选购部件的质保承诺、产品说明书、外包装、提供的配件产品、销售发票和保修卡等。

3. 实训作业

实训完毕后，完成实训报告。

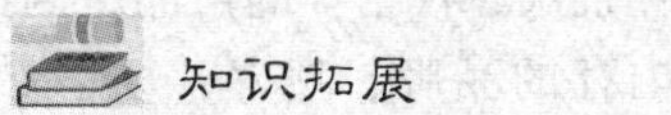

1. 2009 年 8 月家用学习型电脑 3000 元预算推荐 AMD 配置方案参考，见图 3-1 和表 3-2。

图 3-1　AMD 配置方案外观

表 3-2　AMD 配置方案

AMD 方案配置		
配　件	型　号	参考价格（元）
CPU	AMD 速龙 II X2 240	399
主板	技嘉 GA-MA770-S3（rev. 2.0）	499
内存	威刚 2G DDR2 800（万紫千红）	185
硬盘	WD 鱼子酱 320GB 7200 转 8MB（串口）	299
显卡	太阳花 9500GT/512M/DDR2（DT）战斗版	399
声卡	集成	—

续表

AMD 方案配置		
配　　件	型　　号	参考价格（元）
网卡	集成	—
光驱	先锋 DVR-117CH	185
显示器	飞利浦 160E1SB/93（液晶）	640
键鼠套装	LG 酷锐 MKS-600	65
音箱	漫步者 R10U	90
机箱	百事得 BST-006	83
电源	航嘉 冷静王钻石 2.3 版本	228
整机		3 072

2. 2009 年 8 月家用学习型电脑 3000 元预算推荐 Intel 配置方案参考，见图 3-2 和表 3-3。

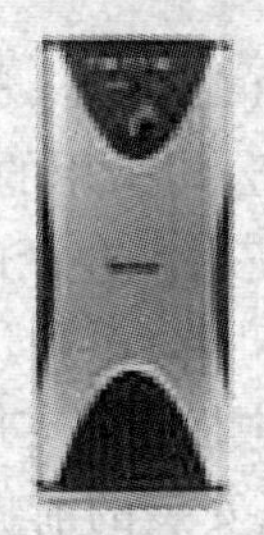

图 3-2　Intel 配置方案外观

表 3-3　Intel 配置方案

Intel 方案配置		
配　　件	型　　号	参考价格（元）
CPU	Intel 奔腾双核 E2210（盒）	385
主板	微星 G41TM-E43	488
内存	金士顿 2GB DDR2 800（窄板）	185
硬盘	日立 500GB 7200 转 16MB（串口/3 年盒）	335
显卡	集成	—
声卡	集成	—
网卡	集成	—
光驱	三星 TS-H662A	185
显示器	三星 943NW	870
键鼠套装	戴尔 SK-8115 + MOC5UO	99
音箱	漫步者 R10U	90
机箱	航嘉 e 盾（H101）	158
电源	航嘉 冷静王 标准版	139
整机		2934

任务12 整机组装个人计算机

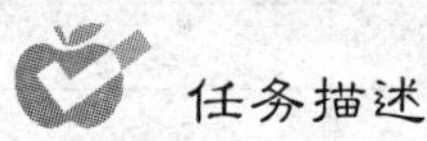

自己动手组装整机，运用所学知识分析与排除安装中出现的问题，独立完成整机安装。

知识准备

1. CPU与主板搭配

要组装一台好的电脑，选择CPU与主板是非常重要的，尽管CPU对整机电脑的性能起着决定作用，但如果没有一款好的主板来搭配，再强的CPU也不能完全发挥它的性能。当然如果CPU性能一般而选择了一款相当不错的主板，也不能完全发挥主板的作用，从而造成浪费。

支持英特尔CPU的主板芯片组有Intel、VIA、SIS等。这里说的芯片组是指主板上的核心芯片组，购买主板时要分清是哪一家公司采用的哪一种芯片组，比如华硕公司的i865pe主板，意思是华硕公司采用Intel 865pe芯片组生产的主板。

支持AMD的CPU的主板芯片组有Nforce系列、SIS系列等。AMD的CPU在超频方面有很出色的表现，所以选择主板时要考虑主板能够支持多大的电压。

不管是哪一种CPU与主板，在可以安装的前提下，搭配的主要原则是能否相互支持。比如CPU的FSB是800M，主板的FSB只有533M，那么CPU的性能就被限制了；如果CPU是双内核的，而主板不支持双内核，那么CPU就又浪费了。另外，主板是否支持双通道，是否支持DDR2内存等也是搭配时要考虑的因素。

2. 组装电脑注意事项

(1) 释放人体所带静电。为防止人体产生的静电将集成电路内部击穿，造成配件损坏，在安装电脑配件时，要带上防静电手套和防静电手环，并保持接地良好。

(2) 断电操作。在装配各种配件或插拔各种板卡及连接线的过程中，一定要断电操作。

(3) 阅读产品说明书。仔细阅读各配件的安装说明书，确认是否有特殊的安装要求。

(4) 在进行新的配件安装前，对前一安装部件进行检查，发现不合格现象立即返工重新操作安装。

(5) 正确安装，防止液体进入电脑内部。安装电脑配件时，要轻拿轻放各部件，插拔部件不要用力过大或发生碰撞，同时要避免液体进入主机箱内的板卡。

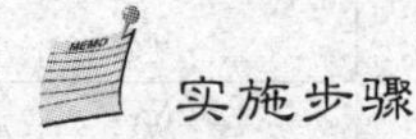

1. 工具准备

(1) 装机材料：CPU、内存条、硬盘、光驱、主板、显卡、声卡、网卡、热熔胶、扎带、电源线、音频线，主板专用铜柱、主板专用胶柱等，如图3-3所示。

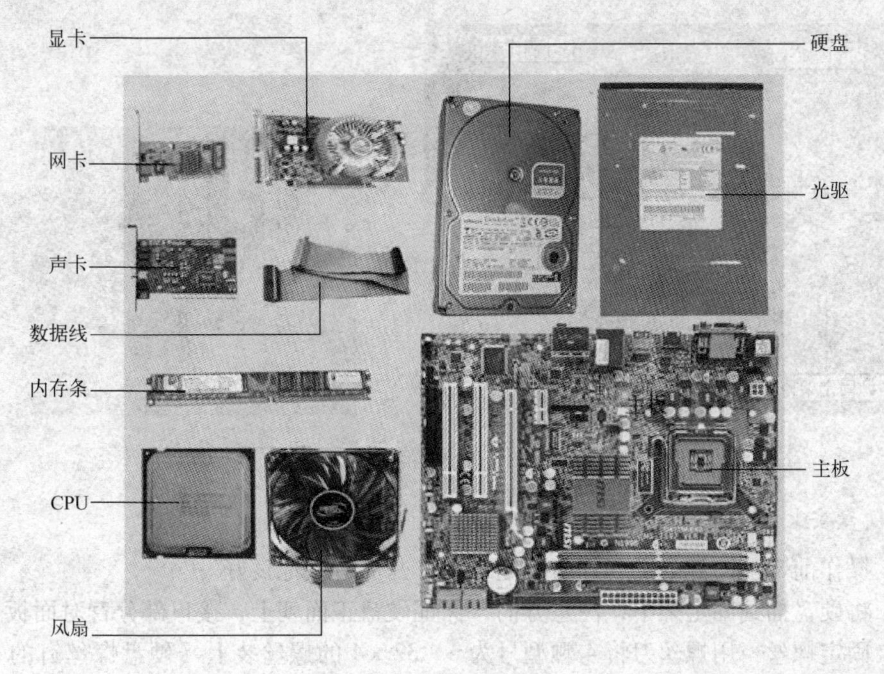

图 3-3　组装配件

(2) 装机工具：防静电手套、尖嘴钳、螺丝刀，如图 3-4 所示。

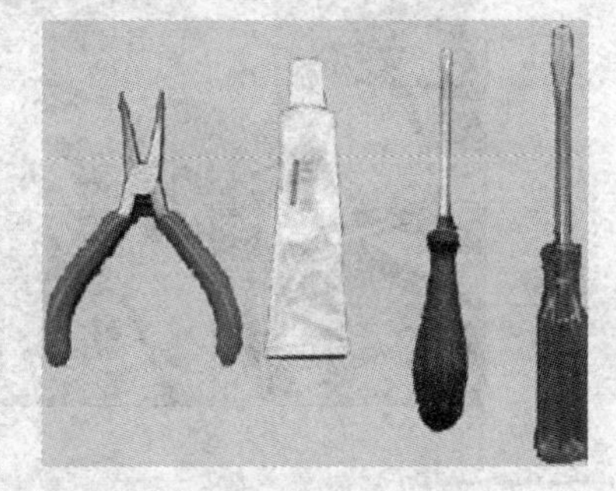

图 3-4　装机工具

2. 实训过程

1) 材料准备

(1) 根据指导老师发放的材料清单，核对数量、型号及质量。

(2) 确认材料时，要对所有相关材料进行检查，如主板有无物理损坏或变形，CPU 针脚有无弯曲，断落现象等，若发现应及时跟指导老师说明，进行调换或相关处理。

2) 机箱安装

(1) 用螺丝刀将机盖螺钉取下，打开机箱各面的挡板。检查机箱内的配件是否齐全，若配件不齐，则应报告给现场指导老师。

(2) 拆下机箱前面板，取下前面板上最上一个安装光驱的挡板，以及下面安装硬盘的档板，放至统一地点。

(3) 用尖嘴钳开启机箱线位孔，将面板上的所有信号线全部穿入孔内，并检查信号线有无胶皮破裂断线，焊点处是否有脱落现象，若发现应及时更换。

(4) 拆下装主机板的底板，在其底板上安装主机板自带铜柱，安装不得少于 5 颗，具体安装位置有电源接口处、ISA 插槽两端、AGP（PCI-E）插槽两端、内存条插槽一端。

(5) 安装主机电源时，要求位置正确，在拧 4 颗螺丝时，不能有虚拧、漏拧等现象，如图 3-5 所示。

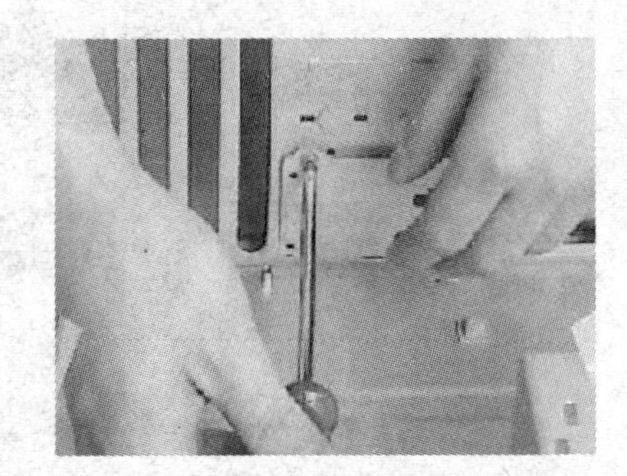

图 3-5 机箱安装

3）硬盘安装

（1）操作前带上防静电手套和防静电手环，并保持接地良好。

（2）将硬盘插到固定架中，注意方向，保证硬盘正面朝上，接口部分背对面板。

（3）固定螺丝，用螺丝刀将 4 颗型号为 6－32×4 的螺丝装上（硬盘螺丝钉的安装位置视其硬盘支架螺丝钉孔位安装）如图 3-6 所示。

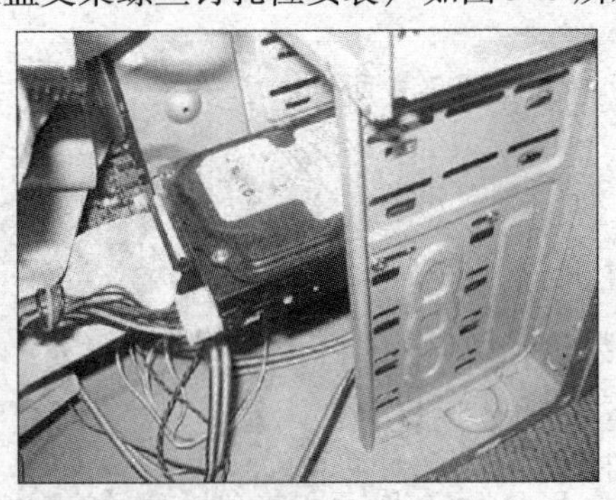

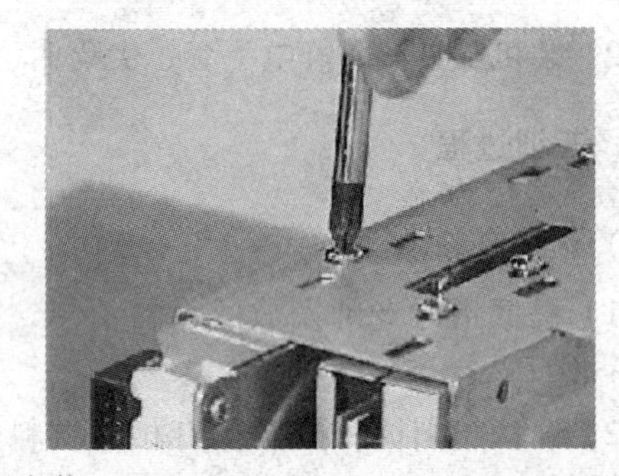

图 3-6 硬盘安装

4）光驱安装

（1）进行操作前带上防静电手套和防静电手环，并保持接地良好。

（2）光驱需用滑轨的，将滑轨上的螺丝孔与光驱螺丝孔对齐，安装至规定位置，如图 3-7 所示。

图 3-7 光驱安装

（3）安装好以后，将其平行推入预留位置。

（4）光驱正面平行放置于规定位置（最上部一个5.25″位置处，此空位置为预留），用螺丝刀将螺丝钉分别安装至相应位置，此时光驱面板与前面板5.25″位置处于同一平面。

5）CPU、CPU风扇安装

（1）安装材料如下。

CPU芯片架构为Socket X、主板（CPU架构为Socket X）、CPU散热风扇、热熔胶、导热硅脂。

（2）安装步骤如下。

① 进行操作前带上防静电手环，并保持接地良好。

② 主板涉及跳线的，应按其CPU的FSB与倍频设置至CPU自身频率，参见相应主板说明书。

③ 当前市场中，英特尔处理器主要采用LGA 775插座，如图3-8所示。LGA 775接口的英特尔处理器全部采用了触点式设计，这种设计最大的优势是不用再担心针脚折断的问题，但对处理器的插座要求则更高。LGA 775插座与针管设计的插座区别相当大，在安装CPU之前，要先打开插座，用适当的力向下微压固定CPU的压杆，同时用力往外推压杆，使其脱离固定卡扣。压杆脱离卡扣后，将压杆拉起，然后将固定处理器的盖子与压杆反方向提起。

图3-8　LGA 775插座

④ 在安装处理器时，需要特别注意，在CPU处理器的一角上有一个三角形的标识，主板上的CPU插座同样也有一个三角形的标识。安装时处理器上印有三角标识的那个角要与主板上印有三角标识的那个角对齐，然后慢慢地将处理器轻压到位，如图3-9所示。

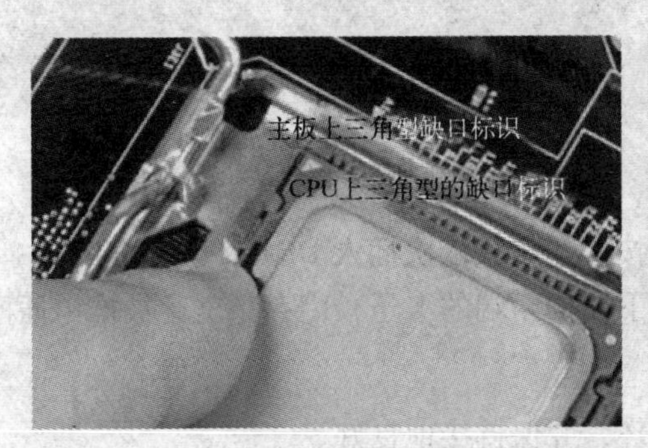

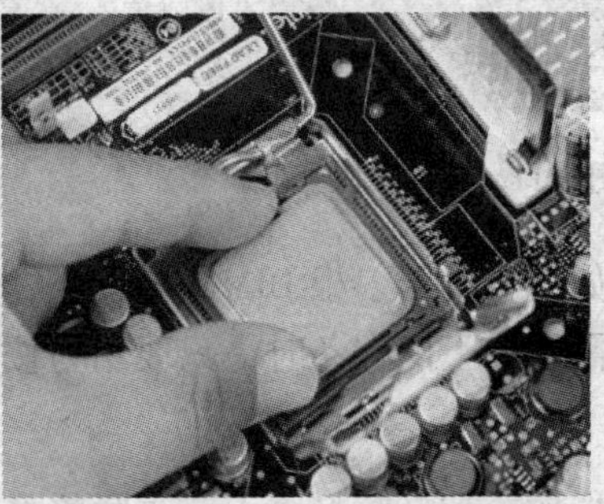

图3-9　安装CPU

⑤ 如图 3-10 所示为 Intel LGA 775 针接口处理器的原装散热器。安装散热器前，先要在 CPU 表面均匀地涂上一层导热硅脂，然后将散热器的四角对准主板相应的位置，用力压下四角即可。

图 3-10 CPU 风扇安装

⑥ 固定好散热器后，还要将散热风扇接到主板的供电接口上，如图 3-11 所示，找到主板上安装风扇的接口（主板上的标识字符为 CPU_ FAN），将风扇插头插放即可。由于主板的风扇电源插头都采用了防呆式的设计，反方向无法插入，因此安装起来相当的方便。

6）内存条安装

（1）进行操作前带上防静电手环，并保持接地良好。

（2）安装内存条前先要将内存插槽两端的白色卡子向两边扳动，将其打开，然后插入内存条。插入时，内存条的一个凹槽必须直线对准内存插槽上的一个凸点后，再向下按入内存条，在按的时候需要稍稍用力，以使紧压内存的两个白色固定杆将内存条固定住，即完成内存条的安装，如图 3-12 所示。

图 3-11 安装 CPU 风扇

图 3-12 内存条的安装

（3）如需要安装多根 DIMM 内存条，按上述步骤依次插入 DIMM2、DIMM3……

（4）需要取下内存条时，只要用力按下插槽两端的卡子，内存条就会被推出插槽。

7）主板安装

（1）操作前带上防静电手套与防静电环，并保持接地良好。

（2）把主板小心地放在机箱相应位置，注意将主板上的键盘口、鼠标口、串并口等与机箱背面 I/O 挡板的孔对齐，使所有螺钉对准主板的固定孔，并依次拧紧螺钉。

(3) 螺丝钉安装完毕后，查看主板与底板是否平行，不能搭在一起，否则容易造成短路，如图 3-13 所示。

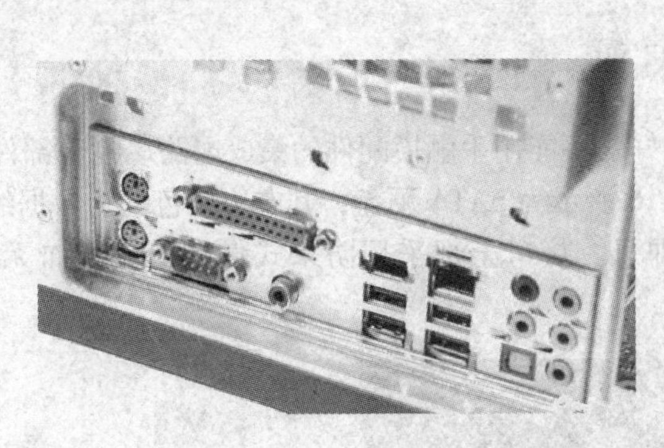

图 3-13　主板安装

8) 安装板卡

(1) 操作前带上防静电手套与防静电环，并保持接地良好。

(2) 目前 PCI-E 显卡已成为市场主力军，AGP 显卡基本上已经被淘汰了。找到主板上的 PCI-E 插槽，将显卡垂直插入主机板 PCI-E 插槽（若显卡插口为 AGP 的，即插入 AGP 插槽），如图 3-14 所示。

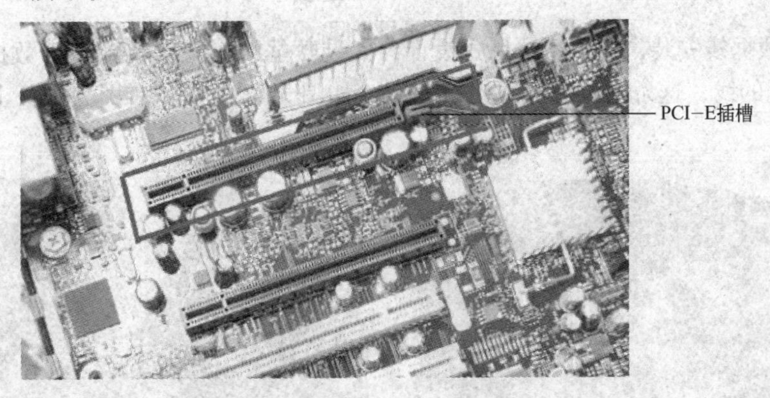

图 3-14　PCI-E 插槽

(3) 将显卡固定端紧固于机箱上，装上螺丝钉，并扭紧，如图 3-15 所示。

图 3-15　显卡安装

(4) 使用类似方法安装好声卡、网卡。

9) 插线、扎线

(1) 材料如下。

光驱数据线、硬盘数据线、音频线和扎带等。

(2) 操作步骤如下。

① 操作前带上防静电环，并保持接地良好，不能用手触摸配件的集成电路芯片等部件。

② 安装硬盘电源与数据线接口。如图 3-16 所示为 SATA 硬盘，其右边红色的为数据线，黑黄红交叉的是电源线，安装时将其按入即可。接口全部采用防呆式设计，反方向无法插入。

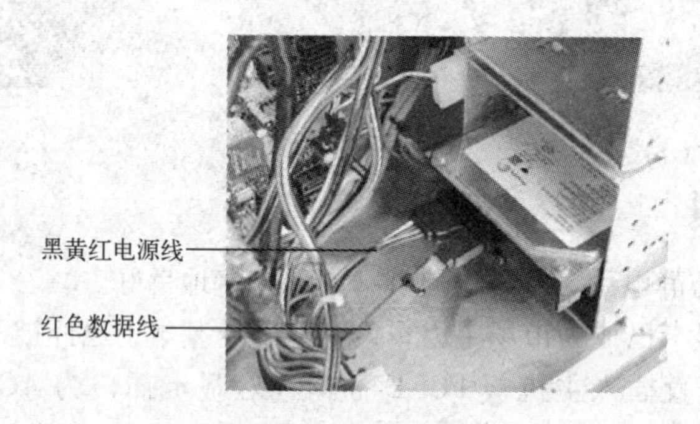

图 3-16 硬盘连线

③ 光驱数据线安装，均采用防呆式设计，安装数据线时可以看到 IDE 数据线的一侧有一条蓝或红色的线，这条线位于电源接口一侧，如图 3-17 所示，右图为主板上的 IDE 数据线安装。

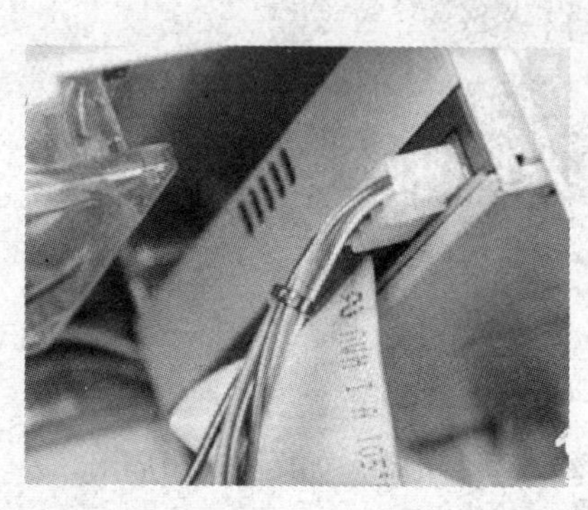

图 3-17 光驱连线

④ 主板供电电源接口。目前大部分主板采用了 24pin 的供电电源设计，但仍有些主板为 20pin，如图 3-18 所示。

⑤ CPU 供电接口一般采用四针的加强供电接口设计，如图 3-19 所示为高端的使用了 8pin 设计的供电接口，以为 CPU 提供稳定的电压供应。

⑥ USB 及机箱开关、重启、硬盘工作指示灯接口，如图 3-20 所示，安装方法可以参见主板说明书。

⑦ 用扎线将各种电源线、数据线、信号线束好，固定于指定位置。注意：电源线与电源线扎结在一起，信号线与信号线扎结在一起，数据线可单独先扎好。

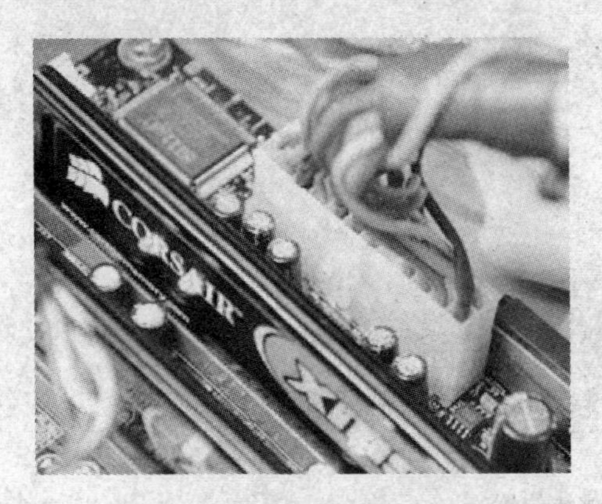

图 3-18　主板供电电源接口

图 3-19　8 针 CPU 供电接口

图 3-20　主板其他接口连线

3. 实训作业

实训完毕后，完成实训报告。

 知识拓展

1. 双硬盘安装

IDE 设备（例如硬盘、光驱等）都会使用一组跳线来确定安装后的主盘（Master，MA）、从盘（Slave，SL）状态。如果在一根 IDE 数据线上同时连接两个 IDE 设备，则必须分别将这两个 IDE 设备设置为主盘和从盘状态，这样安装后才能正常使用。通常将性能较好的新硬盘设为主盘，作为开机引导硬盘。

1）设置硬盘跳线

不管是什么硬盘，在跳线设置上，大致都可分成主盘、从盘与电缆选择（Cable Select）3 种。硬盘的出厂预设值都是主盘，如果硬盘为主盘就不需要另外设置了。如图 3-21 所示，硬盘跳线位置设置在硬盘的电源插座和数据线接口之间。

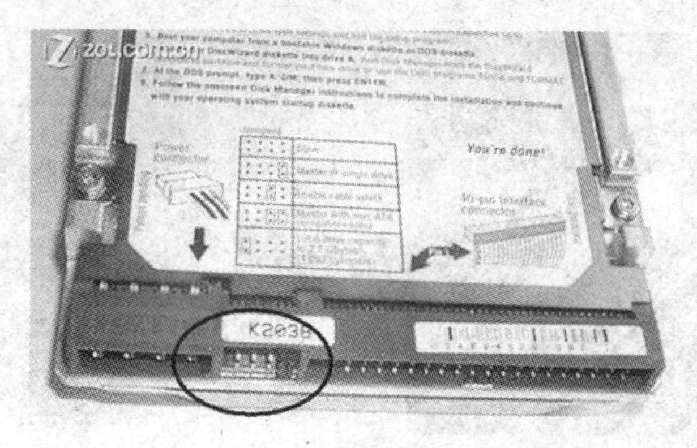

图 3-21　硬盘跳线位置

根据硬盘正面标示的跳线设置方法，从硬盘跳线位置取出所有跳线帽，该硬盘就设置为从盘了，如图 3-22 所示。

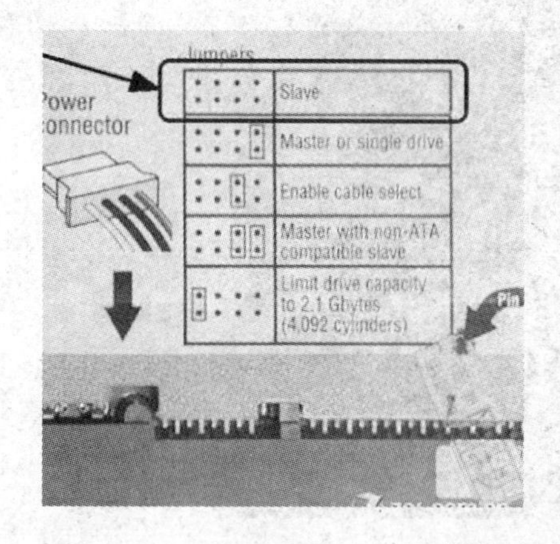

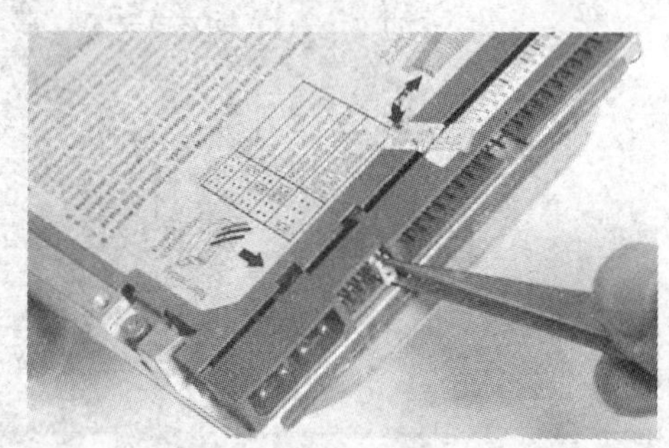

图 3-22　硬盘跳线设置

2）安装硬盘与数据线

打开机箱，将硬盘装入机箱的 3.5 英寸安装架，并用螺钉固定，将第一根 IDE 数据线末端插入老硬盘的 IDE 接口，IDE 数据线中端插入新硬盘的 IDE 接口，如图 3-23 所示。另外，IDE 数据线的 Pin1（也就是红边）必须与硬盘和 IDE 接口的 Pin1 相连接，最后再将梯形的四针电源插头接到硬盘的电源插座上。将 IDE 数据线接到主板的 IDE 插槽中，同样将 IDE 数据线的红边对准 IDE 插槽的 Pin1。

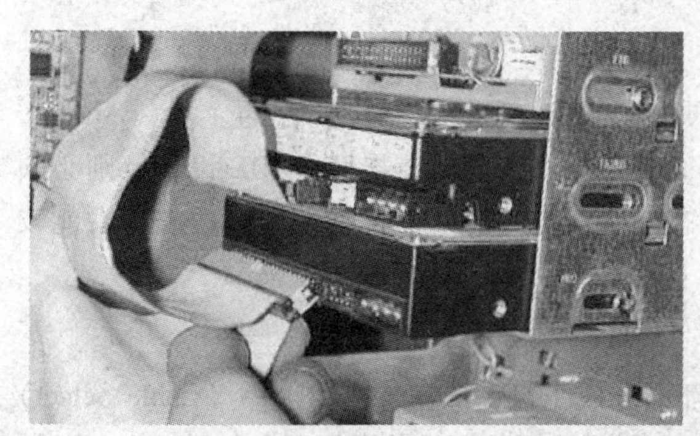

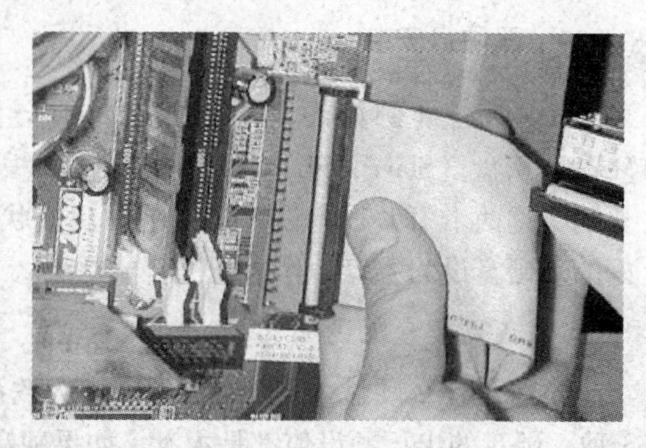

图 3-23　安装硬盘与数据线

2. 双通道内存安装

在内存成为影响系统整体性能的最大瓶颈时，双通道的内存设计解决了这一问题。主板上的内存插槽一般都采用两种不同的颜色来区分双通道与单通道，将两条规格相同的内存条插入到相同颜色的插槽中，即打开了双通道功能。如图 3-24 所示为使用不同的颜色来区分双通道与单通道。

图 3-24　使用不同的颜色来区分双通道与单通道

3. 不同用途计算机整机方案推荐

1）校园学生型

对于一般学生用户来讲，使用计算机的主要目的是学习和娱乐，因此，不建议购买配置太高的计算机。CPU 可首先考虑性价比高的 AMD 产品，显卡要中低端、性价比高，现在集成显卡的性能也不错。显示器可选用质量好，环保的 CRT 或液晶显示器。校园学生型计算机的推荐配置如表 3-4 所示。

表 3-4　校园学生型计算机的推荐配置

配件名称	配件型号	参考价格（元）
CPU	AMD 速龙 II X2 240	395
散热器	盒装	—
主板	技嘉 GA-MA785GM-US2H	630
显卡	集成	—
内存	金士顿 2GB DDR2 800（窄板）	175
硬盘	希捷 320GB 7200. 11 16MB	335
显示器	三星 943NW	870
声卡	集成	—
网卡	集成	—
光驱	先锋 DVD-130D	129
音箱	用户自行选购	—
机箱	多彩 M492	280
电源	大水牛 355S	135
键盘鼠标	星宇光电套装	40
合计	—	2879

注：以 2009 年 8 月 25 日市场价格为参考

推荐亮点：

技嘉 GA-MA785GM-US2H 主板基于 AMD 最新的 785G + SB710 芯片组设计，支持 AMD Socket AM2 + 接口处理器，芯片组集成了 ATi Radeon HD 4200 显示核心，支持 DirectX 10.1 特效。

主板 CPU 供电部分采用了扎实的 4 + 1 相供电设计，搭配高品质固态电容及全封闭电感，保证了处理器供电的稳定，支持最大的 CPU 功耗为 140W。主板 PCI 扩展部分提供了 1 条 PCI-E 16X 显卡插槽，1 条 PCI-E 1X 插槽，以及 2 条 PCI 插槽，可满足大多数用户的使用需要。

主板内存插槽部分提供了 4 条 DIMM 内存插槽，支持双通道 DDR2 1200（OC）/1066（Note2）/800/667 内存，最大支持 16GB。磁盘接口方面提供了 5 个 SATA 2 接口设计。SB710 南桥最大的特点就是集成了 ACC 功能，可以支持破解三核变四核。

主板 I/O 接口部分保持了技嘉丰富的特点，提供了 PS/2 键盘、鼠标接口，以及 6 个 USB 接口，另外还提供了包括光纤、同轴音频接口、VGA/DVI/HDMI 全视频接口、e-SATA 接口，以及 IEEE 1394，可以满足主流用户的使用需要。

本套配置仅需 2879 元，不足 3000 元的价格就可以满足高清、网络游戏等方面的需要，整体性价比不错。值得一提的是，这样一套配置的总体功耗也不算高。

2）家庭用多媒体型

家庭用计算机一般用于学习、玩游戏、普通图形图像工作和多媒体娱乐等，在配置中对性价比要求比较高，配件要求实用耐用。CPU 要主频高又能兼顾性能和成本的 AMD。显示器可使用液晶，另外配置刻录机既可用于播放 DVD，又可以刻录电影、软件。家庭用多媒体型计算机的推荐配置如表 3-5 所示。

表 3-5 家庭用多媒体型计算机的推荐配置

配件名称	配件型号	参考价格（元）
CPU	AMD 速龙 II X2 245	405
散热器	盒装	—
主板	捷波 XBLUE 79GX COM	599
显卡	蓝宝石 HD4830 512MB GDDR3 海外版	580
内存	金士顿 2G DDR3 1333	270
硬盘	希捷 500GB 7200.12 16MB（串口/散）	340
显示器	LG W2243S	1150
声卡	集成	—
网卡	集成	—
光驱	三星 TS-H662A	185
音箱	漫步者 R101T06	130
机箱	动力火车绝尘侠 X3	120
电源	TT XP420	190
键盘鼠标	雷柏 1800 无线套装	99
合计	—	4063

推荐亮点：

捷波 XBLUE 79GX COM 支持 AM2/AM2 +/AM3 接口的 PhenomFX/Phenom/Athlon/Sempron 处理器，集成芯片显卡/声卡/网卡，采用 AMD 790GX + SB750 芯片组，集成 ATI Readon HD3300，显示核心板载 128MB DDR3 显存。

Athlon II X2 245 处理器是目前 AMD 投放在市场中的 45nm 工艺最低端产品，其主频为 2.9GHz，外频 200MHz，倍频 14.5X，两颗核心共享使用 2MB 二级缓存。针脚部分依然使用 AM3 接口设计，可支持 DDR3 规格内存。

资金不足，可以考虑不用独立显卡蓝宝石 HD4830 512MB GDDR3 海外版（显卡芯片 Radeon HD 4830，512MB 显存），其他硬件上具有性价比。

3）商务办公型

商务办公计算机因使用时间比较长，如果性能方面出现瓶颈，或者是硬件不过关，可能带来重大损失。商用型内存要耐用，CPU 要稳定，这里选择了 Intel 主流性能强劲的 E2210 处理器搭配 Intel G41 芯片组的组合方式，满足办公的使用需要。硬盘要耐用，海量硬盘对于存储大量的资料数据很有帮助。显示器用液晶，且大尺寸显示器能提高工作效率，娱乐的时候也能更加出色。商务办公型计算机的推荐配置如表 3-6 所示。

表 3-6　商务办公型计算机的推荐配置方案

配件名称	配件型号	参考价格（元）
CPU	Intel 奔腾双核 E2210（盒）	385
散热器	盒包自带	—
主板	翔升凌志 G41V 主板	399
显卡	主板集成	—
内存	威刚 2GB DDR2-800（万紫千红）	165
硬盘	希捷 500GB 7200.12 16MB（串口/盒）	350
显示器	长城 M95 液晶显示器	820
声卡	主板板载	—
网卡	主板板载	—
光驱	建兴 iHAS324	190
机箱	多彩 DLC-K018	120
电源	鑫谷劲持 330 静音版	158
键盘鼠标	新贵倾城之恋 200KM-102	59
合计	—	2646

推荐亮点：

威刚万紫千红 2GB DDR2-800 内存使用双面芯片设计，正反两面焊接了 16 颗内存芯片，PCB 也使用其独特的紫色电路板。集成 Intel GMA X4500 显示核心的翔升凌志 G41V 主板比上一代 G31 性能提升近一倍。搭配稳定的 Intel 奔腾双核 E2210 处理器可以满足用户的办公、上网、中小型游戏等应用需求。

4）游戏玩家型

CPU 的处理速度不是影响游戏性能的绝对因素，但在复杂游戏的操作中，AMD CPU 的速度明显高于 Intel 的同档次 CPU。显卡的性能要好；由于很多游戏耗用内存，因此内存容量要大；显示器要主流大英寸；硬盘要大容量缓存，SATA 接口；鼠标要定位准确，反应速度快。游戏玩家型计算机的推荐配置如表 3-7 所示。

表 3-7 游戏玩家型计算机的推荐配置方案

配件	品牌型号	参考价格（元）
CPU	Intel Core 2 Quad Q8200/散装	920
散热系统	九州风神 阿尔法 200 plus	70
主板	微星 P45 NEO3-F	799
内存	威刚 2G DDR2 800（万紫千红）	150
硬盘	希捷 500GB SATA2 16MB（7200.12/ST3500410AS）/单碟	375
显卡	讯景 GTX260（GX-260X-AD）黑甲版	1299
声卡	主板集成	—
刻录机	先锋 DVR-117CH	199
显示器	三星 T220 +	1549
机箱	技展 3E02（液晶显示）	180
电源	航嘉 多核 DH6	380
键盘鼠标	双飞燕网吧专爱 520X	80
总计	—	6151

推荐亮点：

CPU 方面，Core 2 Quad Q8200/散片的售价已降到 900 元出头，成为最受关注的入门级四核 CPU，且较强的多任务、多线程处理能力是该 CPU 的特点。主板方面，微星 P45 NEO3-F 是一款 P45 + ICH10 主板，拥有全固态电容设计，易超频设计，以及一线主板品质，售后众多等优点。显卡方面，XFX 曾经是 NVIDIA 的最高级别合作伙伴，其显卡使用出色的做工用料，价格也是走高端路线，这款讯景 GTX260（GX-260X-AD）黑甲版售价为 1299 元，与大多数 GTX 260 同价。值得一提的是，最近 4870 512MB 已降到 999 元，成为千元最强的显卡。电源方面，航嘉多核 DH6 额定功率为 400W，并提供主流的双 6pin 接口，正好满足 GTX 260 的需求。

5）专业图形设计型

专业图形设计领域，苹果机的口碑最佳，但价格较贵。选择图形硬件平台的重点是显卡和显示器，即显存和带宽越大越好。即显示器的色彩一定要纯正均匀，因此珑管的大屏幕纯平 CRT 显示器是首选，当然也可以选择响应时间少的大屏幕液晶显示器。内存容量要 4GB 或以上。硬盘要大容量，大缓存的 SATA 接口。鼠标要求定位准确，反应速度快。CPU 方面，最好选择大容量缓存的 Intel CPU，因为它在图形处理能力上比 AMD CPU 更突出。专业图形设计型计算机的推荐配置如表 3-8 所示。

表 3-8　专业图形设计型计算机的推荐配置方案

名　称	型　号	参考价格（元）
CPU	Intel 酷睿 2 双核 E8400（盒）	1155
主板	技嘉 GA-EP45-UD3L（rev. 1.0）	899
内存	宇瞻 2GB DDR2 800（经典系列）	185 ×2
硬盘	希捷 1TB 7200. 12 32MB（串口/散）	560
显卡	蓝宝石 HD4850 512M GDDR4 至尊版	799
光驱	飞利浦 SPD2202BD/97	115
液晶显示器	AOC 2436Vwg	1399
声卡	主板集成	—
网卡	主板集成	—
音箱	漫步者 C2	580
机箱	航嘉 恺撒二 H402	288
电源	航嘉 多核 DH6	378
键鼠套装	雷柏 8300 无线多媒体键鼠套装	199
合计	—	6742

推荐亮点：

主板采用 Intel P45 + ICH10 芯片组，集成 Realtek ALC888 8 声道音效芯片，支持双通道 DDR2 1366 +（OC）/1066/800/667 内存，最大支持 16GB，6 个 SATA Ⅱ 接口，12 个 USB 2. 0 接口。显卡是超图的 HD 4850 核心频率 625MHz、显存频率 1 986MHz，四热管双风扇的散热器，可以压制高发热的 4850 芯片。有条件的可以更换为 XFX 讯景 GTX280（GX-280N-ZDF），显存 1024MB，价格为 1 799 元。电源选用了近期在论坛人气较高的昂达效能王，额定 400W 的主动式 PFC 设计，在大功率稳定输出的同时更加节约能耗，是一个非常不错的选择。

知识归纳

（1）计算机配件选购的基本原则：一是组装计算机按需配置，二是明确计算机使用范围，三是衡量装机预算。

（2）计算机配件选购之前要进行全面的市场对比和分析，根据个人实际情况适当调整计算机配置。计算机配件选购要注意：大配件尽量选名牌，其他配件要选择容易换修和升级的，建议配件选购尽量找代理。

（3）CPU 是决定计算机性能的主要部件之一，选购 CPU 时要注意了解市场行情，考虑 CPU 以后升级的必要，以及选择 Intel 还是 AMD 的产品。

（4）主板作为计算机一个非常重要的部件，其质量的优劣直接影响着整个计算机的工作性能。选购主板时要注意主板的品牌、适用的平台、主板的做工、可扩展能力和服务等。

（5）组装计算机硬件的顺序如下。

① 机箱的安装，主要是对机箱进行拆封，并且将电源安装在机箱里。

② 硬盘的安装。

③ 光驱的安装。

④ CPU 的安装，在主板处理器插座上插入安装所需的 CPU，并且安装上散热风扇。

⑤ 内存条的安装，将内存条插入主板内存插槽中。

⑥ 主板的安装，将主板安装在机箱主板上。

⑦ 板卡的安装，将显卡、声卡、网卡等安装到主板上。

⑧ 机箱与主板间的连线，即各种指示灯、电源开关线，PC 喇叭的连接，以及硬盘、光驱和软驱电源线、数据线的连接。

⑨ 输入设备的安装，连接键盘鼠标与主机一体化。

⑩ 输出设备的安装，即显示器的安装。

⑪ 重新检查各个接线，准备进行测试。

⑫ 给机器加电，若显示器能够正常显示，则表明初装已经正确，此时进入 BIOS 进行系统初始设置。

达标检测

一、填空题

1. 计算机配件选购的基本原则：一是＿＿＿＿＿＿，二是＿＿＿＿＿＿，三是＿＿＿＿＿＿。

2. 依据支持 CPU 类型的不同，主板产品有＿＿＿＿＿＿、＿＿＿＿＿＿平台之分，不同的平台决定了主板的不同用途。

3. 一般选择内存的＿＿＿＿＿＿必须与所装配的计算机各配件具有良好的匹配性，如果不匹配，轻则影响计算机的性能，重则出现各种各样的故障。

4. 内存 PCB 电路板的作用是＿＿＿＿＿＿，因此其做工好坏直接关系着系统稳定性。

5. LGA 775 接口的英特尔处理器全部采用了＿＿＿＿＿＿，这种设计最大的优势是不用再担心针脚折断的问题，但对处理器的插座要求则更高。

6. 在安装处理器时，需要特别注意，在 CPU 处理器的一角上有一个＿＿＿＿＿＿，主板上的 CPU 插座同样也有一个。

7. 安装散热器前，先要在 CPU 表面均匀地涂上一层＿＿＿＿＿＿，然后将散热器的四角对准主板相应的位置，用力压下四角，然后将＿＿＿＿＿＿接到主板的供电接口上，

8. 不管是什么硬盘，在跳线设置上，大致可分成＿＿＿＿＿＿、＿＿＿＿＿＿与＿＿＿＿＿＿3 种。硬盘的出厂预设值都是。

9. 主板上的内存插槽一般都采用两种不同的颜色来区分＿＿＿＿＿＿与＿＿＿＿＿＿，将两条规格相同的内存条插入到相同颜色的插槽中，即打开了＿＿＿＿＿＿。

10. 组装计算机需要的硬件配件有＿＿＿＿＿＿、＿＿＿＿＿＿、＿＿＿＿＿＿、＿＿＿＿＿＿、光驱、机箱、电源、输入设备、输出设备与各种板卡。

二、实训题

1. 查询本章表 3-2 与表 3-3 中各配件的参数，说明主板与 CPU、主板与内存条等的匹配性。

2. 在实训室中拆卸一台主机，仔细观察所拆卸的计算机部件，并填写表 3-9。

表 3-9　计算机部件表

序号	配件名称	规格、型号、品牌	技 术 指 标
1	CPU		
2	主板		
3	内存		

续表

序号	配件名称	规格、型号、品牌	技术指标
4	硬盘		
5	显卡		
6	声卡		
7	网卡		
8	光驱		
9	显示器		
10	鼠标		
11	键盘		
12	音箱		
13	机箱电源		

3. 结合本地的计算机市场，做计算机硬件市场调查，并根据调查情况填写表 3-10。

表 3-10　计算机市场调查表

问　题	调查情况
本市计算机硬件市场主要分布地在哪儿？	
本市最大或最大影响的计算机公司有哪几个（至少填五个）？	
你所走访调查的硬件销售店有哪些（至少填 5 个）？	

4. 根据本章表 3-1 的选购计划，谈谈以下两个问题：

（1）你所选配计算机适合哪些人群？能完成哪些工作？

（2）你所选配计算机最大的特色是什么？有什么不足之处？

5. 根据所提供的计算机配件，在规定的时间内组装一台电脑。

（1）所提供的配件如下。

- 计算机配件：CPU、内存条、主板、硬盘、网卡、光驱、数据线、软驱、显卡、电源、机箱、相关螺钉、显示器、键盘、鼠标。
- 组装工具：螺丝刀、尖嘴钳。
- 工作台：一张。

（2）安装要求如下。

- 各部件能正确安装到位。
- 各连接线路连接正确且整齐美观。
- 各部件螺钉固定符合给定要求。
- 能在 30 分钟内完成。

（3）评分标准，如表 3-11 所示。

表 3-11　组装计算机评分标准

项　目	评分标准	分　值	实际得分
CPU 的安装	能正确安装到位，CPU 针脚无损坏	10	
CPU 风扇的安装	能正确安装到位，无松动	5	
内存的安装	安装正确，无松动	5	

续表

项　目	评 分 标 准	分　值	实 际 得 分
主板的安装	安装到位（用6个螺钉固定）	10	
硬盘的安装	安装正确，无松动，接线正确（用4个螺钉固定）	10	
光驱的安装	安装正确，无松动，接线正确（用4个螺钉固定）	10	
显卡网卡的安装	安装到正确的插槽并用能螺钉固定	10	
机箱面板接线	连接正确，接线整齐	10	
电源安装	连接正确、全面	10	
显示器连接	连接正确	5	
鼠标、键盘连接	连接正确	5	
音箱连接	连接正确	5	
实际操作得分			

第 4 章 计算机软件安装与调试

任务 13 系统 BIOS 和 CMOS 参数配置

任务描述

了解 BIOS 的相关知识，掌握基本的 BIOS 设置方式，提高 BIOS 相关英文的识别能力。掌握常见 BIOS 相应设置问题。

知识准备

1. 认识 BIOS、CMOS

BIOS，完整地说应该是 ROM-BIOS，是只读存储器基本输入/输出系统的简写，实际上是被固化到计算机主板 ROM 芯片上的一组程序，为计算机提供最低级，最直接的硬件控制。准确地说，BIOS 是硬件与软件程序之间的一个“转换器”，或者说是接口（虽然它本身也只是一个程序），负责解决硬件的即时需求，并按软件对硬件的操作要求具体执行。

CMOS 是互补金属氧化物半导体的缩写，其本意是指制造大规模集成电路芯片用的一种技术，或用这种技术制造出来的芯片，这里是指电脑主板上的一块可读写的 RAM 芯片，它存储了电脑系统的实时时钟信息和硬件配置信息等。系统在加电引导机器时，要读取 CMOS 信息，用来初始化机器各个部件的状态。它靠系统电源和后备电池来供电，系统掉电后其信息不会丢失。

CMOS 与 BIOS 是有区别的，由于 CMOS 与 BIOS 都跟电脑系统设置密切相关，所以才有 CMOS 和 BIOS 设置的说法，也正因此，初学者常将二者混淆。CMOS RAM 是系统参数存放的地方，而 BIOS 中的系统设置程序是完成参数设置的手段，因此，准确地说应是通过 BIOS 设置程序对 CMOS 参数进行设置，而平常所说的 CMOS 设置和 BIOS 设置是其简化说法，因此在一定程度上造成了两个概念的混淆。

2. BIOS 的分类

计算机上使用的 BIOS 程序根据制造厂商的不同可分为 Award BIOS 程序、AMI BIOS 程序、Phoenix BIOS 程序，以及其他的免跳线 BIOS 程序和品牌机特有的 BIOS 程序，如 IBM 等。目前主板 BIOS 有 3 大类型，即 Award、AMI 和 Phoenix。不过，Phoenix 已经合并了 Award，因此在台式机主板方面，虽然其标有 Award-Phoenix，但实际还是 Award 的 BIOS，所以目前流行的 BIOS 程序主要有 Award BIOS 程序和 AMI BIOS 程序。Phoenix BIOS 多用于高档的 586 原装品牌机和笔记本电脑上。在开机时按下特定的热键可以进入 BIOS 设置程序，不同类型的机器进入 BIOS 设置程序的按键不同，有的在屏幕上给出提示，有的不给出提示，几种常见 BIOS 设置程序的进入方式如下：

- Award BIOS：按"Del"键
- AMI BIOS：按"Del"或"Esc"键
- Phoenix BIOS：按"F2"键
- Award BIOS：按 Ctrl + Alt + Esc，有的屏幕有提示
- COMPAQ BIOS：屏幕右上角出现光标
- AST BIOS：按 Ctrl + Alt + Esc，屏幕无提示

3. BIOS 的功能

1）自检及初始化程序

从功能上看，BIOS 分为如下 3 个部分。

这部分程序负责启动计算机，具体有两个部分，第一个部分用于计算机刚接通电源时对硬件部分的检测，也叫做加电自检（POST），功能是检查计算机是否良好，如内存有无故障等。第二个部分是初始化，包括创建中断向量，设置寄存器，对一些外部设备进行初始化和检测等，其中很重要的一部分是 BIOS 设置，主要针对硬件设置的一些参数，当计算机启动时会读取这些参数，并和实际硬件设置进行比较，如果不符合，会影响系统的启动。

最后一个部分是引导程序，功能是引导 DOS 或其他操作系统。BIOS 先从软盘或硬盘的开始扇区读取引导记录，如果没有找到，则会在显示器上显示没有引导的设备；如果找到引导记录会把计算机的控制权转给引导记录，让引导记录把操作系统装入计算机，在计算机启动成功后，BIOS 的这部分任务就完成了。

硬件中断处理、程序服务处理程序主要是为应用程序和操作系统服务，这些服务主要与输入输出设备有关，例如读磁盘、文件输出到打印机等。为了完成这些操作，BIOS 必须直接与计算机的 I/O 设备打交道，它通过端口发出命令，向各种外部设备传送数据，以及从它们那里接收数据，使程序能够脱离具体的硬件操作，而硬件中断处理则分别处理 PC 硬件的需求，因此这两部分分别为软件和硬件服务，组合到一起，使计算机系统正常运行。

2）程序服务请求

BIOS 的服务功能是通过调用中断服务程序来实现的，这些服务分为很多组，每组有一个专门的中断，例如视频服务，中断号为 10H；屏幕打印，中断号为 05H；磁盘及串行口服务，中断 14H 等。每一组又可以根据具体功能细分为不同的服务号。应用程序需要使用哪些外设，进行什么操作等只需要在程序中用相应的指令说明即可，无须直接控制。

4. BIOS 自检响铃的含义

Award BIOS 自检响铃含义如表 4-1 所示。

表 4-1　Award BIOS 自检响铃含义

响　铃	含　义
1 短	系统正常启动
2 短	常规错误，请进入 CMOS Setup，重新设置不正确的菜单
1 长 1 短	RAM 或主板出错，换一条内存试试，若还是不行，只好更换主板
1 长 2 短	显示器或显示卡有错误
1 长 3 短	键盘控制器错误，检查主板
1 长 9 短	主板 Flash RAM 或 EPROM 错误，BIOS 损坏，换块 Flash RAM 试试
不断地长声响	内存条未插紧或损坏，重插内存条，若还是不行，只有更换一条内存
不停地响	电源、显示器未和显示卡连接好，检查一下所有的插头
重复短响	电源有问题
无声音无显示	电源有问题

AMI BIOS 自检响铃含义如表 4-2 所示。

表 4-2　AMI BIOS 自检响铃含义

响　铃	含　义
1 短	内存刷新失败，更换内存条
2 短	内存 ECC 校验错误，在 CMOS Setup 中将内存关于 ECC 校验的菜单设为 Disabled 就可以解决，不过最根本的解决办法还是更换一条内存
3 短	系统基本内存（第 1 个 64KB）检查失败，换内存
4 短	系统时钟出错
5 短	中央处理器（CPU）错误
6 短	键盘控制器错误
7 短	系统实模式错误，不能切换到保护模式，检查内存插接情况，检查主板各种 PCI 插件
8 短	显示内存错误，显示内存有问题，更换显卡试试
9 短	ROM BIOS 检验和错误
1 长 3 短	内存错误，内存损坏，更换即可
1 长 8 短	显示测试错误，显示器数据线没插好或显示卡没插牢

5. 进入 Award BIOS 设置

1）进入 BIOS 设置主界面

电脑刚启动，出现如图 4-1 所示画面，这时按下“Delete”（或者“Del”）键不放直到进入 BIOS（基本输入/输出系统）设置，如图 4-2 所示，这是 Award BIOS 设置的主菜单。最顶一行字标出了 Setup 程序的类型是 Award Software，项目前面有三角形箭头的表示该项包含子菜单，主菜单上共有 13 个项目，含义分别如表 4-3 所示。

表 4-3　Award BIOS 设置的主菜单

序　号	菜　单	含　义	说　明
1	Standard CMOS Features	标准 CMOS 功能设定	设定日期、时间、软硬盘规格及显示器种类
2	Advanced BIOS Features	高级 BIOS 功能设定	对系统的高级特性进行设定
3	Advanced Chipset Features	高级芯片组功能设定	设定主板所用芯片组的相关参数

续表

序号	菜单	含义	说明
4	Integrated Peripherals	外部设备设定	使设定菜单包括所有外围设备的设定，如声卡、Modem、USB 键盘是否打开
5	Power Management Setup	电源管理设定	设定 CPU、硬盘和显示器等设备的节电功能运行方式
6	PNP/PCI Configurations	即插即用及 PCI 参数设定	设定 ISA 的 PnP 即插即用设备及 PCI 设备的参数，此项仅在系统支持 PnP/PCI 时才有效
7	Frequency/Voltage Control	频率/电压控制	设定 CPU 的倍频，设定是否自动侦测 CPU 频率等
8	Load Fail-Safe Defaults	载入最安全的缺省值	载入工厂默认值作为稳定的系统使用
9	Load Optimized Defaults	载入高性能缺省值	载入最好的性能但有可能影响稳定的默认值
10	Set Supervisor Password	设置超级用户密码	超级用户的密码是启动系统及进入 Setup 设置的密码
11	Set User Password	设置普通用户密码	普通用户密码是系统启动密码
12	Save & Exit Setup	保存后退出	保存对 CMOS 的修改，然后退出 Setup 程序
13	Exit Without Saving	不保存退出	放弃对 CMOS 的修改，然后退出 Setup 程序

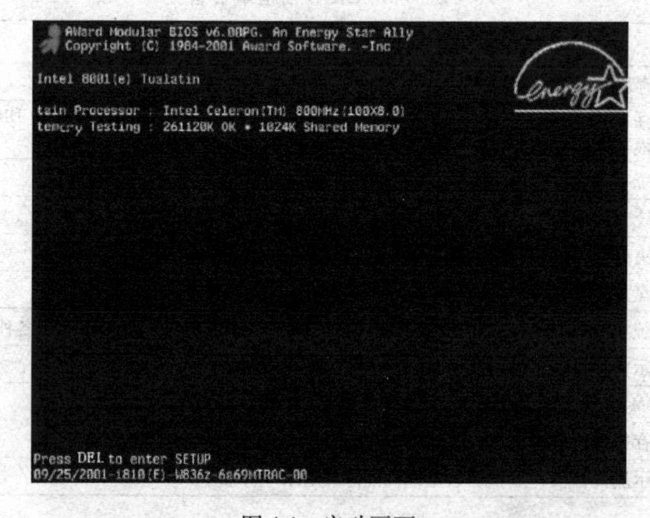

图 4-1　启动画面

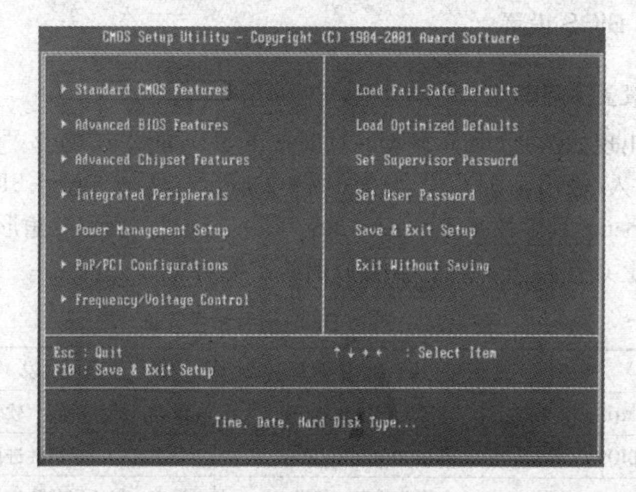

图 4-2　主菜单

Award BIOS 设置的操作按方向键“↑、↓、←、→、Page Up、Page Down”等修改相应参数。按“F1”键进入主题帮助，仅在状态显示菜单和选择设定菜单有效；按“F5”键从 CMOS 中恢复前次的 CMOS 设定值，仅在选择设定菜单有效；按“F6”键从故障保护缺省值表加载 CMOS 值，仅在选择设定菜单有效；按“F7”键加载优化缺省值；按“F10”键保存改变后的 CMOS 设定值并退出（或按“Esc”键退回上一级菜单），也可以退回主菜单后选择“Save & Exit Setup”并按回车键，然后在弹出的确认窗口中输入“Y”并按回车键，即可保存对 BIOS 的修改并退出 Setup 程序。另外，一般有开关选择的项目设定值有：Disabled（禁用）、Enabled（开启），后面不再解释。

2）Standard CMOS Features（标准 CMOS 功能设定）项子菜单

在主菜单中用方向键选择“Standard CMOS Features”项，然后按回车键，即可进入“Standard CMOS Features”项子菜单，如图 4-3 所示。

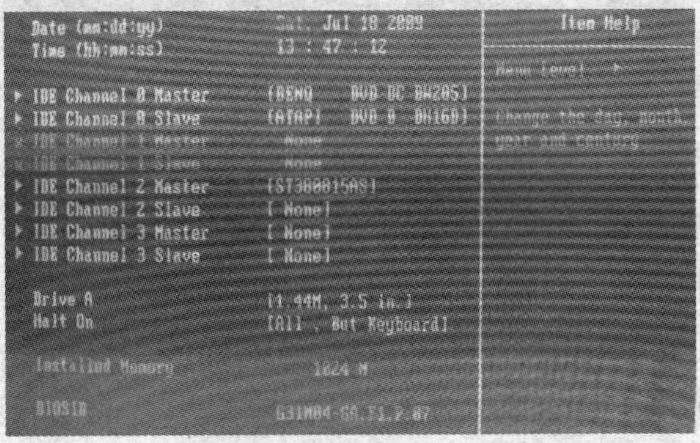

图 4-3　Standard CMOS Features

- Date（mm：dd：yy）（日期设定）：设定电脑中的日期，格式为“星期，月/日/年”，星期由 BIOS 定义，只读。
- Time（hh：mm：ss）（时间设定）：设定电脑中的时间，格式为“时/分/秒”。
- IDE Channel0Master（第一主 IDE 控制器）：设定主硬盘型号。按“PgUp”或“PgDn”键选择硬盘类型，如 Press Enter、Auto 或 None。如果光标移动到相应项按回车键后会出现一子菜单，显示当前硬盘信息；Auto 是自动设定；None 是设定为没有连接设备；IDE Channel0Slave（第一从 IDE 控制器）设定从硬盘型号，设置方法参考上一设备。IDE Channel1Master 至 IDE Channel 3 Slave 都是接入 SATA 设备。
- Drive A（软盘驱动器 A）：设定主软盘驱动器类型。其菜单包括 None，“360K，5. 25in”，“1. 2M，5. 25in”，“720K，3. 5in”，“1. 44M，3. 5in”，“2. 88M，3. 5in”。None 设定为没有连接设备。“1. 44M，3. 5 in”是容量为 1. 44M 的 3. 5 英寸软盘（多数为该规格），现在一般不再配置软盘驱动器。
- Halt On（停止引导设定）：设定系统引导过程中遇到错误时，系统是否停止引导。可选择的菜单项有：All Errors 侦测到任何错误，系统停止运行，等候处理，此项为缺省值；No Errors 侦测到任何错误，系统不会停止运行；All，But Keyboard 除键盘错误以外侦测到任何错误，系统停止运行；All，But Diskette 除磁盘错误以外侦测到任何错误，系统停止运行；All，But Disk/Key 除磁盘和键盘错误以外侦测到任何错误，系统停止运行。

- Installed Memory：用来显示内存容量（只读）。
- BIOSID：获取芯片组型号及主板厂商名称。

3）Advanced BIOS Features（高级 BIOS 功能设定）项子菜单

在主菜单中用方向键选择“Advanced BIOS Features”项，然后按回车键，即可进入“Advanced BIOS Features”项子菜单，如图4-4所示。

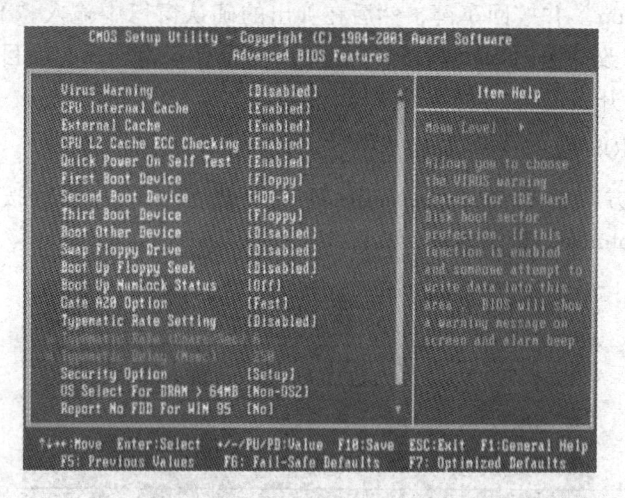

图4-4　Advanced BIOS Features

- Virus Warning（病毒报警）：在系统启动时或启动后，如果有程序企图修改系统引导扇区或硬盘分区表，BIOS 会在屏幕上显示警告信息，并发出蜂鸣报警声，使系统暂停。
- CPU Internal Cache：CPU 内置高速缓存设定，默认设为打开。
- External Cache：外部高速缓存设定，默认设为打开。
- CPU L2 Cache ECC Checking：CPU 二级高速缓存奇偶校验。
- Quick Power On Self Test（快速检测）：设定 BIOS 是否采用快速 POST 方式，也就是简化测试的方式与次数，让 POST 过程所需时间缩短。无论设成 Enabled 或 Disabled，当 POST 进行时，仍可按“Esc”键跳过测试，直接进入引导程序。
- First Boot Device（设置第一启动盘）：设定 BIOS 第一个搜索载入操作系统的引导设备。默认设为 Floppy（软盘驱动器），安装系统正常使用后建议设为（HDD-0）。其设定值 Floppy 系统首先尝试从软盘驱动器引导；LS120 系统首先尝试从 LS120 引导；HDD-0 系统首先尝试从第一硬盘引导；SCSI 系统首先尝试从 SCSI 引导；CDROM 系统首先尝试从 CD-ROM 驱动器引导；HDD-1 系统首先尝试从第二硬盘引导；HDD-2 系统首先尝试从第三硬盘引导；HDD-3 系统首先尝试从第四硬盘引导；ZIP 系统首先尝试从 ATAPI ZIP 引导；LAN 系统首先尝试从网络引导；Disabled 是禁用此次序。
- Second Boot Device（设置第二启动盘）：设定 BIOS 在第一启动盘引导失败后，第二个搜索载入操作系统的引导设备。设置方法参考上一项。
- Third Boot Device（设置第三启动盘）：设定 BIOS 在第二启动盘引导失败后，第三个搜索载入操作系统的引导设备。设置方法参考上一项。
- Boot Other Device（其他设备引导）：将此项设置为 Enabled，允许系统在从第一/第二/第三设备引导失败后，尝试从其他设备引导。

- Swap Floppy Drive：交换软驱盘符。
- Boot Up Floppy Seek（开机时检测软驱）：将此项设置为 Enabled 时，在系统引导前，BIOS 会检测软驱 A。根据所安装的启动装置的不同，在“First/Second/Third Boot Device”菜单中所出现的可选设备有相应的不同，如果系统没有安装软驱，在启动顺序菜单中就不会出现软驱的设置。
- Boot Up NumLock Status（初始数字小键盘的锁定状态）：用来设定系统启动后，键盘右边小键盘是数字还是方向状态，其设定值为 On 和 Off。当设定为 On 时，系统启动后将打开 Num Lock，小键盘数字键有效。当设定为 Off 时，系统启动后 Num Lock 关闭，小键盘方向键有效。
- Gate A20 Option：Gate A20 的选择。
- Typematic Rate Setting（键入速率设定）：用来控制字元输入速率。
- Typematic Rate（Chars/Sec）：字元输入速率，字元/秒。
- Typematic Delay（Msec）：字元输入延迟，毫秒。
- Security Option（安全菜单）：此项指定了使用 BIOS 密码的保护类型。设置值为 System 时，无论开机还是进入 CMOS SETUP 都要输入密码；设置值为 Setup 时，只有在进入 CMOS SETUP 时才要求输入密码。
- OS Select For DRAM >64MB：设定 OS 使用的内存容量。
- NoVideo BIOS Shadow：将 BIOS 复制到影像内存。

4）Advanced Chipset Features（高级芯片组功能设定）项子菜单

在主菜单中用方向键选择“Advanced Chipset Features”项，然后按回车键，即可进入“Advanced Chipset Features”项子菜单，如图 4-5 所示。

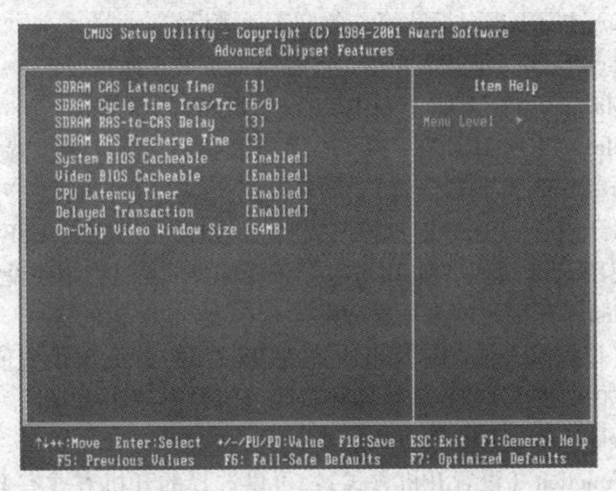

图 4-5　Advanced Chipset Features

- SDRAM CAS Latency Time：CAS 延时周期。
- SDRAM Cycle Time Tras/trc：每个存取时间周期用 SDRAM 时钟表示。当其值为“7/9”时，设置每个存取时间周期用 SDRAM 时钟为 7/9 SCLKS；当其值为“5/7”时，设置每个存取时间周期用 SDRAM 时钟为 5/7 SCLKS。缺省值为“7/9”。
- SDRAM RAS-to-CAS Delay：从 CAS 脉冲信号到 RAS 脉冲信号之间延迟的时钟周期数

设置。

- SDRAM RAS Precharge Time：RAS 预充电。
- System BIOS Cacheable：系统缓存 BIOS 的容量。
- Vido BIOS Cacheable：显卡 BIOS 的缓存容量。
- CPU Lateny Time：CPU 延时时间设定。

5）Integrated Peripherals（外部设备设定）子菜单

在主菜单中用方向键选择“Integrated Peripherals”项，然后按“Enter”键，即可进入“Integrated Peripherals”项子菜单，如图 4-6 所示。

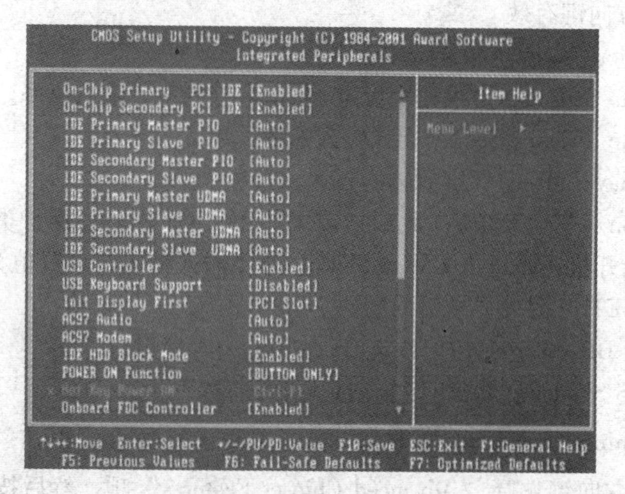

图 4-6 Integrated Peripherals

- On-Chip Primary PCI IDE：板载第一条 PCI 插槽设定。
- On-Chip Primary/Secondary PCI IDE：板载第二条 PCI 插槽设定。
- IDE Primary Master PIO：IDE 第一主 PIO 模式设置。
- IDE Primary Slave PIO：IDE 第一从 PIO 模式设置。以下几项设置类似，不再说明。
- USB Controller（USB 控制器设置）：用来控制板载 USB 控制器。
- USB Keyboard Support（USB 键盘控制支持）：如果在不支持 USB 或没有 USB 驱动的操作系统下使用 USB 键盘，如 DOS 和 SCO UNIX，需要将此项设定为“Enabled”。
- Init Display First：开机时的第一显示设置。
- AC97 Audio（设置是否使用芯片组内置 AC97 音效）：此项设置值适用于使用自带的 AC97 音效。如果使用其他声卡，需要将此项值设为“Disabled”。
- IDE HDD Block Mode：IDE 硬盘块模式。
- POWER ON Function（设置开机方式）：可供选择的开机方式有 BUTTON Only（仅使用开机按钮）、Mouse Left（鼠标左键）、Mouse Right（鼠标右键）、PassWord（密码）、Hotkey（热键）和 Keyboard（键盘）。当此项设为“Keyboard（键盘）”时，下一项“KB Power ON Password”会被激活；当此项设为“Hotkey（热键）”时，下一项“Hot Key Power ON”会被激活。
- KB Power ON Password（设置键盘开机）：当上一项“POWER ON Function”被设为“Keyboard（键盘）”时，此项才会被激活。默认为“Enter”（直接输入密码即可）。
- Hot Key Power ON（设置热键启动）：当上一项“POWER ON Function”被设为“Hot-

key（热键）”时，此项才会被激活。默认为“Ctrl + F1”。

- Onboard FDC Controller：内置软驱控制器。
- Onboard Serial Port 1/2：内置串行口设置。
- UART Mode Select：UART 模式选择。
- Parallel Port Mode：并行端口模式设置。
- Game Port Address：板载游戏端口。
- Midi Port Address：板载 Midi 端口。

6）Power Management Setup（电源管理设定）项子菜单

在主菜单中用方向键选择“Power Management Setup”项，然后按“Enter”键，即可进入“Advanced Chipset Features”项子菜单，如图 4-7 所示。

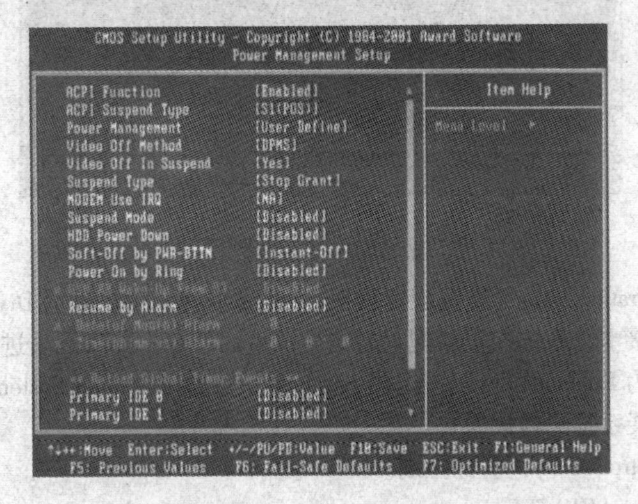

图 4-7　Power Management Setup

- ACPI Function：设置是否使用 ACPI 功能。
- ACPI Suspend Type（ACPI 挂起类型）：此菜单设定 ACPI 功能的节电模式。
- Power Management：电源管理方式。
- Video off Method：视频关闭方式。
- Video off In Suspend：在挂起中关闭视频。
- MODEM Use IRQ：调制解调器的中断值。
- HDD Power Down：硬盘电源关闭模式。
- Soft-off by PWR-BTTN：软关机方式。
- Wake-Up by PCI Card：设置是否采用 PCI 片唤醒。
- Power On by Ring：设置是否采用 MODEM 唤醒。
- Resume by Alarm：设置是否采用定时开机。
- Primary IDE 0：设置当主 IDE 0 有存取要求时，是否取消目前 PC 及该 IDE 的省电状态。下面几项含义相同，不再说明。
- FDD，COM，LPT Port：设置当软驱、串行口、并行口有存取要求时，是否取消目前 PC 及该 IDE 的省电状态。

7）PNP/PCI Configurations（即插即用/PCI参数设定）项子菜单

在主菜单中用方向键选择“PNP/PCI Configurations”项，然后按“Enter”键，即可进入“PNP/PCI Configurations”项子菜单，如图4-8所示。

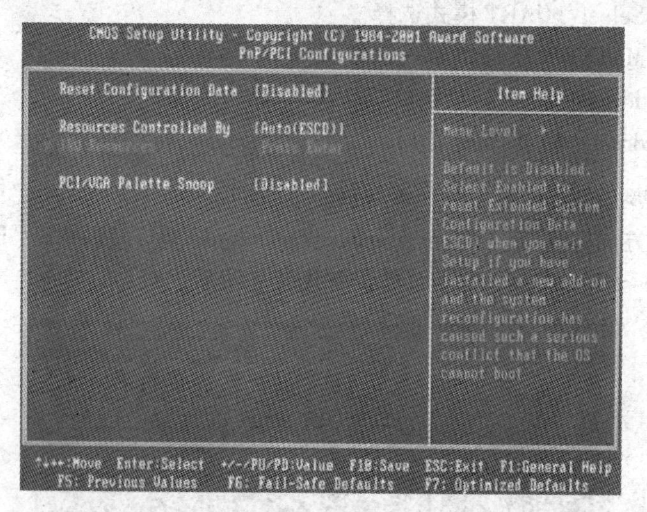

图4-8　PNP/PCI Configurations

- Reset Configuration Data（重置配置数据）：通常应将此项设置为Disabled。如果安装了一个新的外接卡，系统在重新配置后产生严重的冲突，导致无法进入操作系统，此时将此项设置为Enabled，可以在退出Setup后，重置Extended System Configuration Data（ESCD，扩展系统配置数据）。
- Resource Controlled By：资源控制。
- IRQ Resources：IRQ资源。
- PCI/VGA Palette Snoop：PCI/VGA调色板配置。

8）Frequency/Voltage Control（频率/电压控制）项子菜单

在主菜单中用方向键选择“Frequency/Voltage Control”项，然后按“Enter”键，即可进入“Frequency/Voltage Control”项子菜单，如图4-9所示。

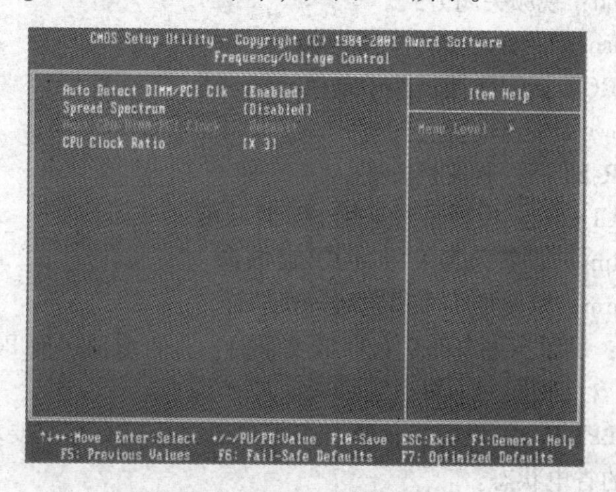

图4-9　Frequency/Voltage Control

- Auto Detect DIMM/PCI Clk：自动侦测 DIMM/PCI 时钟频率。
- Spread Spectrum（频展）：当主板上的时钟震荡发生器工作时，脉冲的极值（尖峰）会产生 EMI（电磁干扰）。
- Host CPU/DIMM/PCI Clock：CPU 主频 DIMM 内存/PCI 时钟频率。
- CPU Clock Ratio（CPU 倍频设定）：对于未锁频的 CPU，要在本项设置 CPU 倍频才会正常显示，但如果是锁频的 CPU，不需要进行 CPU 倍频设置，该项也可正常显示。

9）其他项目设置

- 设置密码的方式有两种：Supervisor password 用于进入并修改 BIOS 设定程序；User password 是只能进入，但无权修改 BIOS 设定程序。选择相应功能，系统要求输入密码，最多 8 个字符，且有大小写之分，此时输入的密码会清除之前输入的 CMOS 密码。输入完毕后，系统会要求再次输入密码，按照要求再输入一次密码后，按“Enter”键即可；也可以按“Esc”键，放弃此项选择，不输入密码。要清除密码。只要在弹出输入密码的窗口时按“Enter”键，屏幕会显示一条确认信息，是否禁用密码。一旦密码被禁用，系统重启后，可以不需要输入密码直接进入设定程序。使用密码功能后，会在每次进入 BIOS 设定程序前，被要求输入密码，这样可以避免任何未经授权的人改变系统的配置信息。另外，可在高级 BIOS 特性设定中的“Security Option”（安全菜单）项中设定启用此功能，如果将“Security Option”设定为 System，系统引导和进入 BIOS 设定程序前都会要求输入密码；如果设定为 Setup，则仅在进入 BIOS 设定程序前要求输入密码，并按“Enter”键。
- Load Fail-Safe Defaults 菜单的作用是载入 BIOS 最安全的缺省值，这是 BIOS 厂家为了稳定系统性能而设定的。
- Load Optimized Defaults 菜单的作用是载入最优化缺省值，这是主板制造商为了优化主板性能而设置的。选择此菜单，系统询问是否载入出厂时的默认值，选择“Y”即可。
- Save & Exit Setup 菜单保存对 CMOS 的修改，然后退出 Setup 程序。
- Exit Without Saving 菜单放弃对 CMOS 的修改，然后退出 Setup 程序。

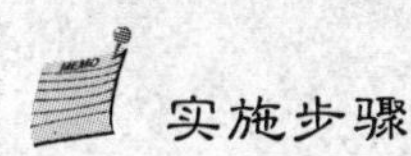

实施步骤

1. 工具准备

机房内机型最好是同一类型的计算机，有条件的可以下载 BIOS 模拟软件，在 BIOS 模拟软件上练习。一切按计算机的 BIOS 设置为准，因为计算机主板不同，BIOS 设置菜单也不同。在实训时可以采用教师提出问题让学生解决的方式，也可以采用分组互相提问题的方式。学生要带笔和记录本，把问题和解决的过程记录下来。

2. 实训过程

（1）开机后要开启小键盘，怎样设置？

（2）CPU 超频应该在哪个条目里设置，怎样设置？

（3）一般都会在开机之后显示一个全屏的 Logo 图片，虽然这个图片很美观，但是多数人并不喜欢，或者无法看到计算机的自检信息，所以很多情况下需要关闭这个 Logo 图片显示，应怎样设置？

(4) 分别设置超级用户密码和用户密码，重新启动计算机后观察计算机后的变化（一定要记下密码，不要忘记）。分别设置使计算机启动输入密码和进入计算机 BIOS 设置中输入密码，设置怎样取消密码（注意一定要取消密码，否则别人就没法再使用了）？

(5) 怎样设置计算机的日期和时间？

(6) 怎样察看硬盘的型号、容量和硬盘所接的接口，是并口还是串口？

(7) 查看计算机的内存情况是怎样的？

(8) 设置计算机的启动顺序。有条件的可在演示计算机上安装两块硬盘，分别用不同的系统启动，观察没有安装软盘驱动器计算机启动顺序中有无 A 的启动项，如何设置使其出现启动项和取消该项目的显示？

(9) 如果有程序企图修改系统引导扇区或硬盘分区表，BIOS 会在屏幕上显示警告信息，并发出蜂鸣报警声，使系统暂停，应怎样设置？

(10) 安装独立网卡，不再使用主板上集成的网卡设置，应怎样屏蔽？

(11) 安装独立声卡，不再使用主板上集成的声卡设置，应怎样屏蔽？

(12) 安装独立显卡，不再使用主板上集成的显卡设置，应怎样屏蔽？

(13) 设定系统引导过程中遇到错误时，系统是否停止引导，怎样进行不同的设置？

(14) 怎样设置控制板载 USB 控制器？

(15) 怎样设置仅使用开机按钮、鼠标左键、鼠标右键、密码、热键和键盘等其中的一种方式？

(16) 怎样载入最优化缺省值？怎样载入 BIOS 最安全的缺省值？

其他可以练习的项目如软关机、CPU 的温度、CPU 风扇的转速等，教师可以通过提问方式或小组相互提问的方式提出具体项目的设置，让同学完成操作并记录过程。

3. 实训作业

实训完毕后，完成实训报告。

知识拓展

1. BIOS 常见错误信息和解决方法

(1) CMOS battery failed（CMOS 电池失效）。

原因：说明 CMOS 电池的电力已经不足，应更换新的电池。

(2) CMOS check sum error-Defaults loaded（CMOS 执行全部检查时发现错误，因此载入预设的系统设定值）。

原因：通常发生这种状况都是因为电池电力不足造成，所以不妨先换个电池试试看。如果更换电池后问题依然存在，那就说明 CMOS RAM 可能有问题，最好送回原厂处理。

(3) Display switch is set incorrectly（显示开关配置错误）。

原因：这个错误提示表示主板上的设定和 BIOS 里的设定不一致，重新设定即可。

(4) Press ESC to skip memory test（内存检查，可按“Esc”键跳过）。

原因：如果在 BIOS 内并没有设定快速加电自检的话，那么开机就会执行内存的测试，如果不想等待，可按 ESC 键跳过或到 BIOS 内开启 Quick Power On Self Test。

(5) Secondary Slave hard fail (检测从盘失败)。

原因：CMOS 设置不当（例如，没有从盘，但在 CMOS 里设置了从盘），或者可能硬盘的数据线未接好，也可能硬盘跳线设置不当。

(6) Override enable-Defaults loaded（当前 CMOS 设定无法启动系统，载入 BIOS 预设值以启动系统）。

原因：可能是 BIOS 内的设定并不适合你的电脑（像内存只适合 100MHz，但使用时却达到 133MHz），这时进入 BIOS 设定重新调整即可。

(7) Press TAB to show POST screen（按“Tab”键可以切换屏幕显示）。

原因：有一些 OEM 厂商会以自己设计的显示画面来取代 BIOS 预设的开机显示画面，而此提示就是要告诉使用者，可以按“Tab”键在厂商自定义画面和 BIOS 预设的开机画面之间进行切换。

(8) Resuming from disk，Press TAB to show POST screen（从硬盘恢复开机，按“Tab”键显示开机自检画面）。

原因：某些主板的 BIOS 提供了 Suspend to disk（挂起到硬盘）的功能，当使用者以 Suspend to disk 的方式来关机时，那么在下次开机时就会显示此提示消息。

2. 设置 CMOS 方法

CMOS 是计算机主板上的一块可读写的芯片，用来保存当前系统的硬件配置和用户对某些参数的设定。进入 CMOS 设置的基本方法有三种。

(1) 开机启动时按热键：在开机时按下特定组合键可以进入 BIOS 设置，不同类型计算机，其热键也不同，有些会在屏幕上给出提示，例如按“Del”键，按“Ctrl + Alt + Esc”组合键等。

(2) 系统提供的软件：现在很多主板提供 DOS 下对系统设置信息进行管理的程序，而 Windows XP 中已经包含了诸如节能保护，电源管理等功能。

(3) 可以读写 CMOS 的应用软件：一些应用程序（如 QAPLUS）提供对 CMOS 的读、写、修改功能，通过它们可以对一些基本系统设置进行修改。

3. 升级 BIOS 的作用

现在的 BIOS 芯片都采用了 Flash ROM，可以通过特定的写入程序实现 BIOS 的升级。升级 BIOS 主要有两大目的：

1) 免费获得新功能

升级 BIOS 最直接的好处是能获得许多新功能，比如能支持新频率和新类型的 CPU，例如以前的某些老主板通过升级 BIOS 支持图拉丁核心 Pentium III 和 Celeron，现在的某些主板通过升级 BIOS 能支持最新的 Prescott 核心 Pentium 4E CPU；突破容量限制，能直接使用大容量硬盘；获得新的启动方式；开启以前被屏蔽的功能，例如英特尔的超线程技术，VIA 的内存交错技术等；识别其他新硬件等。

2) 解决旧版 BIOS 中的 Bug

既然 BIOS 是程序，就必然存在着 Bug，随着硬件技术发展日新月异，市场竞争的加剧，主板厂商推出产品的周期也越来越短，在 BIOS 编写上必然也有不够完善的地方，而这些

Bug 常会导致莫名其妙的故障，例如无故重启、经常死机、系统效能低下、设备冲突、硬件设备无故“丢失”等。在用户反馈及厂商自己发现以后，负责任的厂商会及时推出新版的 BIOS 以修正这些已知的 Bug，从而解决存在的故障。

由于 BIOS 升级具有一定的危险性，各主板厂商针对自己的产品和用户的实际需求，也开发了许多 BIOS 特色技术，例如 BIOS 刷新方面有著名的技嘉的@ BIOS Writer，支持技嘉主板在线自动查找新版 BIOS 并自动下载和刷新 BIOS，免除了用户人工查找新版 BIOS 的麻烦，也避免了误刷不同型号主板 BIOS 的危险，而且技嘉@ BIOS 还支持许多非技嘉主板在 Windows 下备份和刷新 BIOS。其他相类似的 BIOS 特色技术还有华硕的 Live Update，升技的 Abit Flash Menu，QDI 的 Update Easy，微星的 Live Update 3 等。微星的 Live Update 3 除了主板 BIOS，对微星出品的显卡 BIOS，以及光存储设备的 Firmware 也能自动在线刷新，是一款功能非常强大的微星产品专用工具。此外，英特尔原装主板的 Express BIOS Update 技术也支持在 Windows 下刷新 BIOS，而且此技术是 BIOS 文件与刷新程序合一的可执行程序，非常适合初学者使用。在预防 BIOS 被破坏，以及刷新失败方面有技嘉的双 BIOS 技术，QDI 的金刚锁技术，英特尔原装主板的 Recovery BIOS 技术等等。

除了厂商的新版 BIOS 之外，其实我们自己也能对 BIOS 进行一定程度上的修改，从而获得某些新功能，例如更改能源之星 Logo，更改全屏开机画面，获得某些品牌主板的特定功能（例如为非捷波主板添加捷波恢复精灵模块），添加显卡 BIOS 模块，拯救 BIOS 损坏的显卡，打开被主板厂商屏蔽了的芯片组功能，甚至支持新的 CPU 类型，直接支持大容量的硬盘而不用 DM 之类的软件等。不过这些都需要对 BIOS 非常熟悉，而且有一定的动手能力和经验以后才能去做。

任务 14 硬盘分区和操作系统的安装

任务描述

掌握硬盘分区的几种方法，并能灵活应用。能够使用各种版本 Windows XP 的系统安装盘独立安装操作系统。

知识准备

1. 硬盘分区与格式

1）什么是分区

分区就是对硬盘的一种格式化。当创建分区时，就已经设置好了硬盘的各项物理参数，指定了硬盘主引导记录（即 Master Boot Record，一般简称为 MBR）和引导记录备份的存放位置，而对于文件系统及其他操作系统管理硬盘所需要的信息，则是通过之后的高级格式化，即 Format 命令来实现。

安装操作系统和软件之前，首先需要对硬盘进行分区和格式化，然后才能使用硬盘保存各种信息。许多人会认为既然是分区就一定要把硬盘划分成好几个部分，其实完全可以使用全部或部分的硬盘空间只创建一个分区。不过，不论划分了多少个分区，也不论使用的是 SCSI 硬盘还是 IDE 硬盘，都必须把硬盘的主分区设定为活动分区，这样才能够通过硬盘启动系统。

2）扩展分区和逻辑分区

一块物理硬盘分成为主 DOS 分区和扩展 DOS 分区，扩展 DOS 分区分成一个或多个逻辑 DOS 分区。主分区的英文名称是 Primary Partition，就是常说的 C 盘，扩展分区的英文名称是 Extended Partition，D 盘、E 盘等就是扩展分区中的逻辑分区。DOS 和 FAT 文件系统最初都被设计成可以支持在一块硬盘上最多建立 24 个分区，分别使用从 C 到 Z 24 个驱动器盘符。

3）分区格式

格式化就相当于在白纸上打上格子，而硬盘的分区格式就如同“格子”的样式，不同的操作系统打“格子”的方式是不一样的，目前 Windows 所用的分区格式主要有 FAT16、FAT32、NTFS，其中几乎所有的操作系统都支持 FAT 16。

FAT 16 采用 16 位的文件分配表，能支持的最大分区为 2GB，是目前应用最为广泛和获得操作系统支持最多的一种磁盘分区格式，从 DOS、Windows 3. X、Windows 95、Windows 97 到 Windows 98、Windows NT、Windows 2000/XP，甚至火爆一时的 Linux，几乎所有的操作系统都支持这一种格式，但是 FAT 16 分区格式有一个最大的缺点，那就是硬盘的实际利用效率低。

FAT 32 采用 32 位的文件分配表，其对磁盘的管理能力大大增强，提高了硬盘利用效率。目前，支持这一磁盘分区格式的操作系统有 Windows 97、Windows 98 和 Windows 2000/XP，这种分区格式的缺点是运行速度比采用 FAT 16 格式分区的硬盘要慢。

NTFS 分区格式是网络操作系统 Windows NT 的硬盘分区格式，使用 Windows NT 的用户必须同这种分区格式打交道，其显著的优点是安全性和稳定性极其出色，对硬盘的空间利用及软件的运行速度都有好处。另外，它能对用户的操作进行记录，并通过对用户权限进行非常严格的限制，使每个用户只能按照系统赋予的权限进行操作，充分保护了网络系统与数据的安全。Windows NT、Windows XP、Vista、Windows 7 等都支持这种硬盘分区格式。

Linux 磁盘分区是专为 Linux 操作系统设计的。它的磁盘分区格式与其他操作系统完全不同，共有两种格式：一种是 Linux Native 主分区，另一种是 Linux Swap 交换分区。这两种分区格式的安全性与稳定性极佳，结合 Linux 操作系统后，死机的情况大大减少。

2. 硬盘如何进行分区

用专门的分区软件可对硬盘进行分区，常见的分区软件有很多，如 DM、Partition Magic 和 Fdisk 等。目前对新硬盘使用系统安装盘在安装系统时分区也是常见方式，还可以把硬盘挂在已安装以上系统的计算机上，用系统内磁盘管理来进行分区。不管使用哪种分区软件，为新硬盘上建立分区时都要遵循以下顺序：建立主分区→建立扩展分区→建立逻辑分区→激活主分区→格式化所有分区。重新分区的硬盘上的资料会丢失或损坏，因此在对旧硬盘进行分区前应先备份重要的硬盘数据。

最简单的分区软件非“Windows 启动软盘”中的“Fdisk”莫属。

（1）通过 Windows 98 启动盘进入 DOS 状态下，在 A 盘符下输入“Fdisk”后按“Enter”键，出现一些英文说明，并要求用户做出选择。“Do you wish to enable large disk support（y/n）……”，此对话框的意思是选择是否支持大容量硬盘分区格式，由于目前硬盘一般都是大容量硬盘，所以键入“Y”并按回车键后，便进入了 Fdisk 的主菜单，如图 4-10 所示。如果系统中安装有多块硬盘，系统还会出现第 5 选项“Change current fixed disk drive”（切换硬盘）。

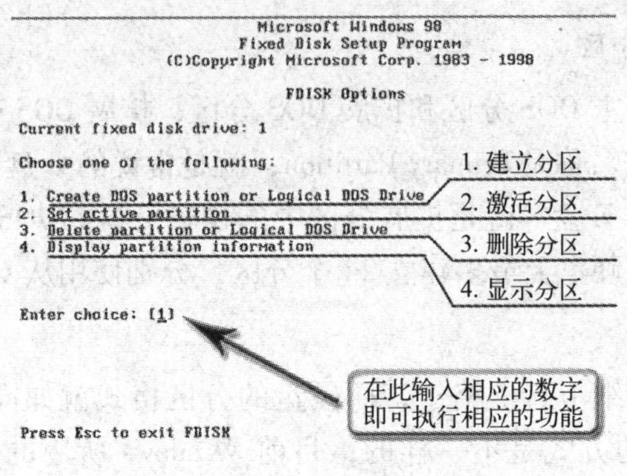

图 4-10　Fdisk 分区主菜单

(2) 建立主分区。

在 Fdisk 主界面的“Enter choice:”处键入“1”后按“Enter”键，进入分区功能界面，如图 4-11 所示。

在“Enter choice:”处键入“1”后按“Enter”键，此时程序扫描硬盘，完成后询问“是否将最大的可用空间（整个硬盘）作为主分区”。

注意： 除非你想将整个硬盘作为一个分区，否则此时绝对不能选择“Y”。输入“N”后按“Enter”键，程序再次扫描硬盘，完成后要求输入主分区的大小，如图 4-12 所示。

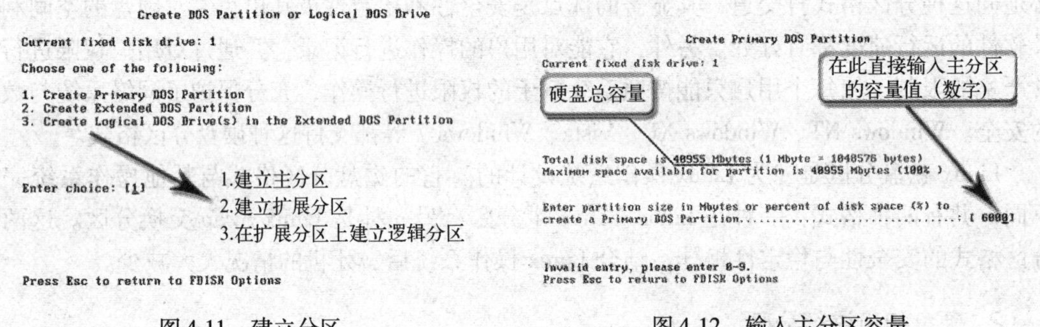

图 4-11　建立分区　　　　图 4-12　输入主分区容量

按照自己的分区方案，在这里输入相应的数字后按“Enter”键（单位是 MB，例如想建立一个 2GB 的分区，就输入 2048，即将数值乘以 1024 即可），此时屏幕提示主分区已建立，并显示主分区容量和所占硬盘全部容量的比例，按“Esc”键返回 Fdisk 的主菜单。

(3) 建立扩展分区。

在 Fdisk 主界面中继续选择第一项进入分区功能界面，然后再选择第二项建立扩展分区。程序扫描完硬盘后会显示当前硬盘可建为扩展分区的全部容量，直接回车后将所有的剩余空间建立为扩展分区。

(4) 在扩展分区上建立逻辑分区。

扩展分区建立完毕后，按照程序提示，按“Esc”键继续，此时程序并不会真正退出，而是立刻扫描扩展分区，最后列出扩展分区的可用空间，并要求输入逻辑分区的大小，如图 4-13 所示。

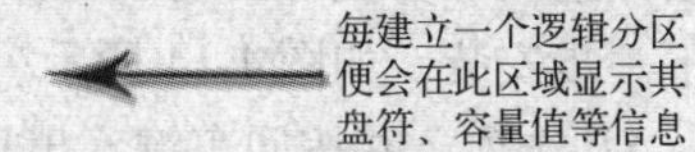

图 4-13　建立逻辑分区

根据自己的分区方案，输入 D 盘的容量后按“Enter“键，系统会自动为该区分配逻辑盘符“D”。因为扩展分区还没有分完，程序还会要求用户输入下一个逻辑分区的大小，用户只要依次按照方案输入逻辑分区的大小即可，系统会自动给它们分配盘符。扩展分区分完后，系统会显示所有逻辑分区的数量和容量，并提示按“Esc”键返回。

（5）激活主分区。

当硬盘上同时建有主分区和扩展分区时，必须将主分区激活，否则硬盘就会无法引导系统。返回 Fdisk 主菜单，选择第 2 项（Set active partition），此时屏幕将显示主硬盘上所有分区，供用户进行选择。当前硬盘上只有主分区“1”和扩展分区“2”，在对话框中键入“1”后按回车键退回到 Fdisk 主界面，至此，新硬盘的分区工作结束，按两次“Esc”键退出 Fdisk，然后重新启动电脑。

（6）格式化分区。

按照前面所讲的方法利用 Windows 98 启动盘再次进入 DOS 状态，在 A 盘符下输入“Format C:”并按回车键，系统提示将删除 C 盘上的所有数据。键入“Y”后按回车键确认，此时程序开始对 C 盘进行格式化。完成后，程序提示是否给 C 盘分配卷标，按回车键确认后，程序会自动给 C 盘添加卷标，此时 C 盘格式化工作完成，该盘就能存储数据了。依此类推，格式化 D、E 等盘后，就可以在硬盘上安装操作系统了。

3. 使用原始系统安装盘安装 XP 系统

个人计算机中使用的 Windows 操作系统主要有 Windows 98、Windows Me、Windows XP、Windows Vista、Windows 7 等版本。不同的操作系统对硬件的要求也不一样，Windows XP 最低的配置为 233MHz 的 CPU、64MB 内存、1.5GB 的剩余磁盘空间。Windows Vista 的最低配置为 800MHz 处理器、512MB 内存、能运行 DirectX 9 的显卡、15GB 的剩余磁盘空间。微软推荐 Windows 7 最低安装配置为 1GHz 32-bit 或 64-bit 处理器、1GB 系统内存、16 GB 剩余磁盘空间、支持 DirectX 9 的显卡、128MB 显存，Windows 7 目前还没有出中文版本。目前主流品牌机上大部分安装 Windows Vista，大家使用比较多的还是 Windows XP，本书以 Windows XP 安装为例介绍系统安装。

首先备份系统盘上的资料，如将我的文档、收藏夹里的资料分别移动到别的分区里，其次主板、声卡、显卡、网卡、拨号驱动程序也要先准备好，也可以用驱动精灵先备份下来，详细方法参阅驱动程序的备份与恢复，拨号设置也要先记下来（XP 自带很多驱动，旧的机器会自动识别安装，这些能够识别安装驱动的可不备份）。

使用原始系统安装盘安装的步骤如下。

(1) 使用该系统盘启动并进入计算机，出现“Press any key to boot from cd..”按任意键后，将会重新启动并进行下一步安装，如图4-14所示。

(2) 选择安装 Windows XP 选项，并按回车键，出现要求是否同意软件协议，这里没有选择的余地，按“F8”键后出现如图4-15所示的界面。

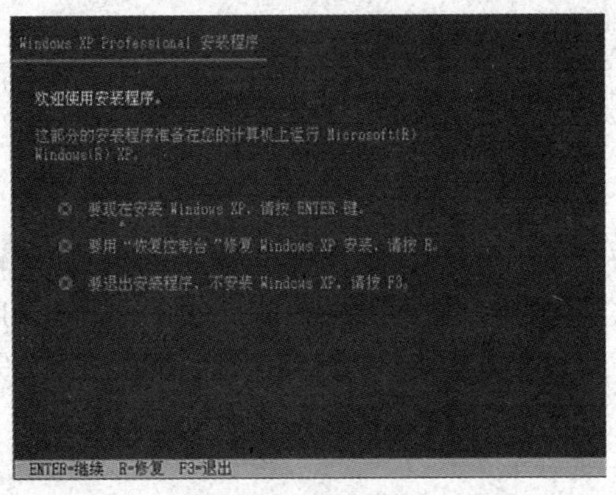

图4-14 安装程序

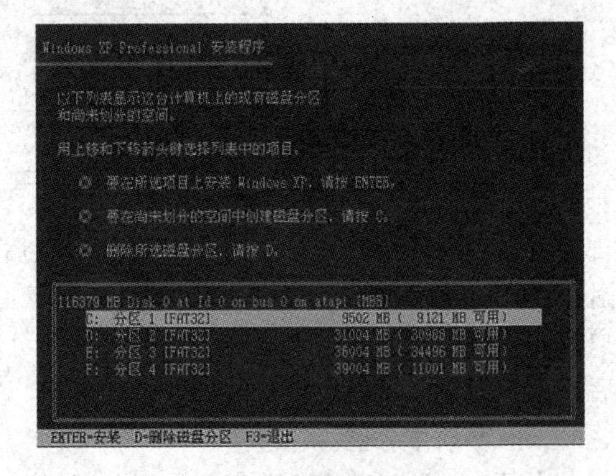

图4-15 选择磁盘分区

(3) 用“↑”或“↓”箭头键选择系统所在的分区，如果已经格式化C盘，则选择C分区（在此位置也可以进行分区，并且可以仅格式化C盘，待系统安装完成后再格式化其他分区），按回车键出现如图4-16所示的界面。

(4) 选择所选分区（C盘）使用的文件格式（注：NTFS格式只用于XP、2003或其他高版本的操作系统，在DOS、Windows 98和Windows Me下不能识别及使用。如果想装双系统或需要在DOS下运行程序，则可选用FAT32格式）。按回车键后，安装程序开始扫描磁盘，检查磁盘错误后开始复制系统文件，复制完文件后重新启动计算机，继续进行安装。

(5) 过几分钟后，当提示还需33分钟时，出现如图4-17所示的界面。

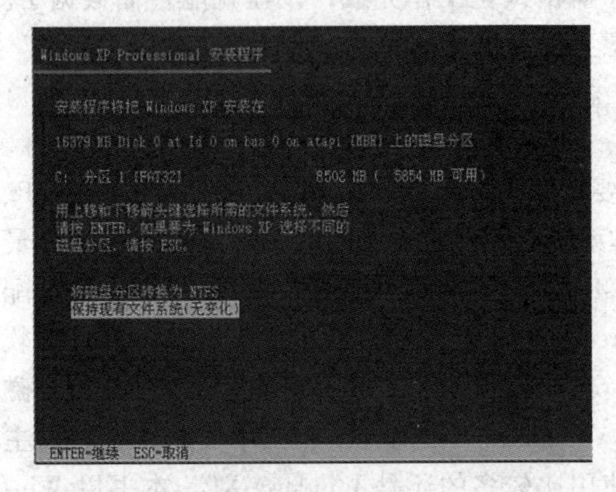

图4-16 转换分区

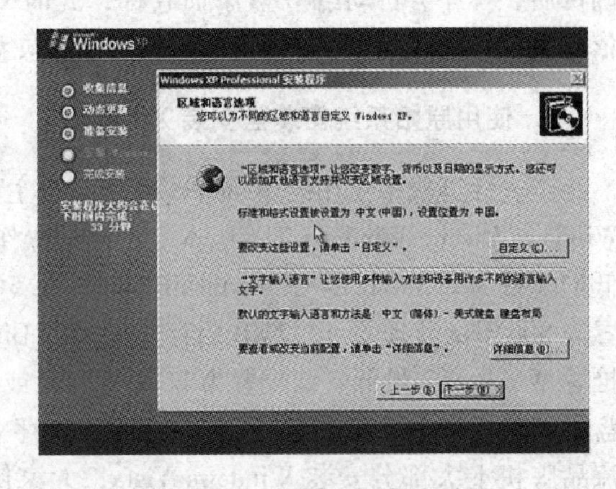

图4-17 区域和语言选项

(6) 区域和语言设置选用默认值就可以了，直接单击“下一步”按钮，出现输入您的姓名及公司或单位的名称，这里任意输入你想好的姓名和单位，姓名是你以后登录系统的用户名，单击“下一步”按钮，出现如图4-18所示的界面。

(7) 输入安装序列号，单击“下一步”按钮，出现要求输入计算机名和系统管理员密码。计算机名称可任意输入，然后输入两次系统管理员密码（请记住这个密码），Adminis-

trator 系统管理员在系统中具有最高权限，但平时登录系统时不需要这个账号。接着单击“下一步”按钮出现日期时间设置，单击“下一步”按钮，出现“安装 Windows”，开始安装网络系统，如图 4-19 所示。

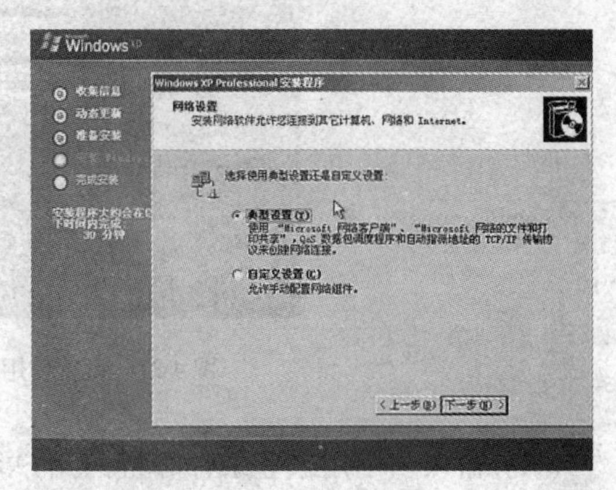

图 4-18　您的产品密钥　　　　图 4-19　网络设置

（8）选择网络安装所用的方式，这里选择典型设置，单击“下一步”按钮，出现选择工作组和计算机域，单击“下一步”按钮继续安装，进行到这一步后，安装程序会自动完成剩余的全过程，并且完成后自动重新启动系统。第一次启动需要较长时间，请耐心等候。如果计算机比较新，Windows XP 不能识别硬件驱动，待出现蓝天白云图片后，需要自己手动安装硬件驱动。如果计算机比较旧，Windows XP 能够识别硬件型号，可以通过自带的驱动自动完成安装。接下来是欢迎使用画面，如图 4-20 所示。

（9）单击右下角的“下一步”按钮，出现设置上网连接画面，如果用宽带上网，请选择“数字用户线（DSL）或电缆调制解调器”，然后单击“下一步”按钮，选择“是”，需要账户名和密码的宽带连接，再单击“下一步”按钮，出现如图 4-21 所示的界面。

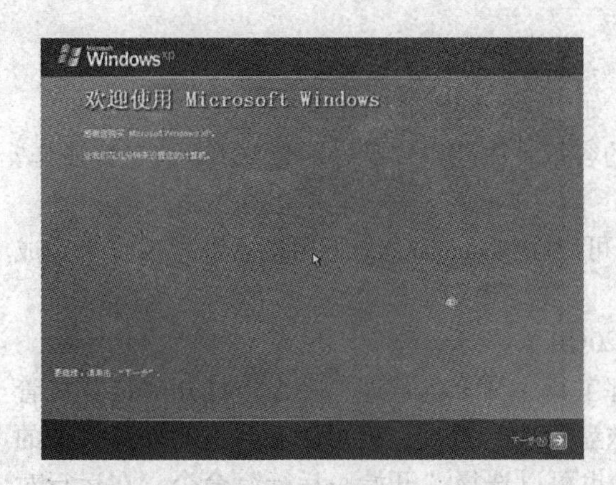

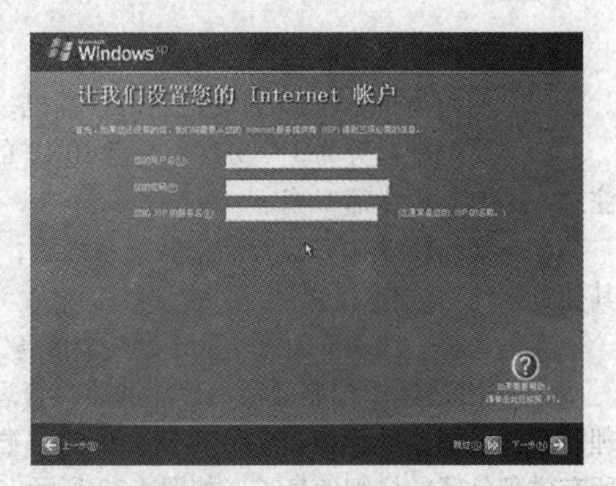

图 4-20　欢迎使用 Microsoft Windows　　　　图 4-21　设置您的 Internet 账户

（10）输入账户名和密码，第三行的“你的 ISP 的服务名”不用填写，然后单击“下一步”按钮。如果不用宽带或者不想现在设置，单击“跳过”按钮即可，接着出现注册画面如图 4-22 所示的界面，选择“否”，再单击“下一步”按钮。

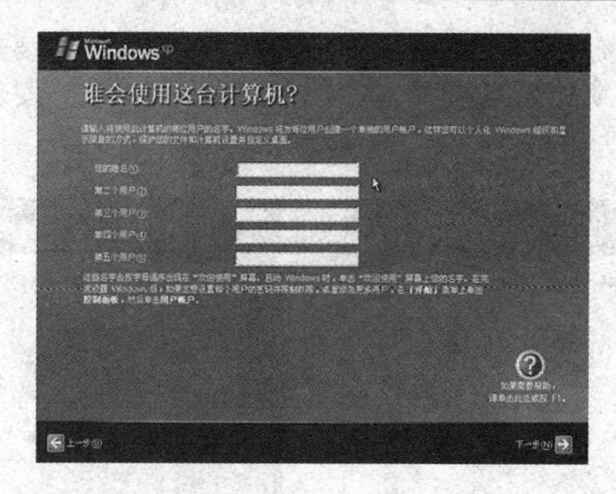

图 4-22 设置使用这台计算机的用户

（11）输入一个用来登录计算机的用户名，单击“下一步”按钮，出现“谢谢！”的画面，单击完成，安装也就结束了。登录桌面后看到蓝天白云的画面，系统就安装好了。

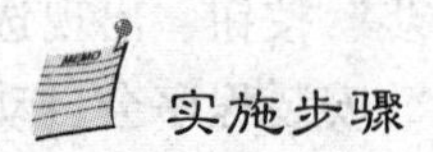

实施步骤

1. 工具准备

进行分组练习，每组计算机一台，并配置 CPU 2.0GHz 以上、内存 256MB 以上、硬盘 20GB 以上，有光驱并支持光驱启动，有条件的可以使用内存 512MB 以上。若有虚拟系统，也可以在虚拟系统内练习安装系统或硬盘的其他操作。根据学生情况，为每组准备一套 Windows XP 系统安装盘、Windows 98 启动光盘（练习硬盘分区用）。

2. 实训过程

（1）怎样设置光驱启动？

（2）使用 Windows 98 启动盘启动计算机，如何进入硬盘分区界面？

（3）要把硬盘分为 3 个分区，C 盘 10GB 的容量，D 盘和 E 盘分别为 5GB，应怎样操作？注意，不要忘记激活 C 盘。

（4）如何格式化 C 盘？当安装完系统后，可以在 Windows XP 下用磁盘管理工具来完成其他分区的格式化。

实例：将一块 40GB 新硬盘分为两个区各 20GB。

① 依次选择“控制面板→性能选项→管理工具→计算机管理”命令，打开“计算机管理”窗口，单击左侧窗口中“存储”下的“磁盘管理”选项，就可以看到当前计算机中的所有磁盘分区的详细信息了，如图 4-23 所示；也可以选择“开始→运行”命令，在运行对话框中输入“diskmgmt. msc”。

② 在磁盘 1 上单击鼠标右键，在弹出的菜单中选择“新建磁盘分区（N）…”命令，弹出“欢迎使用新建磁盘分区向导”对话框，单击“下一步（N）”按钮后，选择“主磁盘分区”单选按钮，如图 4-24 所示。

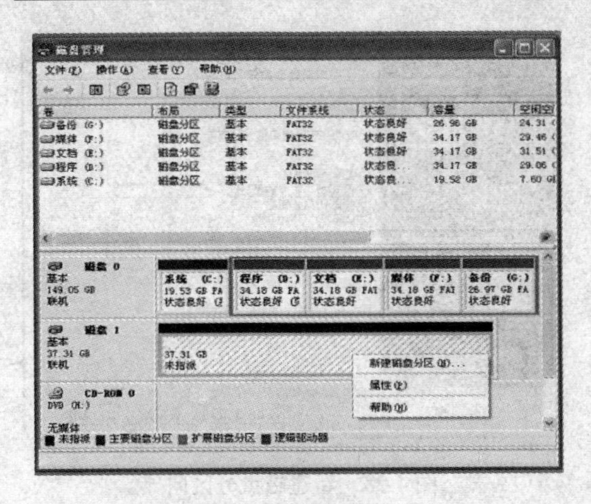

图4-23　磁盘管理

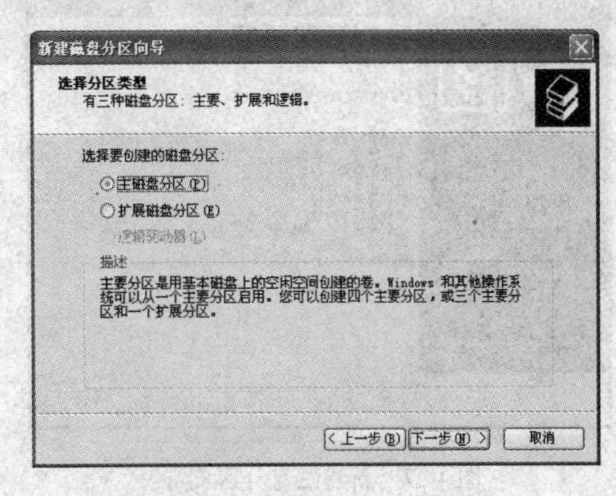

图4-24　新建磁盘分区向导

③ 单击“下一步（N）”按钮，依据提示输入分区大小，如输入20 000，如图4-25所示。

④ 单击“下一步（N）”按钮，出现指派驱动器号和路径，继续单击“下一步（N）”按钮后，系统会提示用户“要在这个磁盘分区上储存数据，您必须先将其格式化”，选择“按下面的设置格式化这个磁盘分区”单选按钮，然后在“文件系统”中指定分区格式，一般选择FAT32或NTFS；“分配单位大小”可采用默认值；“卷标”可随意定义，如图4-26所示。当然，为了加快分区的格式化速度，还应该选择“执行快速格式化”选项前的复选框，单击“下一步（N）”按钮，出现已成功完成新建磁盘分区向导的提示，如图4-27所示，单击“完成”即可。

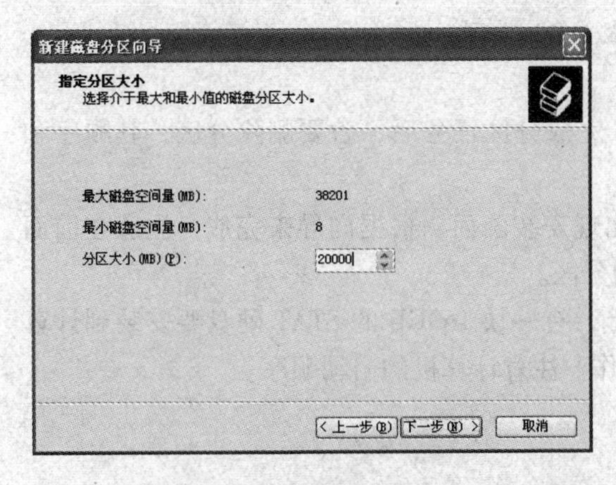

图4-25　新建磁盘分区向导

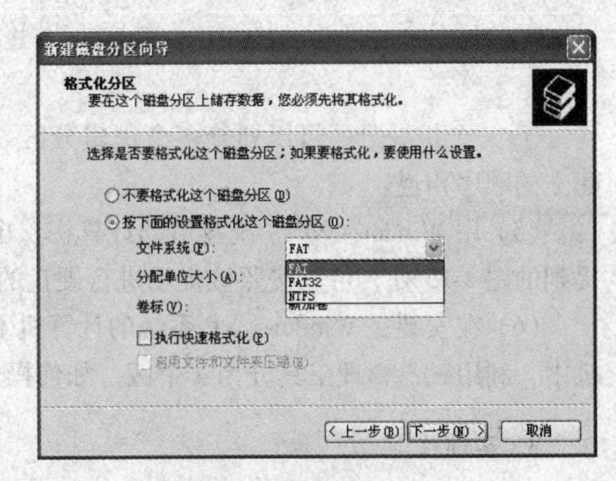

图4-26　新建磁盘分区向导

⑤ 在未指派空间上单击鼠标右键，建立扩展分区，单击“下一步（N）”按钮后，出现扩展分区建立完成的界面，如图4-28所示。

⑥ 完成后，还要建立逻辑分区才可以使用。用鼠标右键单击“可用空间”图标，选择“新建逻辑驱动器”选项，弹出“新建磁盘分区向导”对话框，直接单击“下一步”按钮，进入“选择分区类型”对话框，选择“逻辑驱动器”单选按钮后，单击“下一步”按钮，出现如图4-29所示的界面。

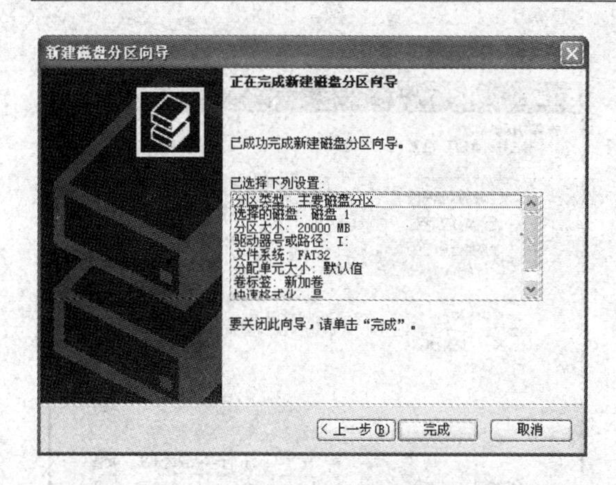

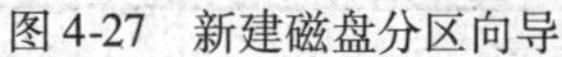
图 4-27 新建磁盘分区向导

图 4-28 新建磁盘分区向导

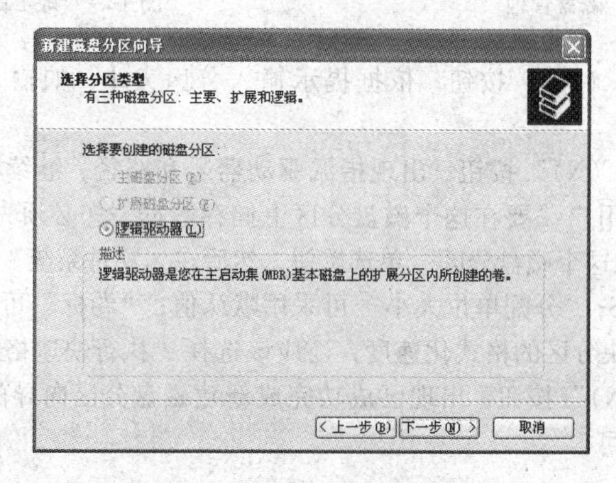

图 4-29 新建磁盘分区向导

⑦ 一个扩展分区可以划分多个逻辑分区。完成分区任务后，若要删除分区，其顺序和建立的顺序相逆。

（5）用 Windows XP 系统盘启动计算机，出现安装画面，根据向导来完成。注意在前面提到的图 4-15 处，可以按照该提示进行硬盘的分区。

（6）在安装完 Windows XP 系统的计算机上，有一块 160GB 的 STAT 硬盘要安装到计算机中，利用磁盘管理工具分为 4 个区，如何操作？注意计算机的启动顺序。

3. 实训作业

实训完毕后，完成实训报告。

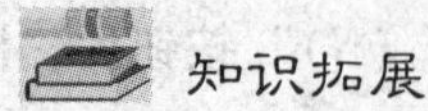

使用 Ghost 利用 Windows XP 的 ISO 安装

本书以深度技术 Ghost XP SP3 终级优化纯净版来简单介绍该安装方法。常用工具有 Microsoft Office 2003 SP3 深度 DIY 版、WinRAR 3.71 简体中文正式版、ACDSee 5 看图工具、腾讯 QQ 2008BETA2 原版 + 显 IP 外挂、Foxit Reader 2.3 绿色汉化无广告版、王码五笔输入法 86 版、搜狗拼音输入法 3.5 奥运版（3.5.0.1044）、影音风暴 2008、千千静听美化版、迅雷 5.8.2.515 去广告 AYU 版、世界之窗 V2.1、酷我音乐盒 V2.0.2.2、PPLIVE 网络电视 V1.9、ONES 绿色版最小的全能刻录工具、系统美化主题 12 款 + 精美壁纸、Virtual Drive Manager 绿色版（小巧实用的虚拟光驱工具）、各种维护工具、深度一键还原工具、深度模式优化工具、装机常用硬件工具、输入法设置工具。

（1）使用该光盘启动计算机，出现如图 4-30 所示的界面。

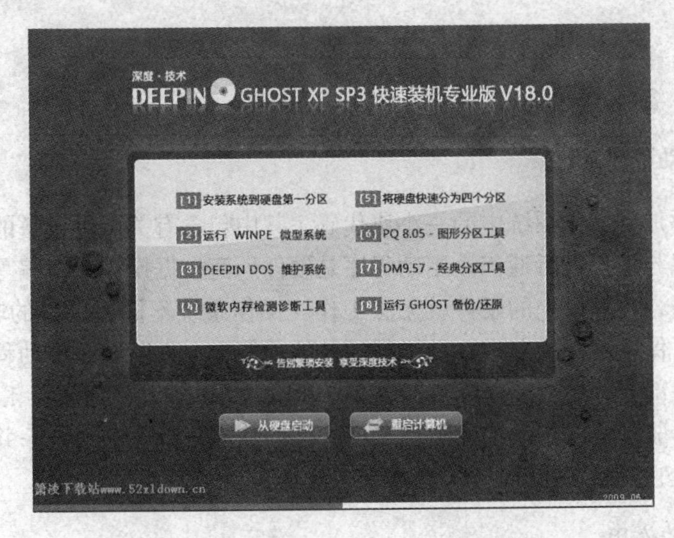

图 4-30　深度技术 Ghost XP 快速安装

（2）使用该软件的第 5 项，可以快速将硬盘分为 4 个分区，这也是分区的一个快捷方式。选择第 1 项安装系统，下面的工作就是耐心等待，直至出现如图 4-31 和图 4-32 所示的界面。

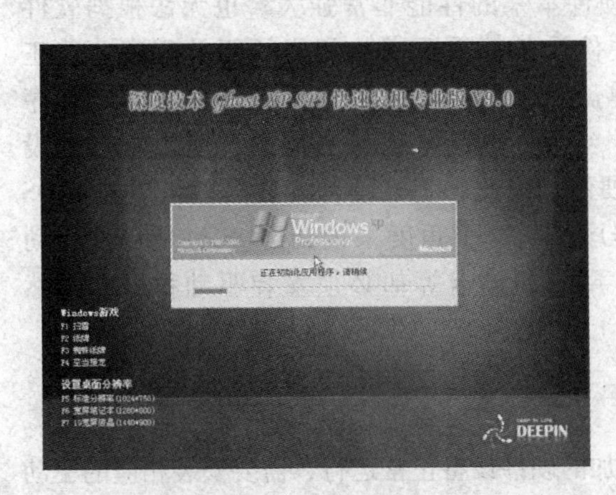

图 4-31　深度技术 Ghost XP Windows 安装

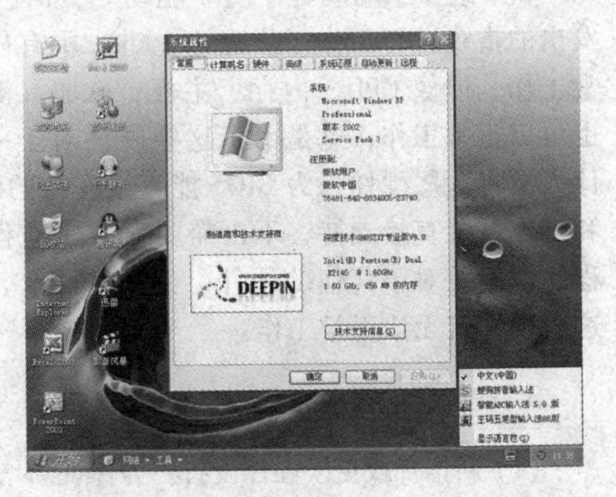

图 4-32　深度技术 Ghost XP 安装完毕

（3）此时计算机系统就自动安装好了，并且很多常用的软件都一并进行了安装。为保护正版软件版权的问题，可以使用本机 Ghost 映像 ISO 文件。Ghost 软件的使用方法在后面任务中讲述。

任务15 驱动程序与常用软件的安装与卸载

任务描述

理解驱动程序的含义及其作用，掌握驱动程序安装与卸载的方法，掌握常用软件分类和安装的方法。

知识准备

1. 什么是驱动程序

驱动程序是添加到操作系统中的一小块代码，其中包含有关硬件设备的信息，有了此信息，计算机就可以与设备进行通信。驱动程序是硬件厂商根据操作系统编写的配置文件，可以说没有驱动程序，计算机中的硬件就无法工作。操作系统不同，硬件的驱动程序也不同。各个硬件厂商为了保证硬件的兼容性及增强硬件的功能，会不断升级驱动程序。驱动程序可以看做是硬件的一部分，当安装新硬件时，系统就会要求安装驱动程序，以此将新硬件与电脑系统连接起来。驱动程序扮演沟通角色，把硬件的功能告诉电脑系统，并且也将系统的指令传达给硬件，让它开始工作。

2. 驱动程序的作用

随着电子技术的飞速发展，电脑硬件的性能越来越强大。驱动程序是直接工作在各种硬件设备上的软件，其“驱动”这个名称也十分形象地指明了它的功能。正是通过驱动程序，各种硬件设备才能正常运行，达到既定的工作效果。

如果缺少了驱动程序的“驱动”，即使硬件本来的性能非常强大，也无法根据软件发出的指令进行工作。从理论上讲，所有硬件设备都需要安装相应的驱动程序才能正常工作，但像CPU、内存、主板、软驱、键盘、显示器等设备，不需要安装驱动程序也可以正常工作，这是由于这些硬件对于一台个人电脑来说是必需的，所以早期的设计人员将这些硬件列为BIOS能直接支持的硬件，因此，上述硬件安装后就可以被BIOS和操作系统直接支持，不再需要安装驱动程序，从这个角度来说，BIOS也是一种驱动程序，但是对于其他的硬件，例如，网卡、声卡和显卡等却必须安装驱动程序，不然这些硬件就无法正常工作。

3. 安装驱动程序的条件

（1）新增加或更换硬件设备。为保证新增加的硬件设备正常运行，需要安装相应的驱动程序。

（2）安装操作系统后。虽然Windows XP在安装过程中，能识别许多的设备，但是，有一部分新生产的设备如显卡、声卡、打印机等设备不能被识别，因此最好安装随机提供的驱动程序或到网络上下载驱动程序进行安装。

（3）设备工作不正常。某个设备工作不正常，如声卡不出声、网卡无法连接、显示分辨率超过显示器的范围出现花屏等，一般要先删除该设备的驱动程序，再重新安装驱动程序。

4. 驱动程序的类型、来源

安装前的驱动有 EXE 可执行文件，也有 INF 格式。安装后的驱动有 SYS（系统文件）、DLL（动态链接文件）、VXD（虚拟设备驱动程序）、DRV（设备驱动程序）、INF（系统信息文件）等，但是 Windows 的驱动大多在 INF 文件夹里面，这个文件夹是隐藏的。

Windows XP 操作系统支持即插即用 PnP，即操作系统本身自动检测硬件设备，并且从自带的驱动程序中为其安装驱动程序，如不能识别，就要使用生产商提供的随机驱动程序，或者通过 Internet 找到相应的驱动程序并下载安装。

5. 驱动程序的安装顺序

驱动程序的安装顺序也是一件很重要的事，它不仅与系统正常稳定运行有很大关系，而且还对系统的性能有巨大影响。在日常使用中，因为驱动程序的安装顺序不同，从而造成系统程序不稳定，经常出现错误的现象，无故重新启动计算机甚至黑屏死机的情况并不少见，而系统的性能也会被驱动程序的安装顺序所左右，不正确的安装顺序会造成系统性能大幅下降。

(1) 安装操作系统后，首先应该装上操作系统的 Service Pack（SP）补丁。我们知道驱动程序直接面对操作系统与硬件，所以首先应该用 SP 补丁解决操作系统的兼容性问题，这样才能尽量确保操作系统和驱动程序的无缝结合。

(2) 安装主板驱动。主板驱动主要用来开启主板芯片组内置功能及特性，主板驱动里一般是主板识别和管理硬盘的 IDE 驱动程序或补丁，比如 Intel 芯片组的 INF 驱动和 VIA 的 4 in 1 补丁等。如果还包含有 AGP 补丁的话，一定要先安装完 IDE 驱动再安装 AGP 补丁，这一步很重要，也是造成很多系统不稳定的直接原因。

(3) 安装 DirectX 驱动。一般推荐安装最新版本，目前 DirectX 的最新版本是 DirectX 9.0 C。DirectX 是微软嵌在操作系统上的应用程序接口（API），DirectX 由显示部分、声音部分、输入部分和网络部分 4 部分组成。新版本 DirectX 改善的不仅仅是显示部分，其声音部分（DirectSound）可以带来更好的声效；输入部分（Direct Input）可以支持更多的游戏输入设备，对这些设备的识别与驱动上更加细致，充分发挥设备的最佳状态和全部功能；网络部分（DirectPlay）可以增强计算机的网络连接，提供更多的连接方式。

(4) 安装显卡、声卡、网卡和调制解调器等插在主板上的板卡类驱动。

(5) 最后装打印机、扫描仪、手写板等这些外设驱动。

其中，有很多设备驱动安装完后，要重新启动计算机再进行下一个驱动的安装，这样的安装能使系统文件合理搭配，充分发挥系统的整体性能。

另外，显示器、键盘和鼠标等设备也有专门的驱动程序，特别是一些品牌比较好的产品，虽然不需要安装驱动程序也可以被系统正确识别并使用，但是安装上这些驱动程序后，能增加一些额外的功能，并提高稳定性和性能。

6. 驱动程序的安装方法

1) 系统检测自动安装

系统一般支持即插即用功能，常见的是在新系统安装过程中，会看到发现新设备，弹出添加新硬件向导对话框，并自动安装该设备的驱动。如果系统不能识别该设备，可以用下面的方法。

2）通过随机光盘进行安装

有些硬件自带随机驱动程序，安装时可分为两种情况，一是放入光盘后，系统发现新硬件并弹出添加新硬件向导对话框，按照向导提示进行操作，出现如图 4-33 所示的界面，指定为 CD-ROM 驱动器后，系统自动搜寻并安装。二是放入光盘后，该硬件的驱动程序带有如 Install. exe 或 Setup. exe 之类的自动安装程序，只需要通过双击该文件出现安装界面，如图 4-34 所示，然后单击相应菜单就可以，这里需要注意安装顺序。

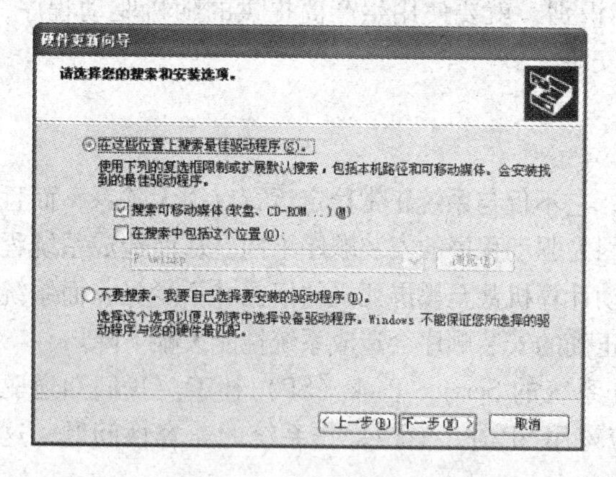

图 4-33　硬件更新向导

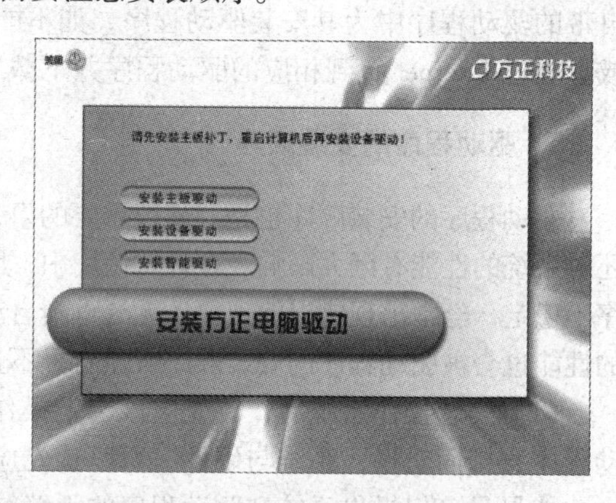

图 4-34　安装方正电脑驱动

3）手动安装

有时系统并未发现新硬件，或发现新硬件不能识别，在不拆开计算机主机的情况下可以借助几款软件来实现，一是硬件检测软件 EVEREST，如图 4-35 所示，这是一款绿色软件，包含相应的硬件详细信息和驱动的名称及驱动网址；二是可使用驱动精灵软件来安装很多硬件驱动，如图 4-36 所示。驱动精灵新加入的计算机硬件检测功能让计算机配置一清二楚。驱动精灵的驱动备份技术可完美实现驱动程序备份，不仅可以帮你找到驱动程序，还能提供当下流行系统所需的常用补丁包，例如 DirectX、IE 8、微软 Microsoft. NET Framework 等应用程序。

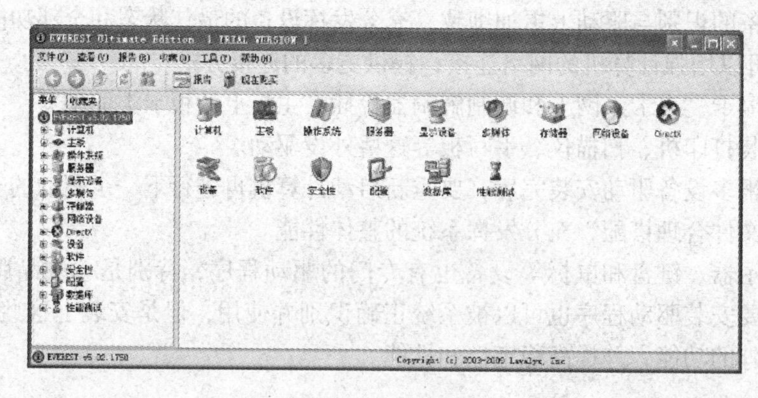

图 4-35　EVEREST

7. 常用软件安装

1）绿色软件

绿色软件从网上下载解压后，运行可执行文件就可以使用。

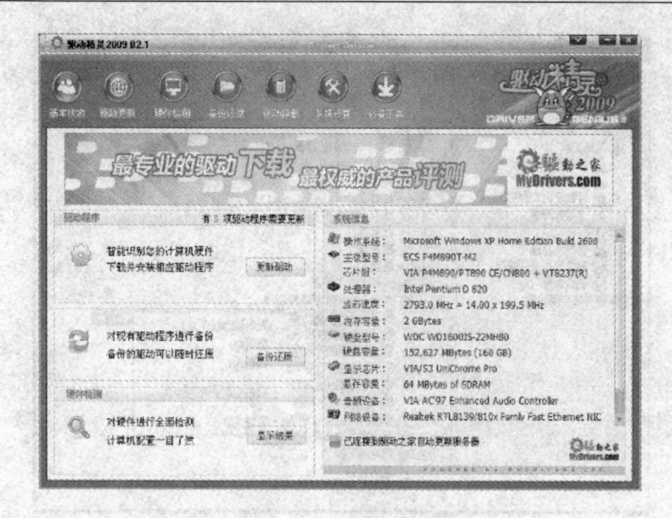

图 4-36　驱动精灵 2009

2）免费软件

有很多软件是免费的，如 QQ 2009、WPS Office 2009 个人版等。QQ 2009 是支持文字聊天、语音通话、视频电话、点对点（在线/离线）传文件、共享文件、网络硬盘、自定义面板、QQ 邮箱等多种功能，并可与移动通信终端相连，使用 QQ 可以方便、实用、高效地和朋友联系，而且所有这些功能都是免费的。WPS Office 是金山公司旗下的办公学习软件，也是对个人永久免费的国产办公软件，可以从网络上下载或从其他地方复制过来，其安装的方法是双击该文件，进入向导，根据向导便可很快完成。

3）授权软件

大部分软件是收费的，如 Windows XP、Office 2007 等软件，安装前要找到该软件的序列号或授权文件。序列号一般是一个文本文件，名称为 CDKEY. TXT 或 SN. TXT 之类的文件，双击打开，选定并复制序列号即可。使用光盘进行安装一般是自动的，而有的软件从网上下载的，需要解压后找到安装文件并双击该文件进行安装。安装过程中，有要求输入序列号的地方执行“粘贴”命令就可以验证通过。若需使用授权文件的，则在安装完成后要为其指定授权文件，此时只要指定该授权文件的路径就可以通过。

4）其他软件

还有些软件，是在一定平台之上运行的，根据安装该软件出错提示，如果要求安装其他软件，则要提前安装相应软件。如有的软件在 Windows 2000 上安装时，提示要安装相应的补丁，这就需要提前安装相应补丁。

8. 驱动程序和常见软件卸载

1）驱动程序卸载

用鼠标右键单击“我的电脑”，依次选择“属性→硬件→设备管理器”，或者选择“管理→设备管理器”，在打开的窗口中选择想要卸载的驱动程序，用鼠标右键单击该项目，从弹出的快捷菜单中选择“卸载”命令，如图 4-37 所示。在弹出的“确认设备删除”对话框中单击“确定”按钮，该驱动程序就会被卸载。

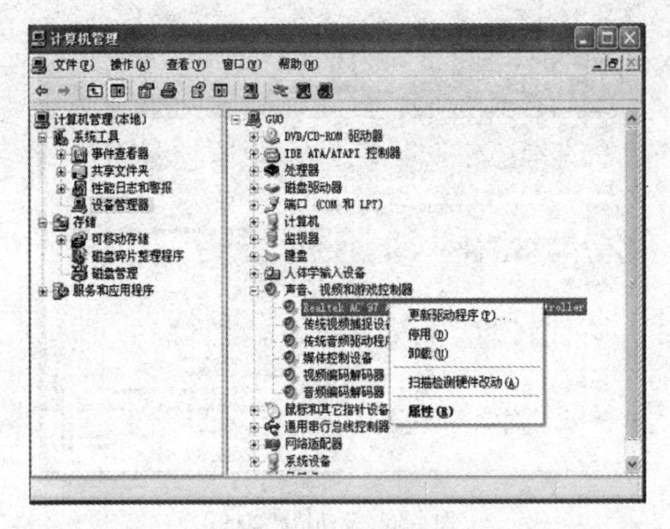

图 4-37 设备管理窗口

2）常见软件卸载

有 4 种方法，第一种方法比较简单，从“开始→程序”中找到相应的项目，选择“卸载××”菜单，可以根据向导完成该项目的卸载。第二种方法是通过“控制面板→添加/删除程序”卸载相应的项目，如图 4-38 所示，选定该软件并单击删除按钮即可。第三种方法是直接删除的软件，对于那些绿色软件可以直接删除，因为它们不会向注册表中写入信息，找到其所在的文件夹直接删除即可。第四种方法是借助其他卸载工具，如完美卸载、360 安全卫士等软件，都可以将系统中安装的应用程序安全彻底删除。

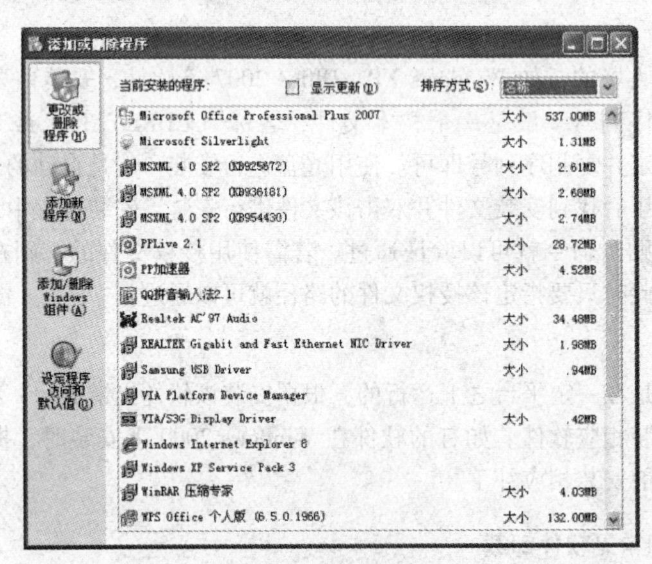

图 4-38 添加或删除程序

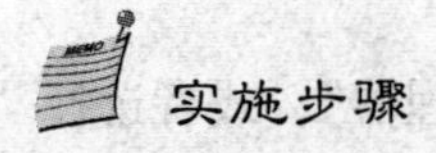

实施步骤

1. 工具准备

采用分组形式，每组计算机一台，一套软件 Office 2007、QQ 2009（或 WPS Office 2009

个人版）、驱动精灵 2009 B 2.1 完整版（所有软件必须通过杀毒软件检测，否则会导致所有的工作无法完成，甚至要重新安装系统）。若条件具备，最好准备一块 Windows XP 系统不能自动识别的独立声卡、显卡或网卡，如要安装新硬件可准备十字花螺丝刀。

2. 实训过程

1）驱动安装和卸载

查看本计算机硬件配置，通过设备管理器查看本机的硬件配置并记录。若有驱动精灵 2009 B 2.1 完整版，则可以安装并使用它查看本机的硬件配置。

通过一个实例来看，安装完新硬件后出现如图 4-39 所示的界面。如果之前已经知道该硬件的型号，则可以上网来查找驱动。若不知道型号，则需要通过驱动精灵来识别该硬件，如果该计算机能上网，也可以通过网络来查找驱动。如果不能上网，教师可提前准备好。

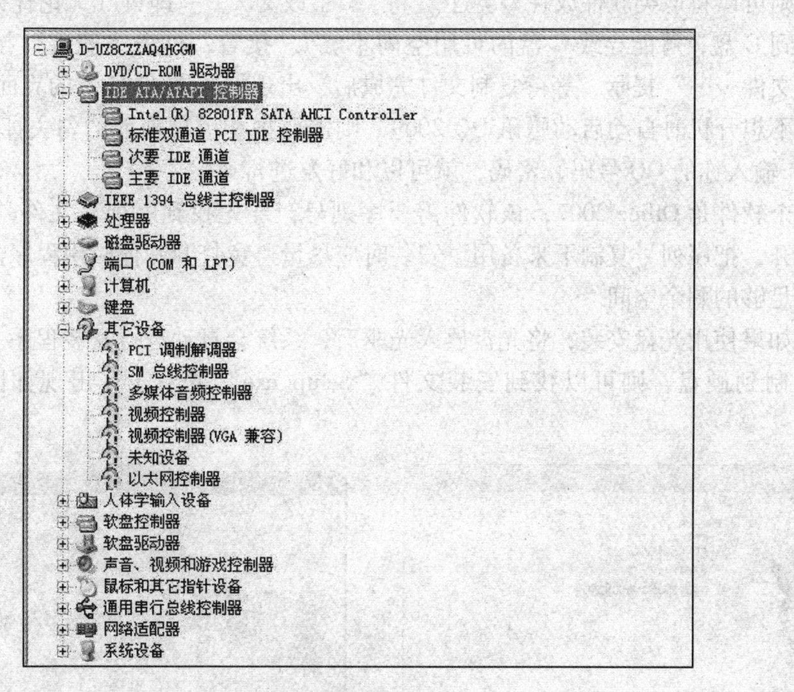

图 4-39　设备管理器

2）软件安装

通过两个实例来说明安装方法。第一个是 QQ 2009 的安装，该软件不需要序列号，但要求能连上网络，安装步骤如下。

（1）双击 QQ 2009 安装文件，出现“正在检查安装环境，请稍候”提示，查看是否符合安装的环境。如果符合会出现“欢迎使用腾讯 QQ 2009”提示，勾选“我已阅读并同意软件许可协议和青少年上网安全指导”复选框，并单击“下一步”按钮，出现如图 4-40 所示的界面。

（2）选择安装选项与快捷方式选项，默认是勾选所有的项目，若不需要的项目则可以取消，单击“下一步”按钮，出现如图 4-41 所示的界面。

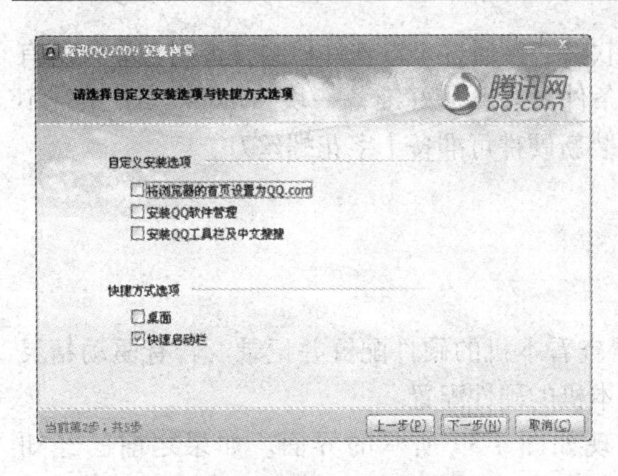

图 4-40　安装 QQ 2009 系统

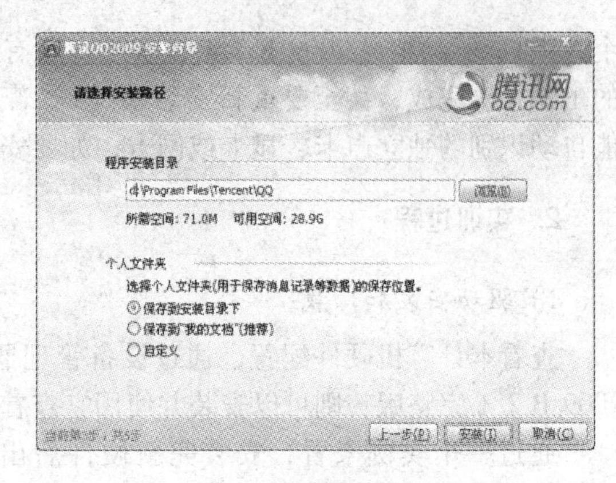

图 4-41　安装系统

(3) 选择程序安装目录，默认目录是 C:\Program Files\Tencent\QQ，如果 C 盘空间不是非常大，则可以将该类软件放在 D 盘上，将“C”改为“D”即可（无论什么软件都按默认方式安装到 C 盘，可能导致 C 盘的可用空间不够）。接着，单击“安装”按钮，出现“正在复制新文件……”提示，等待复制文件完成后，出现如图 4-42 所示的界面。

如果不想开机时自动启动腾讯 QQ 2009，则需要把相应项前面的勾去掉。单击完成后，打开 QQ，输入你的 QQ 号码、密码，就可以和好友进行通信了。

第二个软件是 Office 2007，该软件需要序列号，要先找到序列号文件“序列号 . TXT”并双击打开，把序列号复制下来备用。安装时应尽量避免打开其他应用程序窗口，另外要保证硬盘有足够的剩余空间。

(1) 如果使用光盘安装，将光盘放入光驱后，系统会自动运行安装程序。如果已将光盘的内容复制到硬盘，则可以找到安装文件“Setup. exe”并双击，出现如图 4-43 所示的界面。

图 4-42　安装系统

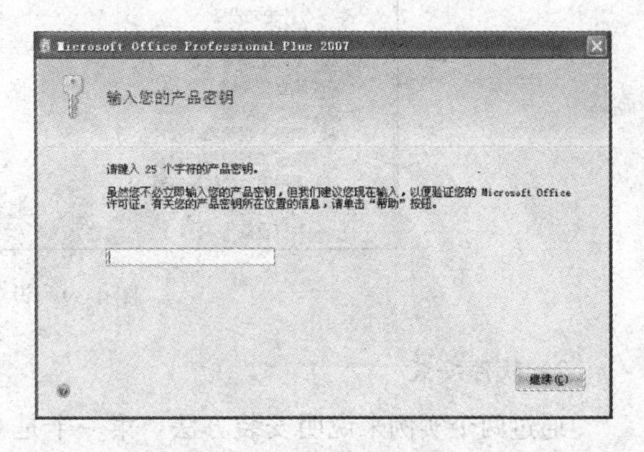

图 4-43　输入产品密钥

(2) 将刚才复制的序列号粘贴到此位置，出现一个“√”，单击“继续”按钮，出现如图 4-44 所示的界面。

(3) Office 2007 功能很强大，但是有很多功能在实际应用中不能完全用到，此时可以选择“自定义”后，在如图 4-45 所示的对话框中选择要安装的文件项目，并在不需要安装的软件选项上单击，从出现的快捷菜单中选择“不安装”选项就可以了。若选择“立即安装”会按默认方式安装。

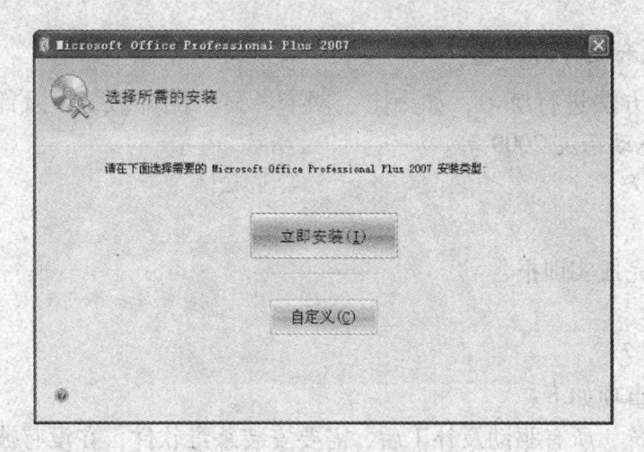

图4-44　选择安装方式

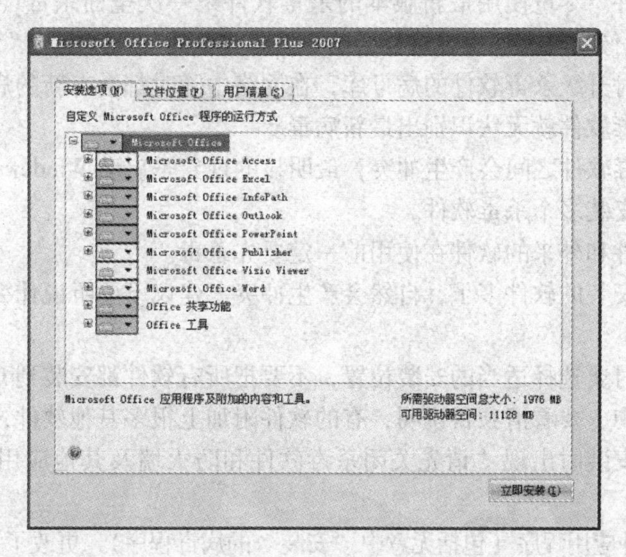

图4-45　安装选择

（4）在如图4-46所示的“文件位置”选项卡中，选择文件位置，图中位置为默认位置，也可以安装到其他盘中。选择后单击“立即安装”按钮，进入下一个对话框，并出现“正在安装Microsoft Office Professional Plus 2007”进度条，安装完成后，就可以使用Office 2007了。

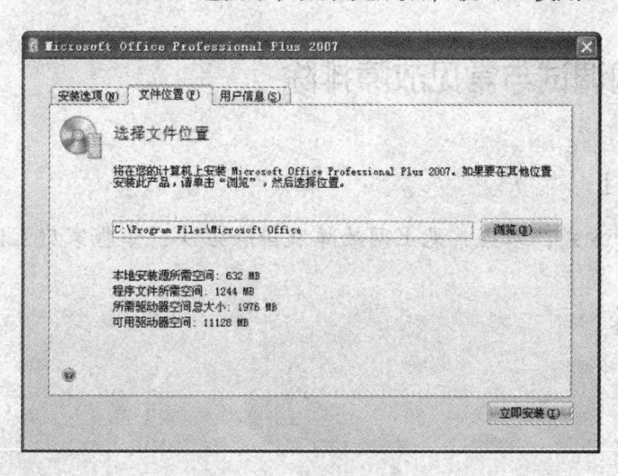

图4-46　安装文件位置

3）驱动的卸载和文件的卸载

用上面所讲的方法进行练习，如声卡、网卡、显卡的卸载，以及卸载所安装的 Office 2007、QQ 2009、驱动精灵 2009 等。

3. 实训作业

实训完毕后，完成实训报告。

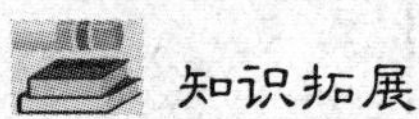

安装软件注意事项如下：

（1）安装完系统、所有驱动及补丁后，需要安装杀毒软件，在没有被病毒感染的系统中安装并使用杀毒软件。尽量使用最新版本的杀毒软件来一次全面杀毒（有的盗版或网上下载 Windows XP 的镜像文件有病毒，这样会给系统带来病毒）。

（2）尽可能及时升级杀毒软件的病毒库，在网络中随时都会有新的病毒出现，如果不及时升级病毒库，查毒软件就无法识别出最新病毒。

（3）不同的杀毒软件之间会产生冲突，最明显的现象是启动 Windows 后马上死机，因而最好不要在电脑中安装多个杀毒软件。

（4）下载的软件和外来的软件在使用前一定要先杀毒。

（5）计算机上安装的软件多了，自然会产生冲突。建议不要听说什么软件好，就都安装到计算机上。

（6）安装软件时要选择适当的安装位置，不要把所有软件都安装到 C 盘。

（7）安装过程中，要看清项目说明，有的软件附加上很多其他软件，可以选择不安装。

（8）有的软件安装时出现“请先关闭杀毒软件和防火墙及其他应用程序”的提示，则应谨慎操作。

（9）安装了多种应用程序（包括无意中“安装”的病毒程序），更改了大量的系统参数和系统文件之后，有时会遇到“0X???????? 指令引用的 0x00000000 内存，该内存不能 written”这样的错误信息，然后应用程序被关闭；有时新软件在安装时也出现这样的提示，并且不能完成安装。内存分配失败故障的原因很多，如内存不够、系统函数的版本不匹配等都可能产生影响，这种分配失败多见于操作系统使用很长时间后，因此，最好对系统优化后再安装这一类软件。

任务 16 上网调试与常见故障排除

了解上网的各种方式，掌握常见上网故障及排除方法；掌握家庭上网宽带连接的设置。

知识准备

1. 上网的方式

1）拨号接入

PSTN（Published Switched Telephone Network），公用电话交换网即“拨号接入”，就是

指通过普通电话线上网，用户在上网的时候，不能再接收电话。目前最高速率为56kbps，已经达到仙农定理确定的信道容量极限。虽然这种速率远远不能够满足宽带多媒体信息的传输需求，但其最大的好处是方便、普及、便宜。

2）ISDN

ISDN（Integrated Service Digital Network），综合业务数字网，就是俗称的一线通，主要特点是在上网的同时用户可以任意接收电话，而且它的速度更快，ISDN只需等待1～3秒钟就可以实现接入，实际速度可以达到100～128Kbps。

3）ADSL

ADSL（Asymmetrical Digital Subscriber Line），非对称数字用户环路，是一种能够通过普通电话线提供宽带数据业务的技术。ADSL支持上行速率640kbps～1Mbps，下行速率1～8Mbps，其有效传输距离在3～5km范围以内。在ADSL接入方案中，每个用户都有单独的一条线路与ADSL局端相连，数据传输带宽是被每一个用户独享的。

4）DDN

DDN（Digital Data Network），DDN的通信速率可根据用户需要在$N\times64$kbps（$N=1\sim32$）之间进行选择，当然速度越快租用费用也越高。

5）VDSL

VDSL比ADSL要快，使用VDSL，短距离内的最大下载传输速率可达55Mbps，上传速率可达2.3Mbps。VDSL使用的介质是一对铜线，有效传输距离可超过1000m。

6）Cable-MODEM

依赖有线Cable-MODEM（线缆调制解调器）是近两年开始试用的一种超高速MODEM，它利用现成的有线电视CATV网进行数据传输，是比较成熟的一种技术。

7）PON

PON（无源光网络）技术是一种采用点对多点拓扑结构的光纤传输和接入技术，下行采用广播方式，上行采用时分多址方式。PON包括ATM-PON（APON，即基于ATM的无源光网络）和Ethernet-PON（EPON，即基于以太网的无源光网络）两种，PON每个用户使用的带宽可以从64kbps到155Mbps灵活划分，一个OLT上所接的用户共享155Mbps带宽。

8）LMDS

这是目前可用于社区宽带接入的一种无线接入技术，每个终端用户的带宽可达到25Mbps，但它的带宽总容量为600Mbps，每基站下的用户可共享带宽，因此一个基站如果负载用户较多，那么每个用户所分到带宽就很小了。

9）LAN

LAN方式接入是利用以太网技术，采用光缆+双绞线的方式对社区进行综合布线。因为目前在各接入宽带的小区中，采用此种方式的最多，所以也叫小区宽带，很多学校也采用该种方式上网。

2. 网络设备

1）调制解调器

是计算机与电话线之间进行信号转换的装置，由调制器和解调器两部分组成，调制器是把计算机的数字信号（如文件等）调制成可在电话线上传输的声音信号的装置，而在接收端，解调器再把声音信号转换成计算机能接收的数字信号，通过调制解调器和电话线实现计算机之间的数据通信。根据MODEM的谐音，人们亲昵地称之为“猫”。由于目前大部分个人计算机是通过公用电话网接入计算机网络的，因而需通过调制解调器进行上述转换。

目前调制解调器主要有两种：内置式和外置式。

内置式调制解调器其实就是一块计算机的扩展卡，它无须占用计算机的串行端口，插入计算机内的一个扩展槽即可使用，并且其连线相当简单，把电话线接头插入卡上的“Line”插口，卡上另一个接口“Phone”则与电话机相连。平时不使用调制解调器时，不会影响电话机的正常使用。

图4-47 外置式调制解调器

外置式调制解调器则是一个放在计算机外部的盒式装置，它需要占用电脑的一个串行端口，还需要连接单独的电源才能工作。外置式调制解调器面板上有几盏状态指示灯，可方便监视MODEM的通信状态，并且其容易安装和拆卸，设置和维修也很方便，还便于携带，如图4-47所示。外置式调制解调器的连接也很方便，phone和line的接法与内置式调制解调器相同，但是外置式调制解调器需要用一根串行电缆把计算机的一个串行口和调制解调器串行口连起来。

调制解调器的一个重要性能参数是传输速率，目前市面上同时存在28.8Kbps、33.6Kbps和56Kbps的调制解调器，而56Kbps的调制解调器已经成为市场的主流产品，但由于国内通信线路的限制，以及用户太多、国际出口太少的缘故，在平时使用时很难达到上述速率，因此，如果使用时传输速率显示只有每秒几K甚至更低，也不用怀疑电脑或调制解调器有什么问题。

2）ADSL MODEM

根据ADSL MODEM的形态和安装方式，大致可以分为4类：外置式MODEM、内置式MODEM、PCMCIA插卡式MODEM和机架式MODEM。

- 外置式MODEM。外置式MODEM放置于机箱外，通过串行通信口与主机连接，这种MODEM方便灵巧、易于安装，并且通过闪烁的指示灯便于监视MODEM的工作状况，但外置式MODEM需要使用额外的电源与电缆。
- 内置式MODEM。在安装内置式MODEM时需要拆开机箱，并且要对中断和COM口进行设置，安装较为烦琐，这种MODEM要占用主板上的扩展槽，但无须额外的电源与电缆，且价格比外置式MODEM要便宜一些。
- PCMCIA插卡式MODEM。插卡式MODEM主要用于笔记本电脑，体积纤巧，配合移动电话，可方便地实现移动办公。
- 机架式MODEM。机架式MODEM相当于把一组MODEM集中于一个箱体或外壳里，并由统一的电源进行供电。机架式MODEM主要用于Internet/Intranet、电信局、校园网、金融机构等网络的中心机房。

3）接口说明

ADSL MODEM 后部有如下 3 个接口。

- POWER——电源适配器接口：电源适配器将交流 220V 转变为直流电源供给 ADSL 使用。
- LAN——以太接口：该接口通过网线连接计算机网卡、Hub 或交换机等设备。如果 LAN 口与 PC 的网卡或 Hub 的 UPLINK 口及交换机连接，则使用本机配送的直连网线，连接其他的端口，则使用交叉网线。
- LINE——电话线接口：ADSL 通过该接口连接电话线，与电信局局端设备建立联系。

3. 常见上网故障

学校常见 LAN 上网故障比较多，下面以学校上网故障为例，列举几种故障及其解决步骤和办法。

（1）IP 地址冲突。

以 LAN 上网时，IP 地址如果是随便设置的，就会导致 IP 地址发生冲突。修改方法是，选择“开始→ 设置→ 网络连接→ 本地连接”命令，弹出如图 4-48 所示的对话框，单击“属性”按钮，打开“Internet 协议（TCP/IP）”设置 IP 地址。如果是使用路由器管理并绑定 IP 地址和网卡的物理地址，则要咨询管理员或修改网卡的物理地址。

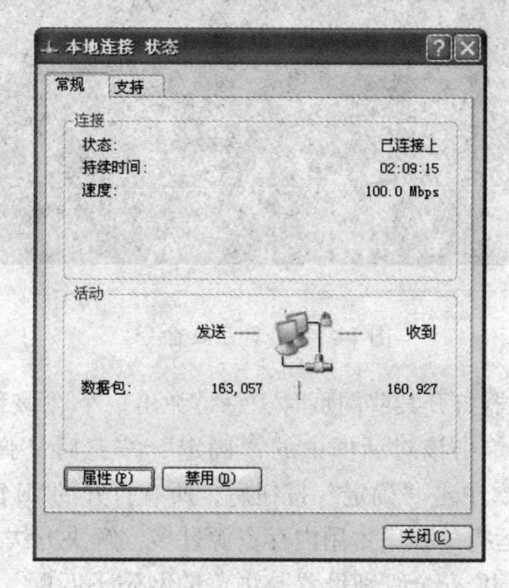

图 4-48　本地接状态

（2）本地连接是否被禁用。

用鼠标右键单击桌面上“网上邻居”图标，从快捷菜单中选择“属性”命令。如果“本地连接”呈现灰色，说明被禁用了，可用鼠标右键单击“本地连接”图标，从快捷菜单中选择“启用”命令或者双击“本地连接”图标。

（3）防火墙是否阻断网络。

试着关闭防火墙。用鼠标右键单击“本地连接”图标，从快捷菜单中选择“属性”命令，在属性对话框的“高级”选项卡中单击“设置”按钮，再选择“关闭”选项即可。

（4）查看网络配置。

用鼠标右键单击“本地连接”图标，从快捷菜单中选择“属性”命令，弹出“本地连接属性”对话框。在“常规”选项卡中选择“Internet 协议（TCP/IP）”选项，然后单击“属性”按钮，查看 TCP/IP 和 DNS 的设置是否正确。

（5）一条常用的命令。

使用 Ping 命令 Ping 本机的 IP 地址，如使用 Ping 127. 0. 0. 1，查看本机 TCP/IP 安装是否完整；使用 Ping 命令 Ping 本机的 IP 地址，查看本地的网卡工作是否正常，如使用 Ping 192. 168. 0. 1（假设本机的网关是 192. 168. 0. 1，可以从第（4）步中获取），判断本机到网关的线路是否出现故障；还可以 Ping 网站域名，如 Ping www. 163. com，或 Ping DNS，看 DNS 是否通过，若通，则应该可以正常上网。如果仍然无法浏览网页，则需要注意计算机的软件系统是否正常，可以通过重启或重新安装系统来解决，如图 4-49 所示。操作步骤为选择“开始→运行→CMD”选项，并在打开的窗口中输入相应 Ping 命令。

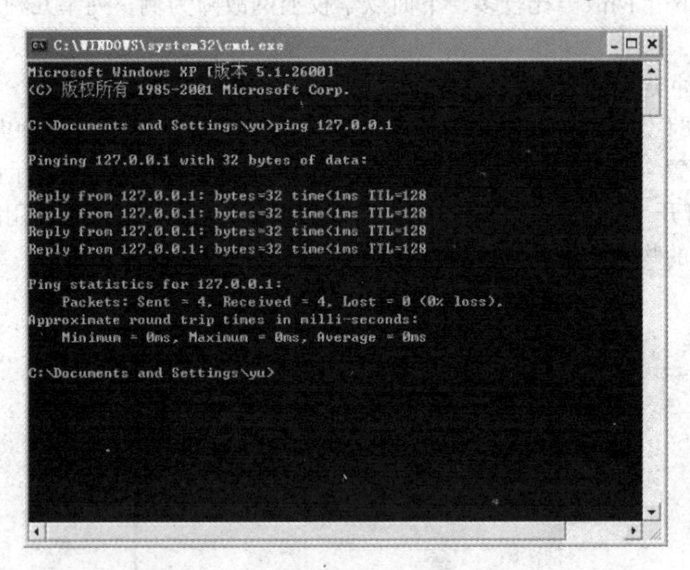

图 4-49 查看 Ping 命令

（6）有时通过 IE 浏览器打开某些网页时，总是弹出一个“该程序执行了非法操作，即将关闭”的提示对话框，单击该对话框中的“确定”按钮后又弹出一个对话框，并提示“发生内部错误……”，再次单击“确定”按钮后，所有打开的 IE 窗口会全部自动关闭。

这种情况可能是因为运行的程序占用内存资源过多，解决方法当然只有关掉当前不用的程序或 IE 窗口。另外，当 IE 安全级别设置与浏览的网站不匹配，或与其他软件发生冲突，以及浏览的网站本身含有错误代码等情况，都有可能促使该问题的发生，可以通过以下操作让问题得到解决。降低 IE 安全级别，打开 IE 浏览器，选择“工具→Internet 选项”菜单，然后选择“安全”选项卡下的“Internet”项，并单击“默认级别”按钮，拖动滑块降低默认的安全级别即可，也可将 IE 升级到较高版本。另外，病毒也会导致出现不同类型的错误，建议使用计算机前要安装有实时监控功能的杀毒软件。

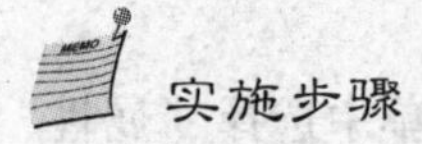

实施步骤

常见的上网方式有 LAN + 光缆，该方式一般通过路由器或服务器来管理；还有一种是家庭通过 MODEM 来上网。本次实训以这两种方式为主。

1. 工具准备

采用分组形式，每组能上网计算机一台。若有网卡出现问题，可以准备网卡、十字花螺丝刀。

2. 实训过程

1）局域网上网

（1）设置 IP 地址和 DNS。用鼠标右键单击桌面上“网上邻居”图标，从快捷菜单中选择“属性”命令，在打开的窗口中双击“本地连接”图标，弹出如图 4-50 所示的对话框，双击“Internet 协议（TCP/IP）”。

（2）在弹出的如图 4-51 所示的对话框中设置好 IP 地址、子网掩码、网关、DNS 等信息。注意，IP 地址是不同的，而其他项目是相同的，可以由管理员或指导教师指定。如有路由器来管理的，将 IP 地址和物理地址绑定，通过管理员来处理，单击“确定”按钮后退出。

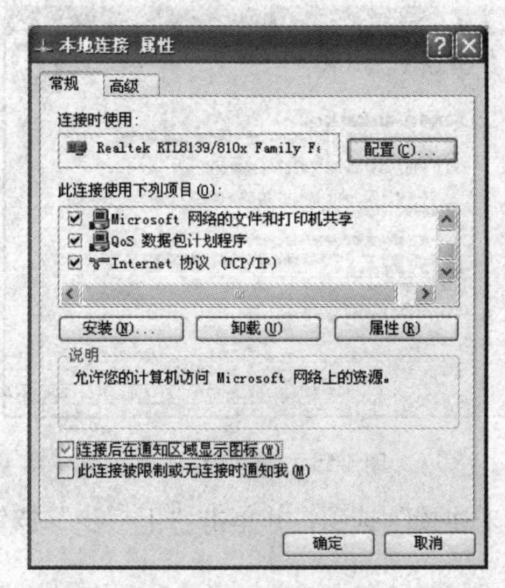

图 4-50　本地连接属性

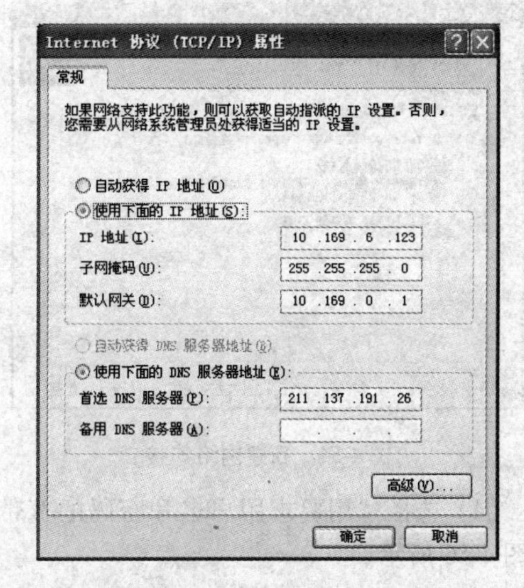

图 4-51　Internet 协议（TCP/IP）

（3）双击 IE 浏览器，打开主页并浏览网页。如果不能上网的，可以使用上面的方法进行故障排除。

（4）使用 Ping 进行 Ping 命令的练习，Ping IP 地址、网关和 DNS 等。

2）家庭上网

取得账号或密码后，双击“宽带连接”图标，在对话框中输入账户和密码，就可以连接了，但是有的系统安装后没有“宽带连接”图标，该如何建立？

（1）用鼠标右键单击“网上邻居”图标，出现如图 4-52 所示的界面，在网络任务中，单击“创建一个新的连接”，出现“欢迎使用新建连接向导”对话框，单击“下一步”按钮，出现如图 4-53 所示的对话框。

图 4-52 网络连接

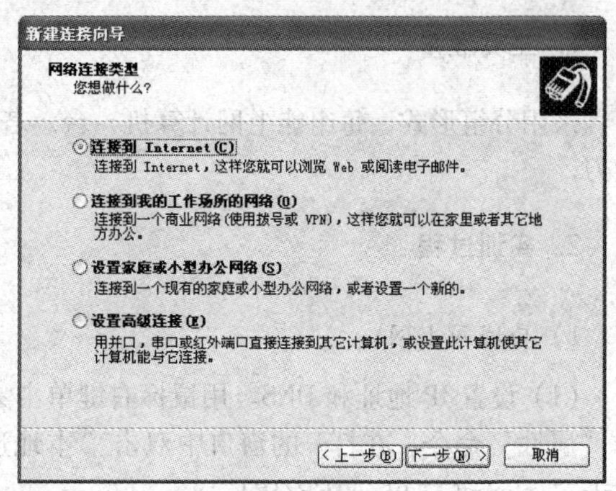

图 4-53 新建网络连接

（2）选择“连接到 Internet”单选按钮，单击“下一步”按钮，出现如图 4-54 所示的对话框。

（3）选择“手动设置我的连接”单选按钮，出现如图 4-55 所示的对话框。

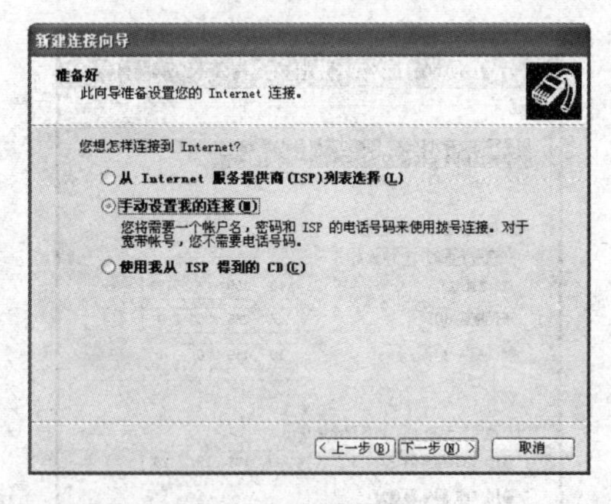

图 4-54 新建网络连接

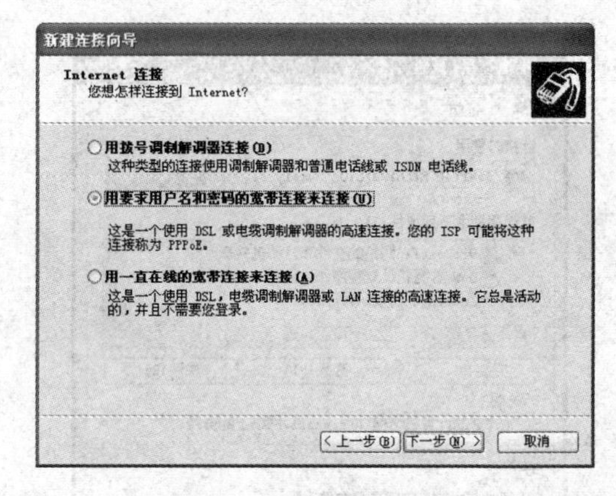

图 4-55 新建网络连接

（4）选择“用要求用户名和密码的宽带连接来连接”选项，并单击“下一步”按钮，如图 4-56 所示。

（5）ISP 名称可以输入，也可以空着，单击“下一步”按钮，如图 4-57 所示。

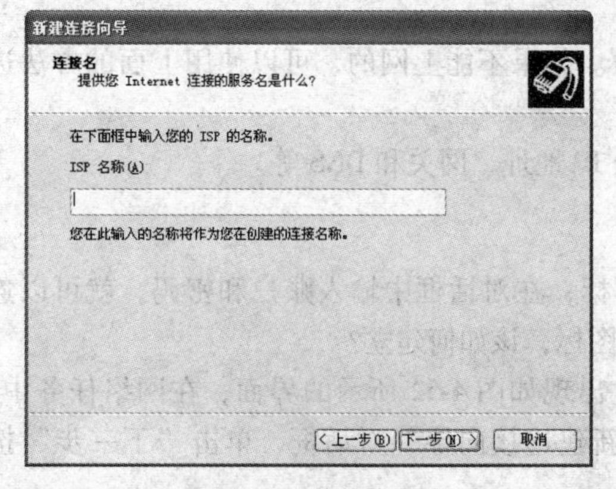

图 4-56 新建网络连接

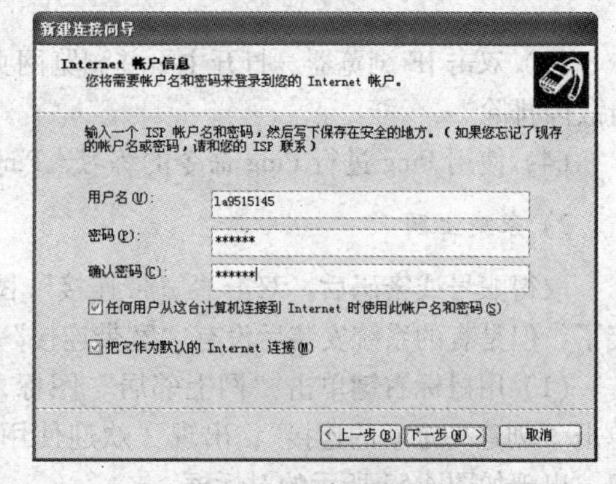

图 4-57 新建网络连接

(6) 输入用户名、密码、确认密码，并勾选下面的两个复选框，然后单击“下一步”按钮，出现“您已成功完成创建下列连接的步骤”的提示，单击“完成”按钮，在桌面上就会出现“宽带连接”的图标了。双击“宽带连接”图标，单击“确定”按钮就可以连入Internet。

3. 实训作业

实训完毕后，完成实训报告。

知识拓展

下面列举部分常见家庭上网故障，以便对学习有所帮助。

(1) 错误 691：用户名密码错。

解决办法：用户名或者密码错误，或用户宽带的绑定属性错误，此时可以查看用户名和密码的输入是否正确。

(2) 错误 720：用户 PPPOE 协议出错。

解决办法：首先看看宽带连接“属性”中“网络”的 Internet 协议（TCP/IP）是否勾选，如果没有，勾选上即可，如果已勾选，则要重新安装拨号程序或建立拨号连接。

(3) 错误 769：网卡被禁用。

解决办法：重新启动网卡，选择“网上邻居→本地连接→启动网卡”选项。如果用鼠标右键单击“网上邻居”图标，快捷菜单里面没有“本地连接”选项，则是用户的网卡损坏，需要更换网卡。

(4) 错误 678：无法正确连接到服务器。

解决办法：首先看“猫”的线路灯是否正常，如果“猫”的信号灯不正常，则电话线路有损坏；“猫”的信号灯正常，则需判断用户电脑到设备之间是否正常，首先为用户的电脑设定固定 IP 地址（选择“网上邻居→属性→本地连接→属性→Internet（TCP/IP）”选项），IP 地址范围 192. 168. 1. 2 ~254，子网掩码 255. 255. 255. 0，网关 192. 168. 1. 1，然后选择“开始→运行”选项，并输入“ping 192. 168. 1. 1 - t”，如不能 Ping 通的话，则表示网卡损坏（前提是保证“猫”和网线都是正常的）。

(5) 根据“猫”的指示灯判断故障。

指示灯的含义如下，POWER：电源灯（电源问题）；LINK，ADSL，DSL：宽带信号灯（和信号有关）；LAN，ETHENT：本地连接灯（和网卡有关）。POWER 灯不亮：查看电源，是否接触好或损坏。LINK，ADSL，DSL 灯闪烁或不亮：查看线路是否接触良好，若线路不好，则需要重新连接；也有可能是猫的故障，更换猫即可。LAN，ETHENT 灯不亮：查看用户的网卡是否正常，网线是否通，以及设备是否正常。

(6) 拨号连接成功，打不开网页的原因。

解决办法：一般关闭防火墙，或关闭其他上网控制软件就可以了，如果不行可以用 IE 修复软件修复 IE 或重新安装 IE，还不行的话就只能重新安装系统。

(7) 安装宽带后，电脑启动速度极慢，比平时启动要慢好几倍。

解决办法：安装好网卡，如果没有设置网卡的 IP，电脑在重启的过程中要寻找 DHCP 服务器来配置自己的 IP 地址，此时只需给网卡设置一个 IP（如 192. 168. 1. 2）。

(8) ADSL 上网在雨天容易掉线。

解决办法：ADSL有时会受到天气原因的干扰，比如大雨等，可以等几个小时后自然恢复。

任务17 系统的备份与重装

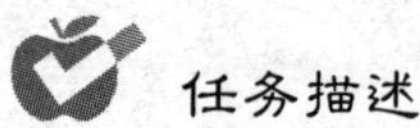

任务描述

掌握系统还原的使用；掌握系统的备份和重装软件Ghost的使用。

知识准备

1. Windows XP系统还原

对计算机进行的任何更改都可能对计算机稳定性产生影响时，因此创建自己的还原点将是十分有用的，在Windows XP系统中，可以利用系统自带的“系统还原”功能。“系统还原”可以监视系统以及某些应用程序文件的改变，并自动创建易于识别的还原点，这些还原点允许将系统恢复到以前的状态。每天或者在发生重大系统事件（例如安装应用程序或者驱动程序）时，都要创建还原点，也可以在任何时候创建并命名自己的还原点。

注意： 还原计算机并不会影响或者更改你的个人数据文件，这是定期备份数据文件的很好方式。

使用该功能前，先确认Windows XP是否开启了该功能。用鼠标右键单击“我的电脑”图标，选择“属性”选项，弹出“系统属性”对话框切换到“系统还原”选项卡下，确保“在所有驱动器上关闭了系统还原”复选框未选中，还要确保“需要的分区”处于“监视”状态，如图4-58所示。

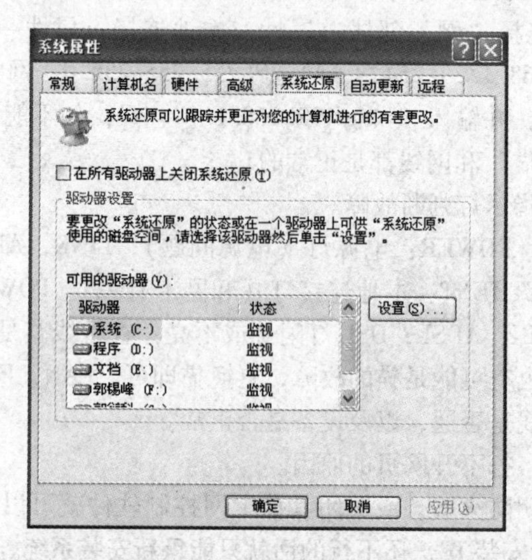

图4-58 系统还原

开启了Windows XP的还原功能后，系统会在不同的时间自动建立系统还原点。

使用“系统还原”还原Windows XP系统的情况有两种：未“启动Windows XP”的还原和“启动Windows XP后”的还原。

启动计算机，当看到屏幕底部白色滚动条时，按住“F8”键，直到出现高级菜单后放开，使用箭头键移动到突出显示“最后一次的正确配置（您的起作用的最近设置）”处，然后按“Enter”键。

注意：注意：在选择最近一次的正确配置时，只还原 HKLM \ System \ CurrentControlSet 注册表项中的信息，将保留在其他注册表项中进行的任何更改。在启动过程中，Windows XP 读取 CurrentControlSe，以获取有关计算机上安装的硬件，以及启动该操作系统所需的系统服务的信息。

创建还原点通过“帮助和支持中心”访问“系统还原向导”。选择“创建一个还原点”选项，然后单击“下一步”按钮，在“还原点描述”文本框中，键入一个名称来标识该还原点，“系统还原”会自动将创建该“还原点”的日期和时间添加到此名称中。要创建该还原点，单击“创建”按钮即可；要取消还原点的创建并返回到“欢迎使用系统还原”界面，单击“上一步”按钮；要取消还原点的创建并退出“系统还原向导”，则可单击“取消”按钮。

2. 操作系统的备份与恢复软件

Ghost 软件（General Hardware Oriented Software Transfer 的缩写，译为“面向通用型硬件系统传送器”）是美国赛门铁克公司推出的一款出色的硬盘备份还原工具，可以实现 FAT16、FAT32、NTFS、OS2 等多种硬盘格式的分区及硬盘的备份还原，俗称克隆软件。Ghost 能将目标硬盘复制得与源硬盘几乎完全一样，并实现分区、格式化、复制系统和文件的一步完成。只是要注意目标硬盘不能太小，必须能将源硬盘的数据内容装下。

Ghost 还提供了一项硬盘备份功能，就是将整个硬盘或某个分区的数据备份成一个文件保存在硬盘上，然后就可以随时还原到其他硬盘或源硬盘上，这对安装多个系统很方便。其使用方法与分区备份相似。

如果硬盘中备份的分区表数据受到损坏，或者系统被破坏后不能启动，都可以用备份的数据进行完全的复原，而无须重新安装程序或系统。当然，也可以将备份还原到另一个硬盘上。

（1）最佳方案：完成操作系统及各种驱动的安装后，将常用的软件（如杀毒软件、媒体播放软件、Office 办公软件等）安装到系统所在盘，接着安装操作系统和常用软件的各种升级补丁，然后优化系统，最后就可以用启动盘进入到 DOS 下进行系统盘的克隆备份了，注意备份盘的大小不能小于系统盘。

（2）在安装好系统一段时间后才进行克隆备份时，备份前最好先将系统盘及注册表里的垃圾信息清除（推荐用 Windows 优化大师），然后整理系统盘磁盘碎片，整理完成后在 DOS 下进行克隆备份。

（3）当感觉系统运行缓慢（此时多半是由于经常安装卸载软件，残留或误删了一些文件，导致系统紊乱），系统崩溃，或中了比较难杀除的病毒时，就要进行克隆还原。有时如果长时间没整理磁盘碎片，又不想花上半个小时甚至更长时间整理时，也可以直接恢复克隆备份，这样比单纯整理磁盘碎片效果要好得多。

（4）特别强调：在备份还原时一定要注意选对目标硬盘或分区。

运行 Norton Ghost 后，首先看到的是主菜单，其中各个选项的含义如表 4-4 所示。

表 4-4　选项含义

Local	本地硬盘间的操作
LPT	并行口连接的硬盘间操作
NetBios	网络硬盘间的操作
Option	设置（一般使用默认值）
Disk	硬盘操作选项
Partition	分区操作选项
Check	检查功能（一般忽略）

了解了菜单项的含义后，就可以开始重装系统了。

实施步骤

1. 工具准备

采用分组形式，每组能上网计算机一台，每台计算机上准备有 Ghost 11.0 软件（有的启动光盘上有该软件，也可以准备该光盘，版本可以不同），有条件的可以另准备一块硬盘。

2. 实训过程

（1）启动计算机，当看到屏幕底部白色滚动条时，按住“F8”键，直到出现高级菜单后放开。使用箭头键移动到突出显示“最后一次的正确配置（您的起作用的最近设置）”处，按“Enter”键。

（2）启动后建立还原点：选择“开始→程序→附件→系统工具→系统还原”命令，也可以使用上面所讲述的方法，创建还原点（系统还原要打开）。

（3）使用系统还原：以 20090808 建立的还原点为例，进行还原。

① 选择“开始→程序→附件→系统工具→系统还原”命令，出现如图 4-59 所示的界面。

② 选择“恢复我的计算机到一个较早的时间”单选按钮，并单击“下一步”按钮，出现如图 4-60 所示的界面。

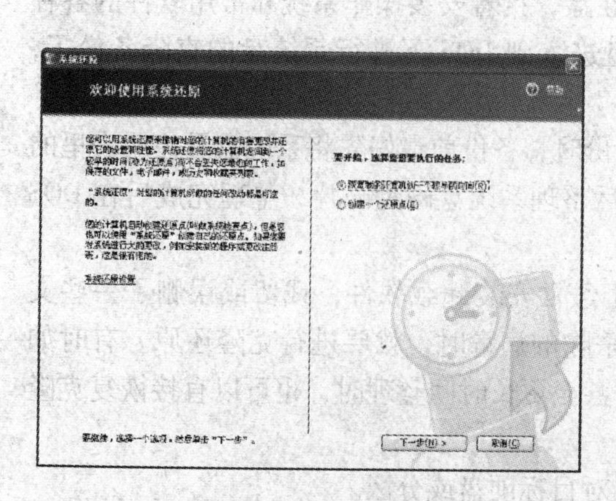

图 4-59　系统还原设置

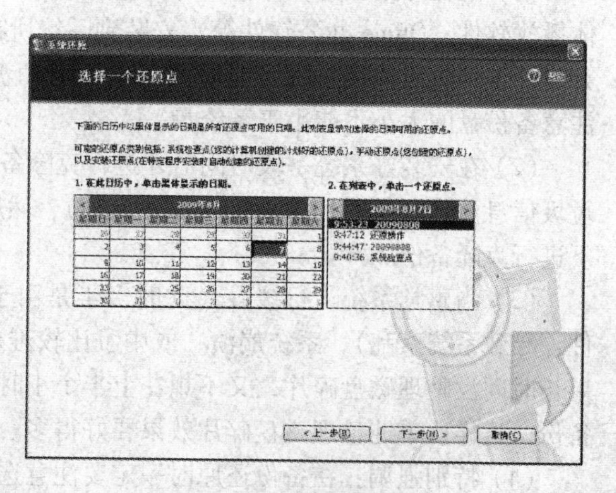

图 4-60　选择还原点

③ 选择“9：44：47 20090808”还原点，单击“下一步”按钮，出现如图 4-61 所示界面。

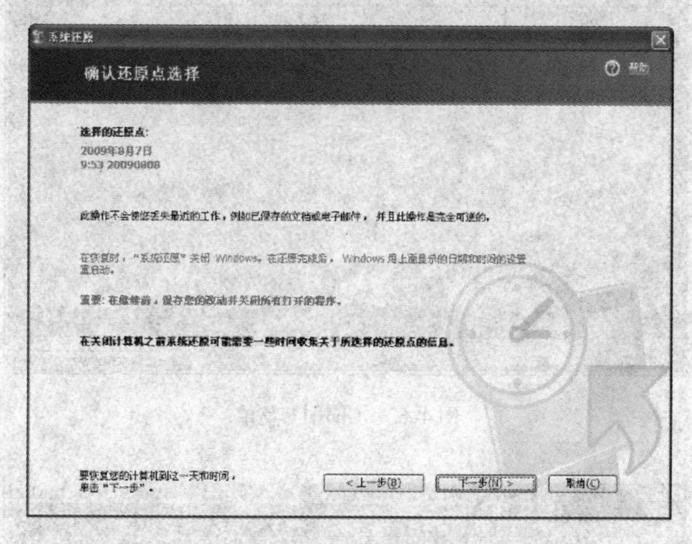

图 4-61　确认还原点

④ 最后，在弹出的确认还原点对话框中选择允许考虑更改选定的还原点或还原操作，并在开始还原操作之前保存所有文件，关闭所有程序。确认之后，还原操作开始执行，系统重新启动，并且显示用户登录屏幕。

还原完成后弹出对话框表明已成功完成还原。如果还原失败，则弹出“还原不成功”的对话框，且不对计算机进行任何更改。

要撤销上次的还原，其方法如下。

① 通过“帮助和支持”访问“系统还原”。

② 单击“撤销我上次的恢复”，保存所有文件并关闭所有程序，然后单击“下一步”按钮。

注意：要打开“系统还原向导”，单击“开始”按钮，然后选择“帮助和支持”选项，并依次单击“性能和维护→使用‘系统还原’”来撤销更改，然后单击“使用系统还原向导”。

如果想撤销更早期的还原，可在“欢迎使用系统还原”界面中单击“恢复我的计算机到一个较早的时间”，然后选择“系统还原向导”中列出的相应的还原点。

（4）使用 Ghost 软件对系统进行备份的步骤如下。

① 用一张干净的启动盘启动计算机到纯 DOS 模式下，不加载任何应用程序，直接执行 Ghost. exe 文件，在显示出 Ghost 主画面后，选择“Local→Partition→To Image”选项，如图 4-62 所示。

② 屏幕显示出硬盘选择画面和分区选择画面，根据需要选择所需要备份的硬盘，即源盘（假如只有一块硬盘按回车键即可）和分区名，如图 4-63 和图 4-64 所示。

③ 接着屏幕显示出存储映像文件的画面，可以选择相应的目标盘和文件名，默认扩展名为 GHO，而且属性为隐藏，例如建立文件名是 LQOWEN. GHO，放入 E 盘，如图 4-65 所示。

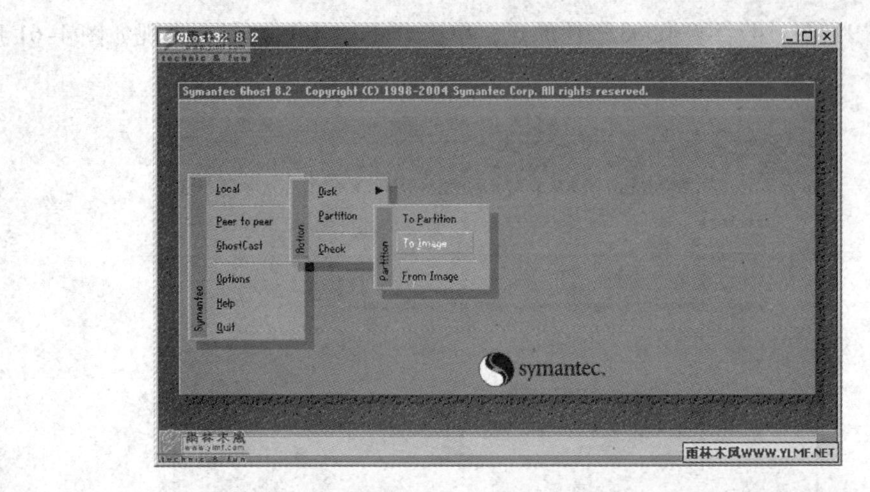

图 4-62 Ghost11 菜单

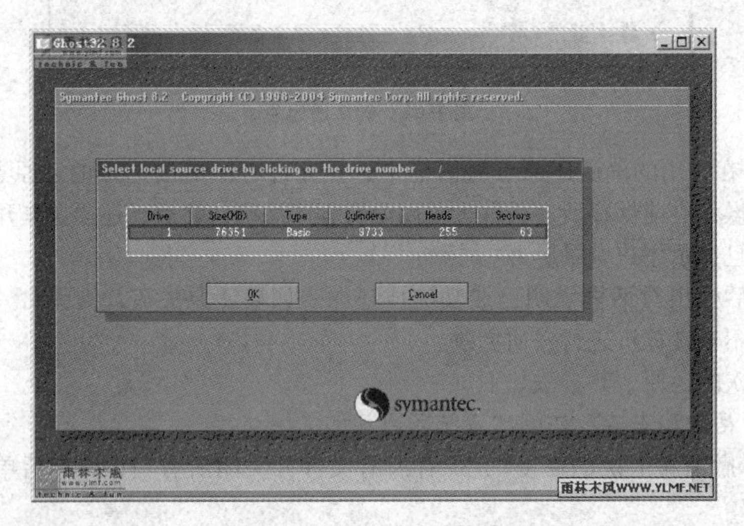

图 4-63 Ghost11 选择硬盘

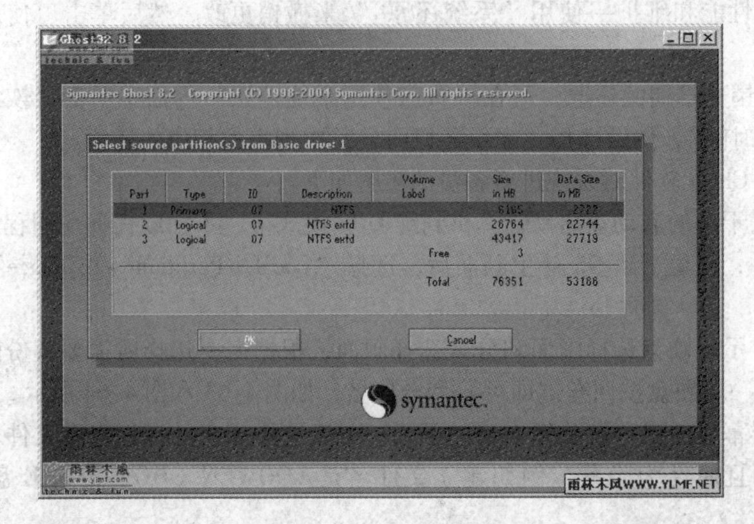

图 4-64 Ghost11 选择分区

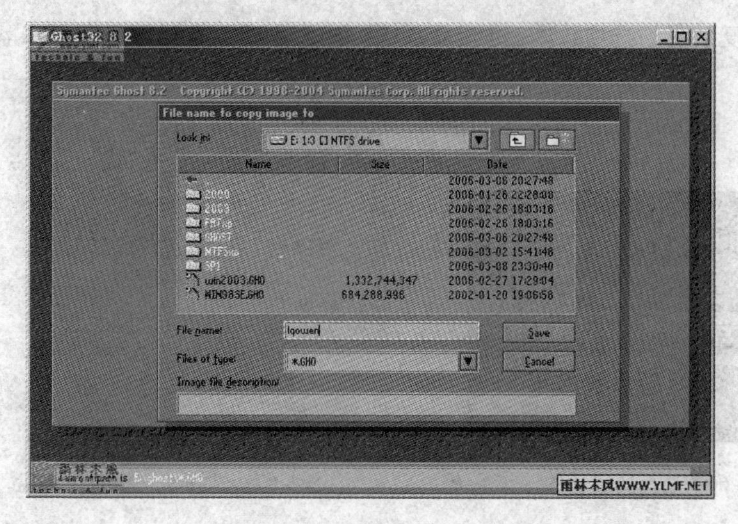

图4-65　Ghost11 选择文件名

④ 可以在压缩映像文件的对话框中选择 No（不压缩）、Fast（低压缩比，建议选择 Fast，速度较快）或 High（高压缩比，速度较慢）选项，这需要根据自己的计算机配置来决定，最后在确认对话框中选择“Yes”选项，就可以生成映像文件了，为了避免误删文件，最好将这个映像文件的属性设定为只读。

（5）恢复主分区镜像。

通过上面的工作，我们已经在 E 盘备份了一个名为“LQOWEN. GHO”的镜像文件了。在必要时可按下面的方法快速恢复 C 盘的本来面目。

运行 Norton Ghost，在主菜单中选择“Local→Partition→From Image”选项（注意这次是“From Image”选项），从 E 盘中选择刚才的主分区镜像文件 LQOWEN. GHO。前面任务中已经讲过，使用该软件安装系统是比较快捷的。

（6）有条件的可以挂上第二块硬盘，Ghost 能将目标硬盘复制得与源硬盘几乎一样，并实现分区、格式化、复制系统和文件的一步完成。要注意目标硬盘不能太小，必须能将硬盘的数据内容装下。在 Ghost 主菜单中选择“Local→Disk→Disk”选项。注意不要把目标盘和源盘颠倒，否则源盘的内容就会变成目标盘的内容。另外，也可以选择“Local→Disk→To Image”选项，将源盘生成的一个映像文件放入第二硬盘中，把映像文件复制到源盘的 D 盘中，文件名 Yuanpan. Gho，然后选择 Ghost 主菜单中的“Local→Disk→Form Image”选项，将该文件恢复到其他目标硬盘中。

3. 实训作业

实训完毕后，完成实训报告。

 知识拓展

一键自动备份/恢复系统的一键 Ghost 硬盘版的使用方法如下。

（1）下载一键 Ghost 硬盘版，并在 Windows XP 系统下安装，程序安装完成后会自动生成双重启动菜单，重新启动后按提示选择“一键 Ghost v2009. 07. 15”选项，即可进入 DOS 模式下，如图 4-66 所示。

（2）在出现的主菜单选择“一键备份系统”选项，如图 4-67 所示。如果是恢复系统则

选择“一键恢复系统”选项，“一键恢复系统”操作是建立在已经备份过 C 盘的基础上的。

图 4-66 选择要启动的操作系统

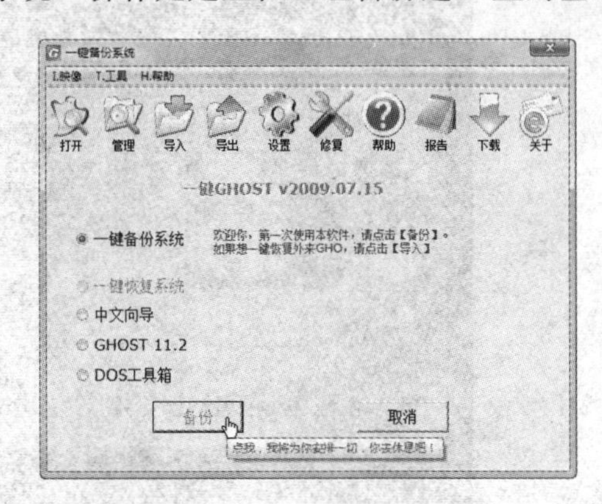

图 4-67 选择“一键备份 C 盘”

注意：由于是一键自动备份/还原，很容易被其他用户误操作，因此可以在 BIOS 中设置登录密码。

(3) 在弹出窗口中单击“备份”按钮，程序自动启动 Ghost，并将系统 C 盘备份到“D:\c_pan.gho”中，如图 4-68 所示。

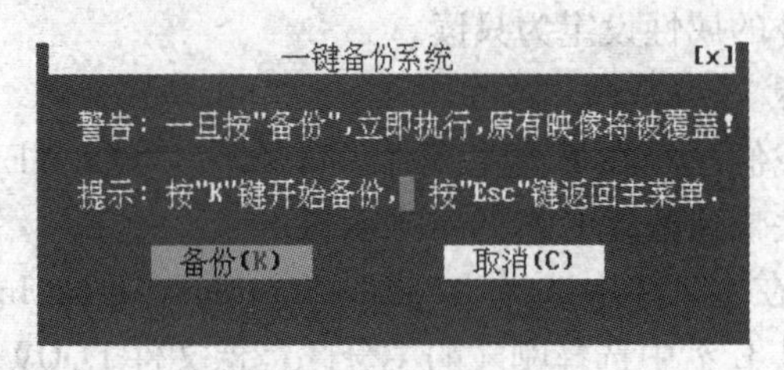

图 4-68 开始备份

注意：备份前要保证 D 盘有足够空间并不要更改 GHO 文件名，否则无法完成一键自动备份/恢复。

(4) 如果有了备份文件，就可以在系统出现问题时，进行恢复。使用图 4-66 中的“一键恢复系统”安装系统就更简单、方便了。

任务 18 整机组装后的检查与调试

任务描述

组装完一台电脑后，检查计算机的工作状态。

(1) 计算机各配件物理外观装配检查。

(2) 开机检验计算机是否运行正常。

(3) 常用软件的安装与调试。

知识准备

品牌机一般是在工厂里由计算机组装生产线生产出来的，如图 4-69 所示为高品质的品牌计算机组装生产线的工作流程。

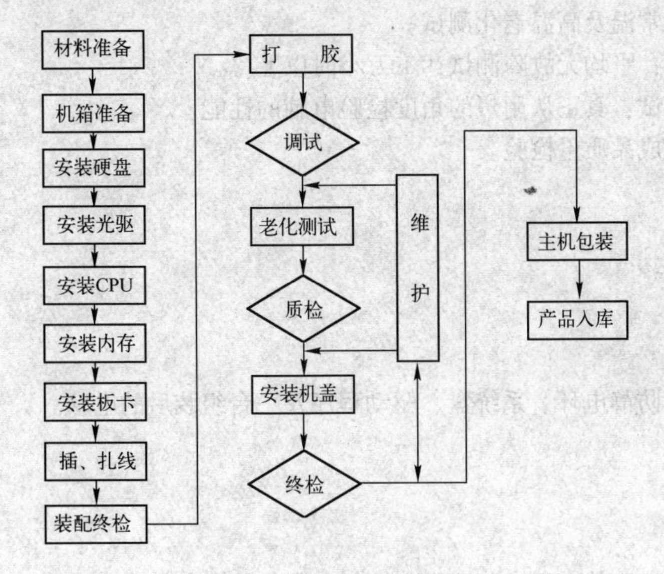

图 4-69　计算机组装生产线

1. 产品规划设计阶段

- 产品规划：严格按照市场需求和品牌定位进行产品规划。
- 产品设计：严格按照用户需求进行产品设计。
- 软硬件样品测试：对拟采用的软硬件进行高标准的软硬件样品测试。
- 批量采购：对通过高标准测试的拟采用软硬件产品进行批量采购。
- 软硬件兼容性测试：遵循可靠、标准、兼容和易用等原则，进行软硬件兼容性测试模拟。
- 环境试验：保证计算机在用户需要的温度和湿度等环境下正常工作的模拟环境试验。
- 跌落、振动、冲击试验：保证计算机在各种机械环境下正常工作的跌落、振动、冲击试验。
- 散热、噪声试验：保证计算机散热性能及噪声指数不超标的散热、噪声试验。
- 电磁兼容性试验：保证计算机在电磁骚扰时不降低运行性能的电磁兼容性试验。
- 3C 认证：严格遵守国家《强制性产品认证管理规定》3C 认证。

2. 产品生产阶段

- 投产：经过严格测试，相关认证通过后才确定正式投产。
- 来料检验：严格检测部件，以确保成品质量来料检验。
- 整机装配：各生产环节严格执行作业规范和质量控制整机装配。
- 装配终检。

3. 产品测试检验阶段

- 功能测试。
- 安全测试：高压、漏电流、接地电阻测试。

- 打包首检。
- 老化测试：常温及高温老化测试。
- 可靠性测试：平均无故障测试达 1 万小时以上。
- 模拟用户测试：真正从用户的角度检验电脑的性能。
- 成品检验：成品质量检验。
- 投放市场。

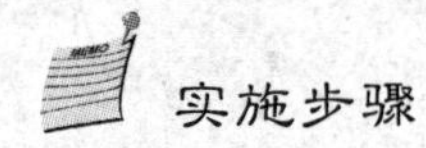

实施步骤

1. 工具准备

防静电手套、防静电环、系统盘、驱动程序及一台组装后的电脑。

2. 实训过程

1）装配检验

(1) 操作前带上防静电手套与防静电环，并保持接地良好。

(2) 检查主机机箱外观有无物理损伤，有无锈蚀迹象；各配件有无物理损伤。

(3) 检查光驱、硬盘是否按规定装至指定位置。

(4) 各配件所选用的螺钉是否一致，是否上到位，有无松动、倾斜现象。

(5) 检查 CPU 芯片装插是否正确，紧固，螺钉或卡子是否到位。

(6) 内存条是否装插到位，声卡、显卡是否插到位，固定端是否固定紧。

(7) 电源线、数据线、指示灯、信号线是否安装正确。

(8) 检查机箱内有无铁块等异物，若发现将其清除。

2）软件预装及硬盘复制

(1) 根据硬盘容量进行分区、高级格式化。一般硬盘分区为三个：C 区为 40%，D 区为 30%，E 区为 30%。C 区为主 DOS 分区并设置为活动分区。

(2) 高级格式化 C 区时带系统，其他分区不带系统（使用 FORMAT. COM 命令）。注：格式化过程中观察有无坏道。

(3) 按标准附表对主板进行相应的 COMS 参数设置。

(4) 将 Windows XP 操作系统安装至硬盘 C 区的 Windows 目录下。

(5) 安装主机板驱动程序及其补丁程序，所安装的驱动程序在保证其兼容性、稳定性的情况下使用较新驱动程序。

(6) 安装显卡、声卡、网卡等的驱动程序。

(7) 网络设置（根据具体 ISP 服务商的要求连接网络）。

(8) 应用 Ghost 软件备份系统至硬盘的 D 分区中；并将映像文件取名为 WinXP. gho 保存于 D:\下。

3）调试

(1) 将鼠标、键盘、显示器、音箱正确连接到机箱后部相应位置，并查看主机外观是否整洁，有无损坏。

(2) 检查主机内各电源线接口插接是否正确，完全正确后方可开机。

(3) 对CMOS参数进行设置。必须严格按照不同的机型所各自配置的附表进行设置。

(4) 开机后，检查前面面板电源指示灯、硬盘指示灯是否正常发光，PC喇叭是否有“嘟”的一声。

(5) 自检到的CPU频率、内容容量、硬盘容量必须是与本机出厂卡所填写的内容相符。

(6) 主机引导Windows系统时，检查AUTOEXEC.BAT和CONFIG.SYS文件编写有无错误，引导Windows系统成功时，启动声音是否正常。

(7) 查看桌面显示是否正常，图标是否完整，并打开我的电脑，查看分区数、卷标及各分区大小比例是否正确。

(8) 选择“开始→设置→控制面板→显示”选项，或者用鼠标右键单击桌面，选择“属性”命令，检查显示属性，设置选项卡中颜色位数、显示分辨率，高级栏中适配器刷新率、监视器是否设置为即插即用，并检查显卡的显存容量是否和显示卡自带的容量一致。

(9) 用鼠标右键单击桌面，选择“属性”选项，在屏幕保护程序选项卡中预览屏幕保护程序，查看其显示是否正常，有无显示切换时的拖滞现象。

(10) 查看“设置→控制面板→电源管理”选项中电源使用方案是否设置为始终打开，关闭显示器、关闭硬盘、系统等待等选项是否设置为“从不”。

(11) 用鼠标右键单击“我的电脑”图标，选择“属性”选项，在“常规”选项卡中检查CPU类型和主机所装的类型是否一致，内存容量和主机所装的容量是否一致；在“硬件”选项卡中单击“设备管理器”按钮，检查设备有无冲突；在“高级”选项卡中检查是否将系统设置为最优性能。

(12) 将光盘放入光驱并播放，来回拖动时间光标栏，检测光驱纠错能力、显卡、声卡软触压能力是否正常（播放中无花屏，乱屏现象，声卡声音输出正常，无噪声或电流声）。

(13) 在播放光盘过程中，切换系统到MS-DOS状态，运行DOS有效及无效命令，查听在MS-DOS状态下声卡输出的声音是否正常。运行命令后，返回视窗查看主机有否死机现象。

(14) 将CD放入光驱，检测声卡左右声道声音，声卡输出声音是否正常；主机没有声音输出时，音箱有无噪声音或电流声。若光驱带有播放键，采用硬解压播放CD，查看是否正常。检测所装的系统软件及应用软件Office等是否能正确安装并且正常运行。

(15) 检查系统休眠功能是否正常，能否正常返回Windows界面（使用Sleep、Wakeup等键）。

(16) 切换到MS-DOS状态下运行DOS应用程序（MEM.EXE、DIR等），检测基本内存是否为640KB，或者是否为正常容量（有PCI、ISA附加插件时，如硬盘保护卡等）。查看正确后，键入EXIT重新加载系统并且查看系统加载是否正常，有无花屏，蓝屏、死机等现象。

(17) 检查“开始→关机→重新启动”运行是否正常，是否正常重启并引导系统，并检查RESET键是否正常工作。

(18) 选择“开始→关机→关机”选项，检测是否能够正常关闭。

3. 实训作业

实训完毕后，完成实训报告。

知识拓展

硬件组装各步骤质量要求如下。

1. 材料准备质量要求

所领材料无物理损坏、锈蚀迹象，相应板卡无变形迹象，配件外观整洁；确保各种配件安全，不得丢失、损坏；保持材料现场整洁。

2. 机箱安装质量要求

（1）同一种机型的铜柱安装一致。
（2）机箱座及铜柱安装到位，无漏装、错装现象，相应铜柱及螺钉无滑丝现象。
（3）机箱前部、后部挡板安装整齐，不能有明显歪曲、凹凸迹象。

3. 硬盘安装质量要求

（1）硬盘紧固于3.5″的位置中，无松动、倾斜现象。
（2）螺钉选用一致、且扭紧，无松动、倾斜及漏装现象。

4. 光驱安装质量要求

（1）光驱须安装在指定位置，且紧固于机架上，无松动、倾斜现象。
（2）螺丝钉钮紧，无松动、倾斜漏装现象；光驱前面板与主机箱前面板处于同一平面。

5. CPU、CPU 风扇安装质量要求

（1）CPU 芯片支架安装方向正确，装插到位，无松动现象。
（2）CPU 芯片平行安装于主机板 CPU 插座上，无翘角、倾斜现象。
（3）CPU 散热风扇安装到位，热熔胶无漏滴现象。

6. 内存条安装质量要求

（1）内存条安装方向及位置正确。
（2）DIMM 槽夹完全卡住内存条两端的缺口处，且槽夹无损坏。
（3）安装完毕后的内存条无凹凸不平及无弯曲现象。

7. 主板安装质量要求

（1）安装时无翘角及明显的凹凸现象；安装后无松动现象，螺钉无漏装，歪曲现象。
（2）主机板外部设备连接与主机机箱 I/O 防护板位置一致，无明显移位现象。

8. 板卡安装质量要求

（1）相同适配卡位置安装一致，无翘角及凹凸现象。
（2）适配卡的“金手指”完全插入显卡插槽内。
（3）适配卡安装平行于主机板。
（4）螺钉安装无松动、倾斜现象；螺钉无漏装、滑丝现象。

9. 插线、压线质量要求

（1）确保机箱内各配件无人为的物理损坏，电源线接口、数据接口无破裂现象。

（2）所插前面板指示灯信号线无漏插、错插现象。

（3）各电源线、数据线插线方向正确，无反插现象。

（4）确保没有任何物件阻挡气流流过 CPU 风扇。

（5）内部插线布局一致，且规范。

知识归纳

（1）系统 BIOS 和 CMOS 参数配置，主要介绍 BIOS 分类、功能、BIOS 响铃含义，进入 Award BIOS 各项设置。很多错误提示都是出于 BIOS，因此了解 BIOS 参数对故障的排除有很大的作用。

（2）硬盘分区和操作系统的安装，介绍硬盘分区的作用、过程，以及分区工具 Fdisk 软件、磁盘管理工具的使用，Windows XP 安装的常见方法，使用 Ghost 软件快速安装的方法。

（3）驱动程序与常用软件的安装与卸载，介绍驱动程序含义及其作用，驱动程序的安装与卸载的方法，常用软件分类和安装、卸载方法。

（4）上网调试与常见故障排除，介绍了上网的各种方式，常见上网故障及排除方法，家庭上网宽带连接的设置。

（5）系统的备份与重装，介绍了系统的还原，如何建立还原点和利用还原点还原系统，系统的备份和重装软件 Ghost 的使用。

（6）组装电脑软件安装顺序如下。

① 分区硬盘和格式化硬盘。

② 安装操作系统，如 Windows XP 系统或 Windows Vista 系统。

③ 安装操作系统后，安装驱动程序，如显卡、声卡等驱动程序。

④ 性能调试与测试。

（7）整机组装后的检查调试顺序如下。

① 装配检验，检查电脑各配件物理外观的安装。

② 硬盘分区与格式化。

③ 操作系统的安装。

④ 驱动程序的安装。

⑤ 系统的备份与还原。

⑥ 调试，检查电脑的各部件是否运行正常。

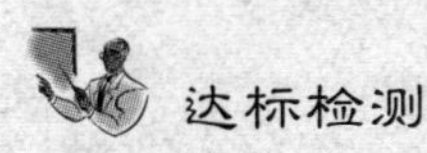

达标检测

一、填空题

1. BIOS，完整地说应该是 ROM-BIOS，是________简写，它实际上是一组被固化到计算机主板中 ROM 芯片上的程序。

2. 计算机上使用的 BIOS 程序根据制造厂商的不同可分为：________程序、PHOENIX BIOS 程序、________程序，以及其他的免跳线 BIOS 程序和品牌机特有的 BIOS 程序。

3. Halt On 此项为缺省值；________侦测到任何错误；________除键盘错误以外侦测到任何错误；

________除磁盘错误以外侦测到任何错误；All，But Disk/Key 除________任何错误。

4. 一块物理硬盘分成为________和________，其中________可分成一个或多个逻辑 DOS 分区。

5. 进入“计算机管理”窗口方法是，选择“开始→运行”选项，在“运行”对话框中输入“________”。

6. ADSL（Asymmetrical Digital Subscriber Line），________，是一种能够通过普通电话线提供宽带数据业务的技术。

7. 使用 Ping 命令 Ping 本机的 IP 地址后，使用________，查看本机 TCP/IP 的安装是否完整；使用 Ping 命令 Ping 本机的 IP 地址，查看________是否正常；如使用 Ping 192.168.0.1（假设本机的网关是 192.168.0.1），判断________出现故障。

8. 一般来说，根据 ADSL MODEM 的形态和安装方式，大致可以分为以下 4 类：外置式 MODEM、________、________和机架式 MODEM。

9. 在选择最近一次的正确配置时，只还原________注册表项中的信息，将保留在其他注册表项中进行的任何更改。

10. 在 Ghost 主画面中，选择“Local→________→To Image”选项，可以将整个硬盘的信息制作为一个映像文件。

二、实训题

1. 打开不同型号的计算机，进入 BIOS 不同界面，观察不同的菜单，并进行相应设置。

2. 下载 Partition Magic 8.0 汉化版，练习使用分区魔术师对硬盘进行分区。

3. 下载一键还原精灵专业版，安装并使用还原精灵对系统进行备份和还原。

4. 下载驱动精灵 2009 2.1 集成万能驱动版，练习驱动精灵对驱动的更新。

5. 自己多了解一些上网的方式，对比不同上网速度，观察不同网络的设置。

第5章 计算机故障诊断与排除

任务19 电源维护与故障诊断

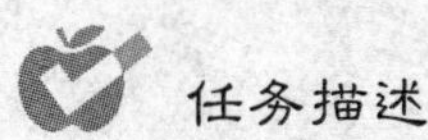

任务描述

掌握计算机故障的分类、操作规则，以及常见的检测方法；掌握计算机电源类故障诊断和电源维护的方法。

知识准备

1. 故障分类

计算机的故障多种多样，有的故障无法严格进行分类，一般可以根据故障产生的原因将计算机故障分为硬件故障和软件故障。

硬件故障是指用户使用不当或者由于电子元件故障而引起计算机硬件不能正常运行的故障，这类故障常见的现象有下面几种：

（1）电源故障，导致没有供电或只有部分供电，以及供电不正常。

（2）部件工作故障，计算机中的主要部件如显示器、键盘和硬盘等硬件产生的故障。

（3）元器件与芯片松动，接触不良、脱落或因温度过热而不能正常运行。

（4）计算机外部或计算机内部的各部件之间的连接电缆松动，甚至脱落或者错接。

（5）跳线连接错误。

软件故障是指与操作系统和应用程序相关的故障，这类故障不需要动硬件设备，就能把故障排除，常见的现象有下面几种：

（1）软件的版本与运行环境配置不兼容，造成软件不能正常运行、系统死机、文件丢失。

（2）计算机的设备驱动程序安装不当，造成设备运行不正常。

（3）系统由于长期运行产生了大量的垃圾文件，从而造成系统运行缓慢，或者进行了错误操作，如进行了格式化等。

（4）由于病毒破坏使系统运行不正常。

（5）基本BIOS设置、系统引导过程配置错误或配置参数不正确。

2. 故障分析

计算机的故障多种多样，对故障的操作规则常见如下。

（1）先静后动：先分析考虑问题可能在哪里，然后动手操作。

（2）先外后内：首先检查计算机外部电源、设备、线路，然后再打开机箱检查。

（3）先软后硬：先从软件判断入手，然后再从硬件着手。

（4）先电源后负载：电源故障出现较多，先检查电源再检测计算机系统的其他部件。

（5）先共性后局部：有的部件出现故障会影响其他部件，如主板出现故障，其他部件也不能正常工作，因此应先诊断主板故障再考虑其他板卡。

3. 故障诊断

对故障检查的具体诊断顺序如下。

（1）计算机主机或显示器无电源显示：检查计算机外部电源线及显示器电源插头。

（2）显示器无显示或音响无声音：可检查显卡或声卡有无松动，或插头是否插紧。

（3）是否有主机扬声器鸣响，根据响铃来判断故障位置。

（4）根据屏幕提示错误信息判断。

4. 计算机故障常见的检测方法

1）清洁法

对于机房使用环境较差，或使用较长时间的计算机，应首先进行清洁。打开机箱，可用毛刷轻轻刷去主板、外设上的灰尘，如果灰尘已清扫掉，或无灰尘，就进行下一步的检查。另外，由于板卡上一些插卡或芯片采用插脚形式，而震动、灰尘等其他原因，常会造成引脚氧化，接触不良，此时可用橡皮擦擦去表面氧化层，重新插接好后，开机检查故障是否排除。

2）直接观察法

即“看、听、闻、摸”。“看”即观察系统板卡的插头、插座是否歪斜；电阻、电容引脚是否相碰；表面是否烧焦；芯片表面是否开裂；主板上的铜箔是否烧断；查看是否有异物掉进主板的元器件之间（造成短路）；主板上是否有烧焦变色的地方；印刷电路板上的走线（铜箔）是否断裂等。“听”即监听电源风扇、软/硬盘电机或寻道机构、显示器、变压器等设备的工作声音是否正常。另外，系统发生短路故障时常常伴随着异常声响，监听可以及时发现一些事故隐患，以便在事故发生时及时采取措施。“闻”即闻主机、板卡中是否有烧焦的气味，便于发现故障和确定短路所在地。“摸”即用手按压管座的活动芯片，查看芯片是否有松动或接触不良等现象。另外，在系统运行时用手触摸或靠近 CPU、显示器和硬盘等设备的外壳，根据其温度可以判断设备运行是否正常，如用手触摸一些芯片的表面，如果发烫，则为该芯片损坏。

3）拔插法

PC 系统产生故障的原因很多，主板自身故障、I/O 总线故障、各种插卡故障均可导致系统运行不正常，采用拔插维修法是确定故障在主板或 I/O 设备上的快捷方法。该方法就是关机将插件板逐块拔出，每拔出一块就开机观察机器运行状态，一旦拔出某块插件后系统运行正常，那么故障原因就是该插件板故障或相应 I/O 总线插槽及负载电路故障。若拔出所有插件板后系统启动仍不正常，则故障很可能就在主板上。拔插法的另一个目的是：一些芯片、板卡与插槽接触不良，将这些芯片、板卡拔出后再重新正确插入可以解决因安装接触不良引起的计算机部件故障。

4）交换法

将同型号插件板，总线方式一致、功能相同的插件板，或同型号芯片相互交换，根据故障现象的变化情况判断故障所在。此法多用于易拔插的维修环境，例如内存自检出错，可交换相同的内存芯片或内存条来判断故障部位，若交换后故障现象变化，则说明交换的芯片中有一块是坏的，可进一步通过逐块交换而确定部位。如果能找到相同型号的计算机部件或外设，则使用交换法可以快速判定是否为部件本身的质量问题。交换法也可以用于以下情况：没有相同型号的计算机部件或外设，但有相同类型的计算机主机，则可以把计算机部件或外设插接到该同型号的主机上判断其是否正常。

5）比较法

运行两台或多台相同或类似的计算机，根据正常计算机与故障计算机在执行相同操作时的不同表现可以初步判断故障产生的部位。

6）震动敲击法

用手指轻轻敲击机箱外壳，有可能解决因接触不良或虚焊造成的故障问题，然后可进一步检查故障点的位置并排除故障。

7）升温降温法

人为升高计算机运行环境的温度，可以检验计算机各部件（尤其是 CPU）的耐高温情况，从而及早发现事故隐患。人为降低计算机运行环境的温度后，如果计算机的故障出现率大为减少，则说明故障出在高温或不耐高温的部件中，这样便可以帮助缩小故障诊断范围。事实上，升温降温法采用的是故障促发原理，以制造故障出现的条件来促使故障频繁出现，便于观察和判断故障所在的位置。

8）程序测试法

随着各种集成电路的广泛应用，焊接工艺越来越复杂，同时，随机硬件技术资料较缺乏，仅靠硬件维修手段往往很难找出故障所在，而通过随机诊断程序、维修专用的诊断卡，根据各种技术参数（如接口地址）及自编专用诊断程序来辅助硬件维修，则可达到事半功倍之效。软件诊断法要求具备熟练编程技巧，熟悉各种诊断程序与诊断工具（如 debug、DM 等），掌握各种地址参数（如各种 I/O 地址）及电路组成原理等，尤其需要掌握各种接口单元正常状态的各种诊断参考值，它是有效运用软件诊断法的前提基础。

9）测量法

使用这种方法需要用户会使用万用表、示波器等测量工具。

5. 故障产生原因

一个良好的环境是计算机正常工作的基础。对计算机产生影响的环境因素主要是温度、湿度、灰尘、静电、电磁干扰及电源的稳定性。

1）环境温度

计算机一般在室温 10～30℃能正常工作，若环境温度高于 30℃会影响计算机配件的工作效率或可靠性，因此存放计算机的环境温度应控制在 5～40℃范围内。由于集成电路的集成度很高，计算机工作时会产生大量的热量。若机箱内的热量不能及时散发，轻则导致计算机工作不稳定，重则烧毁元器件，反之，若计算机温度过低，电子器件不能正常工作，会增加出错率。当温度达到35℃，最好不要开机。如果条件允许，建议最好把计算机安装在有空调的房间内。

2）环境湿度

在安装计算机的房间内，其相对湿度最好保持在40%～70%之间，过高或过低的湿度都会对计算机内的部件产生不利影响。湿度过高容易造成元器件表面受潮、线路板生锈、腐蚀而导致接触不良或短路；但相对湿度也不能低于20%，否则容易使计算机系统产生静电干扰，从而引起计算机发生故障。

3）洁净要求

机房应该保持清洁。灰尘是计算机的大敌，它会产生大量的静电，给计算机部件的安全带来极大的隐患，缩短计算机的使用寿命。通常机房内应备有吸尘器或刷子等除尘设备，以便保持机房的卫生。

4）电源要求

计算机对电源的基本要求为电压要稳，且计算机工作期间不能断电。如果电压不稳，不仅会造成磁盘驱动器运行不稳定而引起读写错误，而且会影响显示器和打印机等外部设备的正常工作，而中途断电则有可能损伤硬件或使用户的信息丢失。如果条件允许的情况下，可使用交流稳压电源或不间断电源（UPS）。

5）防静电及电磁干扰

静电及电磁干扰会影响计算机的正常工作，人体产生的静电足以击穿任何类型的集成电路芯片，打开计算机机箱接触配件时，应释放掉身上的静电。电磁干扰会影响显示器、硬盘等设备的正常工作，因此要将计算机放在远离强磁场的地方。另外，要注意防雷击，装有调制解调器的计算机尽量不要在雷雨天气中上网。计算机不用时，最好将电源线拔掉。

6）引起电源不稳定的方面

一般来说，计算机在正常工作时发出的声音很小，除了硬盘读写数据发出的声音外，主要是散热风扇发出的声音，其中又以开关电源风扇发出的声音最大，有的开关电源长期使用后，在工作时会产生一些噪声，这主要是由于电源风扇转动不畅造成的。引起电源风扇转动不畅发出噪声的原因很多，主要集中在以下几个方面：

- 风扇电机轴承产生轴向偏差，造成风扇风叶被卡住或擦边，发出“突突”的声音。
- 风扇电机轴承松动，使得叶片在旋转时发出“嗡嗡”的声音。
- 风扇电机轴向窜动，由于垫片的磨损，轴向空隙增大，加电后发出“突突”的声音。
- 风扇电机轴承中使用了劣质润滑油，在环境温度较低时容易跟进入风扇轴承的灰尘凝结在一起，增加了电机转动的阻力，使电机发出“嗡嗡”的声音。

如果风扇不能正常工作，时间长了就有可能烧毁电机，造成整个开关电源的损坏。针对以上电源风扇发出声音的原因，建议平时尽量多进行维护保养工作。

6. 常见故障

电源担负着为计算机提供电力的重任，只要计算机开机后，电源就不停地工作，因而，计算机电源也是“计算机诊所”中常见的“病号”。而对主机各个部分的毛病检测和处理，也必须建立在电源供应正常的基础上，当出现主机不能加电（如电源风扇不转或转一下即停等）、有时不能加电、开机掉闸、机箱金属部分带电等现象时，可以先判断电源是否出现故障。

现在对计算机进行升级的操作比较多，常见的是加插内存条，或加上一块硬盘等，往往会导致故障出现。

实例 1：配置精英 945GZ 主板、CPU PD820、512MB × 2 DDR2 内存、80GB 串口硬盘、DVD 光驱、杂牌电源，装上双硬盘后计算机黑屏。

分析：装上双硬盘后计算机黑屏原因可能有两方面，一个是硬盘，另一个是电源。硬盘是新购买的，发生故障的可能性不大，那电源可能就是故障原因，使用了一块杂牌电源，功率比较小，升级后供电不足。

解决：更换一块大功率电源后正常。

总结：一般情况下，升级硬件时要有一个准确的目标。如果画面效果如同播幻灯片一样，那么就要考虑升级显卡；硬盘空间爆满，再也找不出多余的空间来存储重要的数据，要考虑升级硬盘；运行大型软件的时候硬盘指示灯频闪，系统启动时间超长等，则要考虑升级 CPU 与内存。不过要有电源的保障才可以，建议升级前先看一下电源功率是多少。

还有一类故障，正常使用中的计算机，主机经常莫名其妙地重新启动，这有可能是电源的功率不够，即电源提供的功率不足以带动计算机所有设备正常工作，导致系统软件运行错误，硬盘、光驱不能读写，内存丢失等，使得计算机重新启动。下面的实例就是该类故障。

实例 2：一台 CPU 为 Athlon XP 1700 + 的计算机，主机电源为世纪之星电源。当计算机处于满负荷状态运行一段时间后（此时 CPU 使用率保持在 100%，硬盘也在大量读写数据），经常性地自动重启。

分析：只有进行大量计算时才出问题，初步怀疑是 CPU 温度过高所致，或者是电源供电不足。

解决：进入 BIOS，查看 CPU 温度不是很高，如果不是 CPU 的问题，则需要更换电源，更换电源后计算机工作正常。拆下电源发现有一个电容外壳鼓起，买一个相同型号的电容更换后，经测试恢复正常。这里提示一下，千万别把电容正负极接反了。

总结：电解电容器出现外壳鼓起的现象，一般来说可能是由于电容器本身质量问题，或长时间不使用造成电解液干涸、连续工作在温度过高的环境中或者耐压不够等原因造成的。主板或显卡等部件也会出现电容外壳鼓起的现象。

还有一类故障是电源不能供电，一般表现为主板上的电源指示灯不亮。

实例 3：一台 CPU 为 P4 1.7GHz 的计算机，主机电源为世纪之星电源，通电后没有任何反应。

分析：通电后没有任何反应，可能出现故障的一个是电源，另一个就是主板。首先检查电源，其次检查主板。

解决：经过检查发现电源不能通电，更换一块电源后正常。

总结：通电后没有任何反应，需要先检查计算机外部电源、设备、线路，然后再开机箱。电源故障出现较多，先检查电源再检测计算机系统的其他部件。

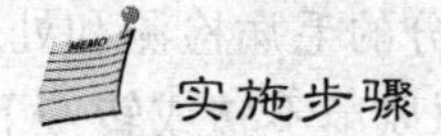
实施步骤

1. 工具准备

采用分组形式，每组有故障的电源部件或计算机一台。万用表、试电笔、十字螺丝刀、短接针（或自制的短接工具，可用曲别针顺直后弯成“U”形而成）、静电环（或其他释放掉自身静电的工具）、小毛刷、皮老虎（也可以用打气筒）、钟表油、备用尖嘴钳和小刀、焊接工具（如烙铁、焊锡）等。

2. 实训过程

（1）释放掉自身的静电。

（2）判断电源是否供电。这里介绍一个在维修中经常使用的简单方法，在主机电源不接负载时，使用短接针将电源到主板的插头中绿线与黑线直接短接，看电源风扇是否转动来判断电源能否加电，当然最好用万用表检查是否有电压输出。

（3）对电源除尘。

电源盒是最容易集结灰尘的地方，如果电源风扇发出的声音较大，建议把风扇拆下来，清扫一下积尘或加点润滑油，进行简单维护。由于电源风扇是封在电源盒内的，拆卸不太方便，所以一定要注意操作方法。

① 拆风扇。

先断开主机电源，拔下电源背后的输入、输出线插头，然后拔下与电源连接的所有配件的插头和连线，卸下电源盒的固定螺丝，取出电源盒。观察电源盒外观结构，按顺序准确地卸下螺丝，取下外罩。取外罩的同时要把电线从缺口处撬出来，卸下固定风扇的 4 个螺丝，取出风扇。

② 清洗积尘。

用纸板隔离好电源电路板与风扇后，可用小毛刷或湿布擦拭积尘，对于比较顽固的灰尘可以使用小刀轻刮，但要小心；也可以使用皮老虎吹扇叶和轴承中的积尘。

③ 加润滑油。

撕开不干胶标签，用尖嘴钳挑出橡胶密封片，找到电机轴承，一边加钟表油，一边用手拨动风扇，使钟表油沿着轴承均匀流入，一般加几滴即可。加油不要只加在主轴上，还要给进风面的轴承加油，最后装上橡胶密封片，贴上标签。

（4）实例如下。

实例 4：系统经常出错，然后死机，重装系统之后也是如此，而且经常有大量非法目录产生，且无法删除。此外，光驱不能读盘，也无法引导。把计算机搬到维修工作间，开机一天，没有任何故障。

分析：没有出现故障不好确定，后来了解到是由所在地方的电压不稳定造成的。

解决：在计算机上加稳压器或 UPS。

总结：计算机对电源的基本要求是电压要稳，且计算机工作期间不能断电。如果电压不稳，不仅会造成磁盘驱动器运行不稳定而引起读写错误，还会影响显示器和打印机等外部设备的正常工作。

实例 5：在工作间东墙边上有 A 和 B 两台计算机都开着，B 计算机经常使用，有时显示屏上有水波纹，把 B 机放到远离 A 机的地方 B 显示器正常。也曾经到隔壁找电磁干扰源，但由于没有找到就放弃了，后来 A 计算机电源出现故障。

分析：有可能是电源的电磁辐射外泄，干扰了显示器的正常显示。

解决：更换 A 计算机电源，把 B 计算机再搬过来其显示器没有再出现水波纹。

总结：电磁干扰会影响显示器、硬盘等设备的正常工作，要将计算机放在远离强磁场的地方，如果长期不注意，显示器有可能被磁化。

(5) 有条件的情况下可以使用焊接工具进行电容焊接练习。

3. 实训作业

实训完毕后，完成实训报告。

知识拓展

目前，UPS 电源在各行各业都得到了广泛的应用，尤其是一些政府机关、金融证券、工业控制等领域。因此对如何延长其使用寿命，减少发生故障的概率，是人们普遍关注的问题。

1. UPS 电源的分类与特点

目前，可供用户选择的 UPS 电源品种很多，一般所指的 UPS 电源大都为静态变换式，它可分为后备式、在线式、在线互动式 3 大类。

后备式 UPS 电源：在市电正常供电时，市电通过交流旁路通道再经转换开关直接向负载供电，机内的逆变器处于停机工作状态，即实质上相当于一台市电稳压器。

在线式 UPS 电源：无论市电正常供电时，还是在市电中断时，它对负载的供电均由 UPS 电源的逆变器提供，即平时为交流电 - 整流 - 逆变器方式向负载供电。一旦市电中断时，就立即变为由蓄电池 - 逆变器方式向负载提供交流电源。

在线互动式 UPS 电源：介于后备式与在线式 UPS 之间的设备，集中了后备式 UPS 的效率高及在线式 UPS 的供电质量好的优点。

综上所述，若用户使用了 UPS 电源，就没有必要再加入抗干扰交流稳压器了，因为这时加入的交流稳压器对提高负载的供电质量已没有多大意义了。

2. UPS 电源使用中的几点说明

使用 UPS 电源必须有一套严格科学的操作规程。

(1) 使用 UPS 电源时，用户应务必遵守厂家的产品说明书有关规定，保证所接的火线、零线、地线符合要求，不得随意改变其相互的顺序。

(2) 禁止频繁地关闭和开启 UPS 电源，一般要求在关闭 UPS 电源后，至少等待 6 秒钟后才能开启。

(3) UPS 电源应摆放在避免阳光直射的场所，并留有足够的通风空间，同时，禁止在 UPS 输出端口接感性负载。

(4) 定期对 UPS 电源进行维护工作，清除机内的积尘，测量蓄电池组的电压，更换不合格的电池，检查风扇运转情况，以及检测调节 UPS 的系统参数等。

(5) 严格按照正确的开机、关机顺序进行操作，避免因负载突然加上或突然减载时，UPS 电源的电压输出波动大，而使 UPS 电源无法正常工作。

(6) 禁止超负载使用。实践证明，对于绝大多数UPS电源而言，将其负载控制在30%~60%额定输出功率范围内是最佳工作方式。

3. UPS电源蓄电池组的维护保养

在中、小型UPS电源中，广泛使用的是一种无须维护的密封式铅酸蓄电池，它的价格比较贵，一般大约占UPS电源总生产成本的1/3~1/2。正确对蓄电池组维护保养，是延长UPS蓄电池组使用寿命的关键。

(1) 严禁对UPS电源的蓄电池组过度放电，因为过度放电容易使电池内部极板表面的硫酸盐化，导致蓄电池的内阻增大，甚至使个别电池产生“反极”现象，造成电池永久性损坏。

(2) 严禁对UPS电源的蓄电池组过电流充电，因为过电流充电容易造成电池内部的正、负极板弯曲，板表面的活性物质脱落，造成蓄电池可供使用容量下降，以致损坏蓄电池。

(3) 严禁对UPS电源的蓄电池组过电压充电，因为过电压充电会造成蓄电池中电解液所含的水被电解成氢和氧而逸出，从而缩短蓄电池的使用寿命。

(4) 对于长期闲置不用的UPS电源，为保证蓄电池具有良好的充放电特性，在重新开机使用之前，最好先不要加负载，让UPS电源利用机内的充电回路对蓄电池浮充电10~15小时以后再用；对于长期工作在后备工作状态的UPS电源，通常每隔一个月，让其处于逆变器状态工作至少2~5分钟，以便激化UPS的蓄电池。

实践发现，随着UPS电源使用时间的延长，总有部分电池的充放电性能减弱，进入恶化状态，这种变化趋势在后备式UPS电源及部分的在线式UPS电源中尤为突出，因此应定期对每个电池进行快速充放电测量，检查电池的蓄电能力和充放电特性，对不合格的电池，坚决给予更换，不应将其与另外的蓄电池混合使用，以免影响其他蓄电池的性能。

任务20 主板维护与故障诊断

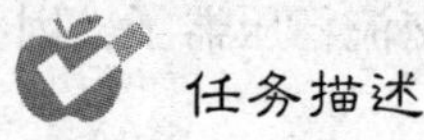

任务描述

掌握主板保养维护方法；掌握主板故障的诊断和排除方法。

知识准备

1. 主板保养维护

同样是一台计算机，为什么有的人用了几年都照样运转良好，而有的人用了不到半年就经常发生蓝屏、死机甚至不能启动呢？其关键就在于日常对计算机的维护和保养有没有做到位。

首先，是对CPU的保养。CPU作为计算机的心脏，它从计算机启动那一刻起就不停地运作，其重要性自然是不言而喻的，因此对它的保养显得尤为重要。在CPU的保养中散热是最为关键的，虽然CPU有风扇保护，但随着耗用电流的增加所产生的热量也随之增加，从而使CPU的温度也随之上升。

高温容易使CPU内部线路发生电子迁移，导致计算机经常死机，缩短CPU的寿命。高电压更是危险，很容易烧毁 CPU，因此要选择质量好的散热风扇。散热片的底层以厚的为佳，这样有利于储热，从而易于风扇主动散热。平常要注意勤除灰尘，不能让其积聚在 CPU 的表面上，以免造成短路，烧毁 CPU。使用硅脂时，要涂于 CPU 表面内核上，薄薄一层就可以，过量有可能渗到 CPU 表面和插槽，造成 CPU 的毁坏。

有的用户喜欢对 CPU 进行超频，其实现在主流的 CPU 频率达 1GHz 以上，这时超频的意义已经不大，更多考虑的应是延长 CPU 寿命。高温高压很容易造成 CPU 内存发生电子迁移，甚至击穿烧坏 CPU 的线路，而厂家对这种人为的损坏是不负任何责任的。

其次，是对主板的维护。现在的计算机主板多数都是四层板、六层板，所使用的元件和布线非常精密，灰尘在主板积累过多时，会吸收空气中的水分，此时灰尘就会出现一定的导电性，可能把主板上的不同信号进行连接，或者造成电容短路，致使信号传输错误或者工作点变化，从而导致主机工作不稳或不启动。在实际计算机使用中遇到的主机频繁死机、重启、找不到键盘鼠标、开机报警等情况多数都是由于主板上积累了大量灰尘而导致的，这时只要清扫机箱内的灰尘，故障就会自动消失。

在主板上为 CPU、内存等提供供电的是大大小小的电容，电容最怕高温，温度过高很容易造成电容击穿而影响正常使用。很多情况下，主板上的电解电容鼓泡或漏液、失容并非是因为产品质量有问题，而是因为主板的工作环境过差造成的。一般鼓泡、漏液、失容的电容多数都出现在 CPU 的周围、内存条边上和 AGP 插槽旁边，这是因为上述几个元件都是计算机中的发热量较大的，在长时间的高温烘烤中，铝电解电容就可能会出现上述故障。

了解了以上情况后，在购机时就要有意识地选择宽敞、通风的机箱。另外，定期打开机箱除尘也是必不可少的一项工作，一般用毛刷轻轻刷去主板上的灰尘即可。由于主板上一些插卡、芯片采用插脚形式，常会因为引脚氧化而接触不良，可用橡皮擦去表面氧化层并重新插接。有条件时可以用易挥发的三氯乙烷来清洗主板。

2. 主板常见故障诊断

实例 1：开机后机箱内“嘀嘀”地叫个不停，屏幕无显示。

分析：应该是内存有问题，这是主板的 BIOS 报警。

解决：打开机箱，发现内存条的一头没有插到位。断电后取下内存条并重新插一下，开机故障依旧。再次断电，用橡皮仔细地把内存条的金手指擦干净，如图 5-1 所示，重新插入插槽，开机故障依旧。再次断电，把内存条取下来，重新插到另一插槽中，开机后故障排除。注意：在拔插内存条时一定要拔掉主机电源线，防止意外烧毁内存。

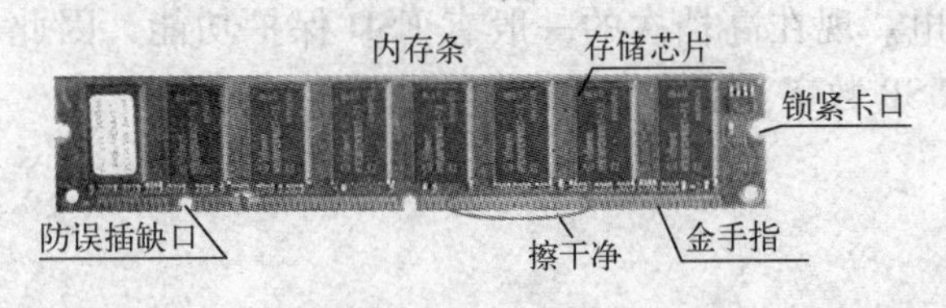

图 5-1　内存条

总结：造成这种故障的原因如下。

(1) 内存条不规范，或内存条有点薄。当内存插入内存插槽时，留有一定的缝隙。如果在使用过程中有振动或灰尘落入，就会造成内存接触不良，产生报警。

（2）内存条的金手指工艺差，金手指的表面镀金不良。在长时间的使用过程中，金手指表面的氧化层逐渐增厚，积累到一定程度后，就会致使内存接触不良，开机时内存报警。用热熔胶把内存插槽两边的缝隙填平，防止在使用过程中继续氧化，这种方法很有效，几乎所有的品牌机都如此处理，可以有效防止内存的金手指氧化。

（3）内存插槽质量低劣，簧片与内存条的金手指不能很好地接触，在使用过程中始终存在着隐患，经常会出现开机报警。如果使用一段时间以后还会出现内存报警现象，这时就只有更换主板，才能彻底解决问题。

实例2：机房中送修的一台计算机，开机黑屏且没有其他反应，拆开机箱后发现主板上电源指示灯亮，CPU 风扇尘土很多，风扇不转。

分析：应该是 CPU 风扇不转导致 CPU 过热而烧坏，烧坏的 CPU 如图 5-2 所示。

解决：对主板、各风扇进行除尘，查看 CPU 发现正面发黑，已烧坏。更换同一类型 CPU，并给风扇加入钟表油，安装后开机，风扇由慢变快很快正常，计算机启动正常。

图 5-2　烧坏的 CPU

总结：计算机要定期维护，可延长使用寿命。

实例3：学校的一个机房里有 2005 年 8 月安装的同方品牌机，一年多下来没有任何问题，但自从 2007 年开学以来，机器主板接连损坏，故障现象是开机后有的主板电源指示灯不亮，也有主板电源指示灯亮，但南桥芯片很热，计算机不能启动，CPU 风扇转动一下就停止。电源指示灯不亮的计算机开机时没有任何反应。

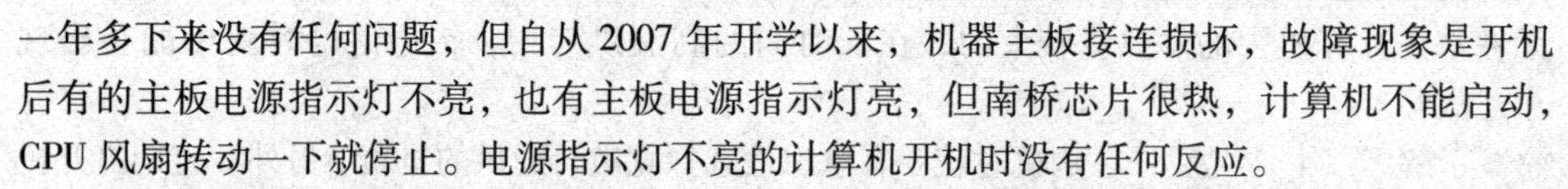

分析：南桥芯片烧坏。

解决：后来查阅相关资料才知道，原来是主板芯片组和 USB 设备使用引起的，烧毁南桥的主要原因是高压静电，更换主板并禁止在该机房内使用 USB 设备，如 DV、摄像头、移动硬盘、U 盘、MP3 等。微星中国区官方客服论坛里面针对近期南桥芯片烧毁的事件，向用户作了一个完整的报告，并针对烧南桥芯片的问题给大家一些建议，同时指出这次烧的南桥芯片集中在 ICH4/ICH5 芯片组。

总结：USB 的优点是可以带电热插拔，但也正由于这个优点，使用者会经常接触 USB 系统，于是就可能造成很强的静电放电（ESD）。根据 IEC 61000－4－2 测试标准，人体与金属等物品接触，产生的瞬间电压可达到 7000V，此电压足以烧毁有关的电子元件，而 USB 控制器和 USB－HUB 就在南桥内，所以表现为南桥烧毁。建议使用 USB 或插拔 USB 设备时，最好先释放静电，即插入前接触一下接地的金属释放静电，然后触摸 USB 插头的金属部分通过人体释放静电。现在高档次的一般有 ESD 保护功能，因此尽量不要购买低档的 USB 设备、传输线、USB 数字消费类商品。

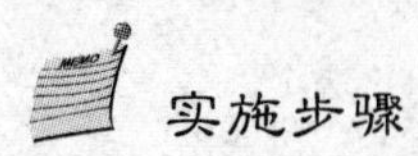

实施步骤

1. 工具准备

采用分组形式，每组有带故障的主板部件或计算机一台。万用表、试电笔、十字螺丝刀、静电环（或其他能释放掉自身静电的工具）、小毛刷、皮老虎（也可以用打气筒）、钟表油、备用尖嘴钳和小刀、焊接工具（如烙铁、焊锡）等。

2. 实训过程

（1）释放掉自身的静电。

（2）断电后对主板除尘。使用皮老虎清除主板上的灰尘，使用小毛刷清理各电容、插槽上的灰尘。

（3）观察主板的电容是否有鼓起，是否有变色等异常情况。

（4）实例如下。

实例 4：每次计算机开机自检时，系统总会在显示 512KB Cache 的地方停止运行。

分析：既然在显示缓存处死机，必然是该处或其后的部分有问题，平常开机此项显示完后就轮到硬盘启动操作系统了，因此，可以断定不是高速缓存的问题，就是硬盘的故障。

解决：取下硬盘安装到别的电脑上，证实硬盘是好的，这是检查计算机故障最常用的办法——替换排除法。进入 CMOS 设置，禁止 L2 Cache，存盘退出，重启后，电脑就可以正常工作了，则断定是 L2 Cache 的问题。

总结：出现此类故障一般是由于主板 Cache 有问题或主板设计散热不良引起，在 815EP 主板上就曾有因主板散热不够好而导致该故障出现的现象。在关机后触摸 CPU 周围主板元件，发现其温度非常高有烫手感觉，则更换一个大功率 CPU 风扇。

实例 5：现象是 CMOS 设置不能保存。

分析：应该先判断为 CMOS 电池供电不足。

解决：更换电池后，故障依旧。仔细观察主板，发现主板上的 CMOS 跳线设为清除选项，将 CMOS 跳线更换位置后正常。

总结：学会观察，很多故障往往是一些细节的问题。

（5）有条件可以使用焊接工具进行电容焊接练习。

3. 实训作业

实训完毕后，完成实训报告。

知识拓展

系统死机故障的很大一部分现象表现为黑屏（即显示器屏幕上无任何显示），这类故障与显示器、显卡关系密切，同时系统主板、CPU、Cache、内存条、电源等部件的故障也能导致黑屏。系统黑屏的死机故障一般检查方法如下：

（1）排除"假"黑屏，检查显示器电源插头是否插好，电源开关是否已打开，显示器与主机上显卡的数据连线是否连接好，连接插头是否松动。另外，应该动一下鼠标或按一下键盘看屏幕是否恢复正常，因为黑屏也可能是因为设置了节能模式（可在 BIOS 设置中查看和修改）而出现的假死机现象。

（2）在黑屏的同时系统其他部分是否工作正常，如启动时软/硬盘驱动器自检是否通过，键盘按键是否有反应等。可以通过交换法用一台好的显示器接在主机上测试，如果只是显示器黑屏而其他部分正常，则可断定是显示器出了问题，这仍是一种假死机现象。

（3）黑屏发生在显示驱动程序安装或显示模式设置期间，显然是选择了显示系统不能支持的模式，应选择一种较基本的显示方式，如 Windows 下设置显示模式后黑屏或花屏，则应在 Windows 安全模式下，删除显卡驱动再重新启动计算机，安装显卡驱动就可以解决了。

(4) 检查显卡与主板 I/O 插槽接触是否正常、可靠。

(5) 换一块已确认性能良好的同型号显卡插入主机重新启动，若黑屏死机现象消除，则说明是显卡的问题。

(6) 将显卡插入一块已确认性能良好的其他型号主板中，主机重新启动后，若黑屏死机现象消除，则说明是显卡与主板不兼容，可以考虑更换显卡或主板。

(7) 检查是否错误设置了系统的核心部件，如 CPU 的频率、内存条的读写时间、Cache 的刷新方式、主板的总线速率等，这些都可能导致黑屏死机现象。

(8) 检查主机内部各部件连线是否正确，有一些特殊的连线错误会导致黑屏死机。

任务 21 硬盘类维护与故障诊断

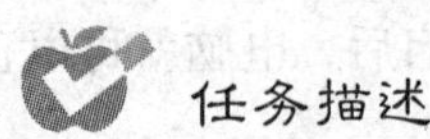

任务描述

掌握硬盘、光驱的保养方法；掌握硬盘、光驱的故障诊断与排除方法。

知识准备

1. 硬盘的保养

硬盘是 PC 中很特殊的一个部件，其本身的价格并不算贵，目前主流硬盘 500GB 容量还不足 400 元，但是硬盘上承载的数据的价值却是无法用准确的数字来衡量的。大容量硬盘存储海量数据的同时，也有着一个很明显的问题，如硬盘出现故障，那么所有的数据就会有丢失的危险，硬盘承载的数据量越大，就意味着损失越大。为保证计算机系统的正常运行，应加强硬盘的日常维护和保养，特别需要注意以下几点。

1) 正确移动硬盘，注意防震

硬盘在不工作的情况下，能够经受得住一定的碰撞，但是硬盘在工作的时候，能承受的震动是相当小的，有时小小的震动就可能会引来灭顶之灾。

2) 正确开、关主机电源

硬盘厂商已经做了各种各样的安全措施，但是突然断电操作对硬盘来说容易造成损害，经验表明，突然断电不仅很容易造成数据丢失，而且一些物理性的损伤有可能无法恢复，所以一定要注意，尽量避免硬盘在读写数据时断电。不要频繁地开关电源，只有当硬盘指示灯停止闪烁或硬盘结束读写后方可关机。也不要在关机后马上开机，否则硬盘的磁头就要频繁地经历“起飞”、“着陆”过程，这肯定会增加硬盘损坏的几率，所以一定要注意。

3) 不要自行拆开硬盘盖

尽管在外部结构方面，各种硬盘之间有一定的区别，但其内部结构是基本相同的，硬盘内部的核心部分包括盘体、主轴电机、读写磁头、寻道电机等。不过需要提醒的是，千万不要在普通环境下随意打开硬盘的外壳，因为硬盘的内部盘面不能沾染上灰尘，否则立即报废。

4) 正确拆卸硬盘

取放硬盘时，用手抓住硬盘的两侧，不要接触硬盘背面的电路板；要轻拿轻放，不要磕碰硬盘；切勿带电插拔硬盘的数据线或电源线。

5）定期整理硬盘

使用系统自带的磁盘碎片整理程序进行大规模的整理，一定要注意不能过度频繁，否则会适得其反。因为磁盘碎片整理程序本身就是对硬盘频繁读写的操作，如果频繁采用这个操作的话，会加速硬盘的老化进程甚至损害硬盘。建议每 3 ~4 个月进行一次磁盘整理，或重新做一次系统，这是最有效的提高系统速度的方法。

6）避免频繁读写数据

目前主流的操作系统是 Windows XP，要想让它运行得流畅的话，256MB 内存是最低的要求，但是当运行的程序过多的话，256MB 内存显然是不够的，建议用户升级至 512MB 内存或更高以保证系统运行的速度，同时对硬盘来说也是一个相当有利的保护措施。

不要 24 小时 BT 下载，这里并不是说 BT 下载程序本身对硬盘有什么恶性伤害，而是指 BT 下载的速度和下载的内容对硬盘来说是一个较大的负担，这样频率地读写硬盘，还要连续不间断地工作，会加快硬盘的老化速度及增大出现问题的几率。

7）学会屏蔽硬盘坏道

硬盘坏道是一个历史性问题，出现这种情况后进行低级格式化已经不再是普遍使用的方法，因为现在数百 GB 的硬盘经受这样的操作的话实在是比较残忍。其实可以通过屏蔽硬盘坏道以阻止其扩散的办法来降低损失，而且在划分坏道区的时候要划分大一点，不要因小而失大。同时建议对出现坏道的硬盘里面的数据要经常进行备份，毕竟它是一个病号，备份是解决数据丢失的最保险的办法。

2. 光盘的保养

光盘由于信息量大，便于存放，易于携带，价格相对便宜等优点，成为人们保存资料的主要工具之一，在日常使用中要注意以下几点：

（1）光盘因受天气温度的影响，表面有时会出现水气凝结，使用前应取干净柔软的棉布轻松擦拭光盘表面。

（2）光盘放置应尽量避免落上灰尘，取用时以手捏光盘的边缘和中心为宜。

（3）光盘表面如发现污渍，可用干净棉布蘸上专用清洁剂从光盘的中心向外边缘轻抹。

（4）严禁用利器接触光盘，以免划伤。

（5）平时不用光盘时，将其放入 CD 盒中，光盘在存放时因其厚度较薄，强度较低，因此在叠放时以 10 张之内为宜，超之则容易使光盘变形，影响播放质量。

（6）不要在光盘的反面粘贴标签，以防光盘在光驱中高速旋转中变形。

3. 光驱的保养

在计算机配件中光驱是比较容易发生故障的，为延长光驱的使用寿命，应注意以下几点。

（1）不要使用有裂痕的光盘，以免出现炸盘情况。不要用光驱来长时间播放 VCD 影碟，否则就增加了电机与激光头的工作时间，从而缩短了光驱的使用寿命。

（2）不要频繁地进行进、出仓操作，激光头和主轴电机都是在光盘入仓后功率最大，如果频繁进出仓自然就会加速这些部件的老化，所以要尽量避免频繁换盘，对于经常要使用的光盘最好将其内容复制到硬盘中。

(3) 表面脏污、沾满灰尘的光盘要将其清洁干净后才能放入光驱。

(4) 光盘使用完毕，要及时取出光盘，以减少摩擦，并且要在关机前取出光盘。

(5) 要定期清理光驱托盘，以防止托盘上的灰尘在光盘高速旋转的带动下，划伤光盘或附着在激光头上，影响读盘的正确率。

4. 常见的硬盘故障实例

实例1：有一计算机，硬盘是SATA 80GB，CPU P4 2.66MHz，内存是DDR2、512MB，隔三岔五出现找不到硬盘的故障。维修也很简单，有时动一下数据线就可以正常，也曾更换数据线，但隔几天又会出现这种故障。

分析：应该是数据线和主板、硬盘的连接有问题。

解决：多次出现故障，不胜其烦地维修，更换了一块IDE接口硬盘，计算机故障排除了。后来仔细观察和对比，发现有问题硬盘的数据线连接后有松动现象，如图5-3所示，而其他硬盘就不会出现该现象。此时把一跳线帽分成两半，把其中的一块塞到数据线左侧，刚好把数据线固定好，再接到其他计算机上使用就正常了。

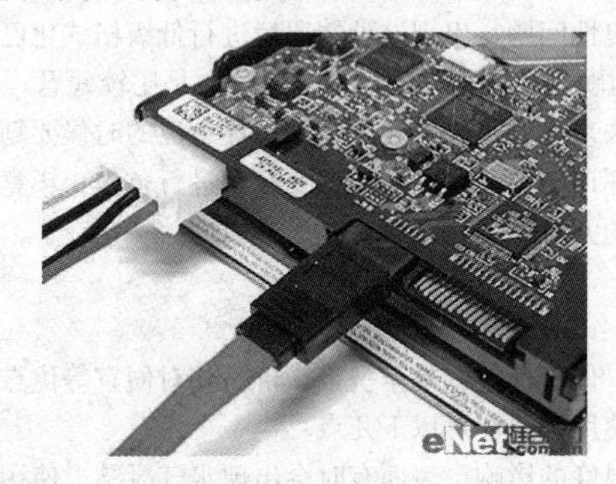

图5-3 SATA硬盘数据接口

总结：接头松动，现象就是开机时听得到硬盘自检声，但在BIOS中不能找到硬盘。接触不良，可能是连接线接触不良，也可能是硬盘内部电路、主板上的接口内部电路等接触不良。后一种情况检查起来比较麻烦，往往反复检查也很难找到故障点。对于连接线接触不良问题可以重新连接，保证接触良好。如果怀疑内部电路接触不良所致，可用替换法处理。大体上确定故障范围，再进一步检查接触不良的具体位置。如果是硬件本身问题，就只能用替换法检查。由于在目前情况下作一级维修很困难，找到故障之后，也只能更换板卡或硬盘。若在一条IDE线上挂两块硬盘，只找到一个块硬盘，则要考虑主、从盘的设置是否正确。

实例2：一台计算机新添加一块SATA 80GB硬盘做系统盘，原来使用的IDE接口硬盘做备份盘。使用一键Ghost 8.7软件（该光盘正常使用）安装系统，启动后运行Ghost软件，速度变慢，且复制文件出错，后来使用原始安装盘安装系统，安装完后出现蓝屏现象。

分析：开始认为需要安装SATA硬盘的驱动程序，安装驱动程序后再安装系统，系统能安装上但速度有点慢。

解决：将原来那块 IDE 接口硬盘改做系统盘，但后来这台计算机又出现故障，修理时，使用一键 Ghost 11.0 系统安装光盘，把系统安装到 SATA 硬盘上，没有出现故障，才发现原来 Ghost 11.0 版本可以识别 SATA 接口硬盘。

总结：使用最新的 Ghost. EXE 版本应该能支持 SATA 设备。还有一种方法是修改 BIOS 中 SATA 的相关设置，进入主板 BIOS 中，"Drive Configuration" 选项的 "ATA/IDE Configuration" 默认设置是 "Enhanced"，此时将其改为 "Legacy"，且 "Legacy IDE Channels" 选项改为 "SATA"，设置完成后再运行 Ghost 即可。这种方法主要是把硬盘的 SATA 增强模式改成兼容模式，即 IDE 模式。

实例 3：机房送来一台计算机，开机后，屏幕上显示 "Invalid partition table" 且硬盘不能启动，机房内计算机安装有小哨兵至尊还原卡。

分析：造成该故障的原因一般是硬盘主引导记录中的分区表有错误，当指定了多个自举分区（只能有一个自举分区）或病毒占用了分区表时将出现上述提示。

解决：我们有一块工具硬盘，该硬盘上有机房各类计算机的 Ghost 映像，可以使用它启动计算机到 DOS。具体方法是，先拔除小哨兵，挂上该硬盘，并将启动顺序改为该硬盘启动，进入 DOS 下，运行 Ghost 找到相应硬盘映像，进行映像到硬盘的复制就可以了。

总结：有的病毒如 "机器狗"，感染后会抢夺小哨兵对硬盘的管理，导致硬盘无法启动，或出现蓝屏等症状，此时可以使用上面的方法快速修复。当硬盘出现故障并屏幕上有提示时，要看明白提示并有针对性地排除故障。另外，这些英语语句要多留意，它也是提高能力的一方面。

5. 常见的光驱故障实例

实例 4：光驱在读数据时，有时读不出，并且读盘的时间变长。

分析：光驱读不出数据的硬件故障主要集中在激光头组件上，且可分为两种情况，一种是使用太久造成激光管老化；另一种是光电管表面太脏或激光管透镜太脏及位移变形。

解决：在对激光管功率进行调整时，还需对光电管和激光管透镜进行清洗，如果还不能解决，只能更换光驱了。

总结：光电管及聚焦透镜的清洗方法是，拔掉连接激光头组件的一组扁平电缆，记住其方向，拆开激光头组件，这时能看到护套罩着激光头聚焦透镜，去掉护套后会发现聚焦透镜由四根细铜丝连接到聚焦、寻迹线圈上，光电管组件安装在透镜正下方的小孔中。用细铁丝包上棉花沾少量蒸馏水擦拭（不要用酒精擦拭光电管和聚焦透镜表面），并看看透镜是否水平悬空正对激光管，否则须适当调整，至此，清洗工作完毕。

调整激光头功率：在激光头组件的侧面有一个像十字螺钉的小电位器，用色笔记下其初始位置，一般先顺时针旋转 5°～10°，装机试机不行再逆时针旋转 5°～10°，直到能顺利读盘。注意：切不可旋转太多，以免功率过大而烧毁光电管。

实例 5：光驱工作时硬盘指示灯始终闪烁。

分析：这应该是一种假象。

解决：硬盘指示灯闪烁是因为光驱与硬盘同接在一个 IDE 接口上，光盘工作时也控制了硬盘指示灯的结果，可将光驱单元独接在一个 IDE 接口上。

总结：这是一个学生发现的现象而提出这问题，所以学习计算机就要善于观察，善于提出问题，通过解决问题来提高能力。

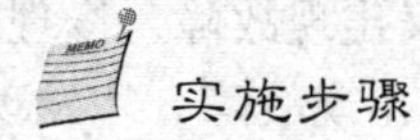

实施步骤

1. 工具准备

采用分组形式，每组有带故障的硬盘或光驱部件或计算机一台、十字螺丝刀、静电环（或其他放掉静电的工具）。软件有修复硬盘坏道工具软件，如 FBDISK、PC Tools 9.0、Partition Magic、效率源大容量硬盘检测修复程序等。

2. 实训过程

（1）释放掉自身的静电。

（2）观察有故障的部件，如硬盘或光驱，光驱可以拆开来看。

（3）几个实例。

实例 6：一台 Pentium 4 计算机，使用 80GB 硬盘，启动 Windows XP 系统后，一直停留在启动画面，硬盘不断地“咔咔”响。这个硬盘分成 C（20GB）、D（30GB）、E（30GB）3 个分区，其中 C 盘安装的是系统和应用软件，D 盘和 E 盘是用户数据。

分析：显然是硬盘出了问题，根据这种情况，可以判断是系统所在的 C 盘有坏道。

解决：把硬盘卸下，作为从盘接到另一台在 C 盘装有 Partition Magic 4.0 分区软件的计算机上，运行 Partition Magic，选择 Disk 2，把第一分区的容量在起始位置减少 1GB（可多可少，根据需要和实际情况估计），其余的都不变，确认应用程序在 Windows 下完成一部分工作后，重新启动系统，在 DOS 下完成剩下的工作，出现是否需要运行盘符映射（Drive Map）的对话框时，选择不做，关闭系统后，卸下这个硬盘，把它作为主盘，接回原来的机器，发现 Windows 系统启动正常，进入系统后，应用程序运行正常，则这个硬盘就可以正常工作了。

总结：硬盘也是有使用寿命的，使用时间长了很容易出现坏道。磁盘出现的坏道只有两种，一种是逻辑坏道，也就是非正常关机或运行一些程序时出错，导致系统将某个扇区标识出来，这样的坏道是由软件因素形成的，能够通过软件进行修复，因而称为逻辑坏道；另一种是物理坏道，是硬盘盘面上有杂点或磁头将磁盘表面划伤形成的坏道，这种坏道是由硬件因素形成的，且不可修复，因而称为物理坏道。对于硬盘的逻辑坏道，在一般情况下通过 Windows 操作系统的 Scandisk 命令修复。对于硬盘的物理坏道，一般通过分区软件将硬盘的物理坏道分在一个区中，并将这个区域屏蔽，以防止磁头再次读写这个区域，形成坏道扩散。不过，对于有物理损伤的硬盘，建议将其更换，因为硬盘出现物理损伤表明硬盘的寿命也不长了。另外，电脑在启动时出现毛病，无法指导操作系统，系统提示“TRACK 0 BAD”（零磁道损坏），由于硬盘的零磁道包含了许多消息，如果零磁道损坏，硬盘就会无法正常使用，遇到这种情况可将硬盘的零磁道变成其他的磁道来代替使用，如通过诺顿工具包 DOS 下的中文 PUN8.0 工具来修复硬盘的零磁道，然后格式化硬盘即可正常使用。

实例 7：开机检测不到光驱或者检测失败（实训教师可以提前设置好）。

分析：这有可能是由于光驱数据线接头松动、硬盘数据线损毁或光驱跳线设置错误引起。

解决：首先应该检查光驱的数据线接头是否松动，如果发现没有插好，就将其重新插好。如果仍然不能解决故障，则可以换上一根新的数据线试试，这时候如果故障依然存在，就需要检查一下光盘的跳线设置了，如果有错误，将其更改即可。

总结：这些是常见光驱故障类型。

(4) 利用工具软件修复部分有坏道的硬盘。

3. 实训作业

实训完毕后，完成实训报告。

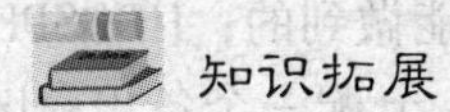

知识拓展

1. 硬盘坏道的检测

如果硬盘上出现部分扇区无法正常读写或访问的情况，一般就被称作坏扇区（badsector），也就是人们常说的“坏道”。硬盘出现坏扇区的情况很复杂，有的是由记录在扇区中的校验码、扇区标识、地址信息等不正常导致的逻辑性错误，比如某些病毒会给部分硬盘扇区强行打上坏块标记，使系统无法使用这些扇区。有的是由异常撞击等多种原因导致的物理性损坏。当硬盘出现坏的扇区之后，就可能出现硬盘读写速度变慢甚至出错，声音异常，无法从硬盘引导系统或无法完成高级格式化等情况，严重时将会导致引导系统无法使用整个硬盘。

硬盘出现坏道后，最简单的检测办法是使用系统自带的磁盘扫描功能，对有问题的磁盘进行扫描并试图修复坏的扇区，但是它的功能极其有限，一般只能处理一些简单的逻辑性扇区错误，如果遇到真的物理坏扇区，它的检测速度就会很慢，此时可以使用功能更强的检测软件来扫描硬盘的坏扇区，比如 HDDTEST。

HDDTEST 是一个极其小巧的软件，大约有 400KB 存储量，使用前先将其复制到一张可引导系统的软盘上，然后以软盘方式启动。HDDTEST 的所有操作都是在一个窗口界面下完成的，没有过多的命令和烦琐的操作，按上下键选择需要检测的硬盘，然后按“Enter”键即可开始检测。检测途中按“Pause/Break”键可暂停，按“Esc”键则会取消此次检测。窗口中间显示的是检测进度，下面则分别显示软件运行状态、磁盘的检测状态提示，右下角显示坏道的信息。由于它只具备检测功能，不对硬盘进行修复，所以检测到坏道速度相当快。另外，HDDTEST 不能手动选择从硬盘的某个位置开始检测，只能从头到尾进行全面扫描。

2. 多管齐下修复硬盘坏道

即使是全新硬盘，也不是毫无瑕疵，没有坏道的。事实上，每块硬盘在生产过程中或多或少都会有一定数量的坏道，而厂商会使用专业设备检测出所有的坏道并记录在 P－List（永久缺陷表）中，普通用户无法查看，也不能访问记录在 P-List 中的坏扇区。也就是说，终端用户所购买的硬盘都会带有一定数量的坏道，只不过这一部分被厂商以特殊方法屏蔽掉了，丝毫不会影响硬盘的正常使用，因而硬盘出现坏道并不像人们想象的那么可怕。一般而言，如果硬盘上的坏道不太严重的话，除了送厂商返修外，也可以尝试通过一些软件来进行修复。

利用一些基本的硬盘维护工具，如各硬盘厂商的 DM 软件及低级格式化工具 Iformat 等，就能够修复部分逻辑性硬盘坏道。DM 具备零填充和低级格式化的功能，能够对硬盘的数据进行清零，并且重写扇区的校验和标识信息，从而修复由标识信息出错等原因造成的坏扇区。用 Iformat 重新对硬盘进行低级格式化可达到相同的效果，不过这两种软件对于由磁盘表面介质损伤等造成的物理性坏道无能为力。此外，还可以使用 FBDISK 之类的软件，将坏道自动集中隐藏起来，避免坏道的扩散，从而延长硬盘的使用寿命，FBDISK 的主要功能就是将坏道自动隔离成一个隐藏区，使系统以后将不会再访问这个隐藏区的内容。

除了以上常用软件之外，还可以使用一些功能更强大的修复软件诸如 HDD Regenerator（HDDREG）、HDDSPEED、THDD、MHDD 等进行硬盘坏道的检测和修复工作。HDDREG 通过磁性逆转方式来达到修复坏道的目的，据称可以修复大约 60% 的受损硬盘，在修复坏道的同时又不影响硬盘原有的数据信息，而这是低级格式化程序所不能做到的；HDDSPEED 和 THDD 等软件在检测到硬盘坏道时，会激发硬盘的自动修复机制，分配一个备用扇区来替换该坏扇区，并将相关信息记录在 G-List（增长缺陷表）中。HDDSPEED 可以查看 IB 昆腾火球系列的 P-List 和 G-List，而 MHDD 则可以查看 IBM 和富士通硬盘的 P-List 和 G-List。不过，各品牌硬盘的 G-List 都会有一定的数量限制，在五六百条左右，超过限制，自动修复机制就会失去作用，此时需要使用一些专业软件，比如 PC 3000 将坏扇区记录在 P-List 中，但是这些专业软件价格不菲，而且功能过于复杂，不适于普通用户使用。

HDDREG 可以直接在 Windows 95/98/ME 环境下运行，而在 Windows NT/2000/XP 系统中不能直接调用，需要创建一个启动修复盘。创建引导盘，然后用这张软盘引导系统，在 DOS 状态下即可进入 HDDREG 软件界面。选择需要检测的硬盘，确定扫描的起始位置，即可开始硬盘的检测和修复，在检测中可按“Ctrl + Break”组合键中止扫描，检测到的坏区后会以“B”加以标识，而已经修复的则以“R”加以标识。如果在进行 HDDREG 之前已经用 HDDTEST 扫描过硬盘坏道，则可以直接确定坏道所在位置并进行修复，而不必从头开始扫描，修复信息会保存在 hddreg. log 文件中。如果使用的是没有注册的 DEMO 版本，将只能修复找到的第一个坏扇区。另外，由于 HDDREG 在修复坏道时并不会影响硬盘的逻辑结构，因而即使坏道已经得到修复，系统仍然会保持着原先标记的坏道信息，用户需用 PQPartition Magic 之类的软件对硬盘重新分区，才可访问这些已经修复的扇区。

HDDSPEED 是一款硬盘速度测试软件，同时具备硬盘检测、修复功能，但只能在纯 DOS 模式下运行。选择好需要检测的硬盘后，执行“Diagnostic”菜单下的“Mediaverify/repair”选项（快捷键为“Alt + M”），在弹出的“Performmediatest”窗口中自行设定检测的起始点、终止点及检测的次数，同时按“R”键，将“Trytorepair/relocaterounddefects”选项设为可用，这样在检测到坏道后，HDDSPEED 会尝试对坏道进行修复。

THDD 与 HDDSPEED 功能大致相同，同样需要将 THDD 主程序复制到一张软盘上，然后以软盘引导到纯 DOS 模式下运行。它的界面相当简洁，选择“SURFACETEST”，即可对硬盘进行扫描。检测完成后回到主菜单，选择“VIEWDEFECTLIST”（查看缺陷列表），在弹出窗口中可看到扫描到的坏道列表。按“R”键，开始修复坏道，“Repaired”表示已经将坏道加入到 G-List 中，而“Notrepaired”则表示 G-List 记录数量已满，坏道未能修复。对于坏道不多的硬盘来说，THDD 的修复效果还是不错的。

效率源大容量硬盘检测修复程序是国内硬盘行业著名开发商“效率源”公司为庆祝重庆分公司开业而推出的最新成果（2004 年 6 月 1 日推出）。程序支持超过 136GB 硬盘的准确高速检测，最大可测试 2000GB，而且不需要主板支持，全物理访问准确、可靠，跨越坏道的时间比原 1.6 版缩短近一倍，内置的修复功能增加“手动修复”及“自动修复”，可将坏道加入厂家 G-List 列表内。

在实际使用中可以发现，以上这些软件都有自己的特点和不足，比如 HDDSPEED 的检测速度较快，但修复速度则比不上 THDD；HDDREG 的修复能力较强，但它的检测速度很慢，而且每个软件针对不同型号和品牌的硬盘也会有不同的表现。针对不同的硬盘坏道故障，可以尝试多种软件，发挥它们各自的特长，才能最大限度地达到修复硬盘坏道的目的。

任务 22　板卡类维护与故障诊断

任务描述

掌握板卡类故障诊断和排除方法，了解计算机启动的过程。

知识准备

板卡类主要指显卡、声卡和网卡等，这些部件的故障可以归为一类。由于网卡在前面任务中有所讲授，此处不再细讲，下面介绍一下由驱动引起的故障。

实例 1：已经安装了 Windows 自带的驱动程序，声卡无声。

分析：原因很多，先检查连接是否正确，是否设置为静音，驱动是否使用厂家提供的等。

解决：有源音箱输入接在声卡的 Speaker 输出端。对于有源音箱，应接在声卡的 Line out 端。连接没有错误的话，单击屏幕右下角的声音小图标（小喇叭），出现音量调节滑块，下方有“静音”选项，单击前边的复选框，清除框内的对号，即可正常发音。在安装声卡驱动程序时，要选择“厂家提供的驱动程序”，而不要选择“Windows 默认的驱动程序”，如果用“添加新硬件”的方式安装，则要选择“从磁盘安装”而不要从列表框中选择。

总结：独立硬件安装方式三者大体相同。不同点是显卡安装的插槽和网卡和声卡的插槽不同。要注意，由于机箱制造精度不够高，声卡外挡板制造或安装不良导致声卡不能与主板扩展槽紧密结合，目视可见板卡上“金手指”与扩展槽簧片有错位，这种现象在 ISA 卡或 PCI 卡上都有，属于常见故障，一般可用钳子校正。有的计算机中有双显卡和双声卡，需先检查连接的那一块卡，将显示器信号线接到了主板集成的显卡接头上，这样会导致开机无显示，将音箱接在主板集成的声卡接头上导致无声。在 Windows XP 中有默认安装的驱动，大部分可以使用，但最好使用厂家提供的板卡驱动。声卡和显卡的驱动安装是有区别的，当在已有集成声卡的基础上再安装独立声卡时，往往要在 BIOS 中把集成声卡屏蔽掉。在已有集成网卡的基础上再安装独立网卡时，两块网卡都可以使用，即可做成双网卡。在已有集成显卡的基础上再安装独立显卡时，有的主板能够自动屏蔽，即发现独立设备后自动禁用集成显卡。

有的故障是显卡、声卡独有的，下面分别来看一下。

实例 2：声卡故障，无法正常录音。

分析：应该是声卡设置的原因。

解决：首先检查麦克风是否错插到其他插孔中了，其次，双击小喇叭图标，选择菜单上的“属性→录音”选项，看看各项设置是否正确。接下来在“控制面板→多媒体→设备”中调整“混合器设备”和“线路输入设备”，把它们设为“使用”状态。如果“多媒体→

音频”中“录音”选项是灰色的，可以试着在“添加新硬件→系统设备”中添加“ISA Plug and Play bus”，或重新安装驱动。

总结：还有无法播放 Midi 音乐等问题，也是设置问题。如今流行的 PCI 声卡大多采用波表合成技术，如果 MIDI 部分不能放音则很可能因为没有加载适当的波表音色库或者 Windows XP 音量控制中的 MIDI 通道被设置成了静音模式。

实例 3：显卡故障，每次启动都无法进入 Windows 2000，光标停留在屏幕左上角闪动，但安全模式可以进入。

分析：初步判断为显卡故障。

解决：进入安全模式把显示分辨率设为 640×480，颜色设为 16 色，重启计算机，能以正常模式进入，但只要改动一下分辨率或颜色，则机器就不能正常启动，查看计算机内部，除用户自行安装的一块网卡外，没有其他配置了。初步推断是网卡与显卡发生了冲突，拔掉网卡，能正常启动 Windows 2000，给网卡换个插槽，开机检测到新硬件，加载完驱动，启动正常。

总结：这是硬件冲突造成的，也曾有类似的故障，但其原因不是硬件冲突，解决的方法也是进入安全模式把显示分辨率设为 640×480，颜色设为 16 色，重启计算机，能以正常模式进入；但只要改动一下分辨率或颜色，则机器就不能正常启动；有时能启动，但会出现花屏现象。判断是内存有问题，但换内存后故障依旧，而将该计算机接入其他显示器，启动正常，这时虽然症状相同但却要用不同的方法解决。

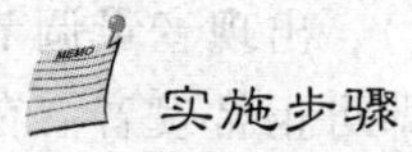

实施步骤

1. 工具准备

采用分组形式，每组有带故障的声卡、显卡（一般机房内不使用独立显卡和声卡，有条件的可以准备）部件或计算机一台、十字螺丝刀、静电环（或其他放掉自身静电的工具）、尖嘴钳子。

2. 实训过程

(1) 释放自身静电。

(2) 观察有故障部件板卡，并安装到计算机内部。

(3) 常见的几个实例。

实例 4：有独立显卡的计算机，连续使用很长时间，突然黑屏。

分析：判断为电源或显卡故障。

解决：拆开机箱启动计算机，发现主板指示灯亮，因此电源故障排除。主板上电容没有出现异常，但从机箱一侧查看时发现显卡上有一电容裂开，换上备用的独立显卡后，计算机启动正常。

总结：又是电容的问题。

实例 5：播放 CD 无声。

分析：如果播放 MP3 有声音，应该能够排除声卡毛病，最大的可能就是没有连接好 CD 音频线。

解决：普通的 CD-ROM 上都能够间接地播放 CD，通过 CD-ROM 附送的 4 芯线和声卡连接，线的一头与 CD-ROM 上的 ANALOG 音频输出相连，另一头和集成声卡的 CD-IN 相连，CD-IN 一般在集成声卡芯片的周围能够找到，需要注意的是音频线有大小头之分，必须用适当的音频线与之配合使用。

总结：不提倡长时间使用光驱播放 MP3，但是该故障出现时也要能够排除。

3. 实训作业

实训完毕后，完成实训报告。

知识拓展

计算机的启动是一个复杂而又完善的硬件自检过程，对排除故障很有帮助，采用Award BIOS 是计算机的主要启动步骤。

1. 电源稳定供电后，进入系统 BIOS

当按下电源开关时，电源就开始向主板和其他设备供电，此时电压还不太稳定，主板上的控制芯片组会向 CPU 发出并保持一个 RESET（重置）信号，让 CPU 内部自动恢复到初始状态，但 CPU 在此刻不会马上执行指令。当芯片组检测到电源已经开始稳定供电了（从不稳定到稳定的过程只是一瞬间的事情），便撤去 RESET 信号（如果是手工按 Reset 按钮来重启计算机，那么松开该按钮时芯片组就会撤去 RESET 信号），CPU 马上就从地址 FFFF0H 处开始执行指令。从前面的介绍可知，这个地址实际上在系统 BIOS 的地址范围内，无论是 Award BIOS 还是 AMI BIOS，放在这里的只是一条跳转指令，用于跳到系统 BIOS 中真正的启动代码处。

2. 进行 POST（Power On Self Test）加电自检

系统 BIOS 的启动代码首先要做的事情就是进行 POST（Power-On Self Test，加电后自检），POST 的主要任务是检测系统中一些关键设备是否存在和能否正常工作，如内存和显卡等设备。由于 POST 是最早进行的检测过程，此时显卡还没有初始化，如果系统 BIOS 在进行 POST 的过程中发现了一些致命错误，例如没有找到内存或者内存有问题（此时只会检查 640KB 常规内存），那么系统 BIOS 就会直接控制扬声器发声来报告错误，声音的长短和次数代表了错误的类型。在正常情况下，POST 过程进行得非常快，我们几乎无法感觉到它的存在，POST 结束之后就会调用其他代码来进行更完整的硬件检测。

3. 执行显卡和其他设备的 BIOS

接下来系统 BIOS 将查找显卡的 BIOS，存放显卡 BIOS 的 ROM 芯片的起始地址通常设在 C0000H 处，系统 BIOS 在这个地方找到显卡 BIOS 之后就调用它的初始化代码，由显卡 BIOS 来初始化显卡。此时大多数显卡都会在屏幕上显示出一些初始化信息，介绍生产厂商、图形芯片类型等内容，这个画面几乎是一闪而过。接着系统 BIOS 会查找其他设备的 BIOS 程序，找到之后同样要调用这些 BIOS 内部的初始化代码来初始化相关的设备。

4. 显示出 BIOS 的启动画面

查找完所有其他设备的 BIOS 之后，系统 BIOS 将显示出它自己的启动画面，其中包括系统 BIOS 的类型、序列号和版本号等内容。

5. 检测 CPU 和内存

系统 BIOS 将检测和显示 CPU 的类型和工作频率，然后开始测试所有的 RAM，并同时在屏幕上显示内存测试的进度。我们可以在 CMOS 设置中自行设置使用简单、耗时少或者详细、耗时多的测试方式。

6. 检测系统的标准硬件设备

内存测试通过之后，系统 BIOS 将开始检测系统中安装的一些标准硬件设备，包括硬盘、CD-ROM、串口、并口和软驱等设备。另外绝大多数较新版本的系统 BIOS 在这一过程中还要自动检测和设置内存的定时参数、硬盘参数和访问模式等。

7. 检测和配置系统中的即插即用设备

标准设备检测完毕后，系统 BIOS 内部的支持即插即用代码将开始检测和配置系统中安装的即插即用设备。每找到一个设备之后，系统 BIOS 都会在屏幕上显示出设备的名称和型号等信息，同时为该设备分配中断、DMA 通道和 I/O 端口等资源。

8. 显示系统配置列表

到这一步所有硬件都已经检测配置完毕了。此时多数系统 BIOS 会重新清屏并在屏幕上方显示出一个表格，其中概略地列出了系统中安装的各种标准硬件设备，以及它们使用的资源和一些相关工作参数。

9. 系统 BIOS 更新 ESCD

接下来系统 BIOS 将更新 ESCD（Extended System Configuration Data，扩展系统配置数据），ESCD 是系统 BIOS 用来与操作系统交换硬件配置信息的一种手段，这些数据被存放在 CMOS（一小块特殊的 RAM，由主板上的电池来供电）之中。通常 ESCD 数据只在系统硬件配置发生改变后才会更新，所以不是每次启动机器时都能够看到“Update ESCD... Success”这样的信息的。不过，某些主板的系统 BIOS 在保存 ESCD 数据时使用了与 Windows 不相同的数据格式，于是 Windows 在其启动过程中会把 ESCD 数据修改成自己的格式。但在下一次启动机器时，即使硬件配置没有发生改变，系统 BIOS 也会把 ESCD 的数据格式改回来。如此循环，将会导致在每次启动机器时，系统 BIOS 都要更新一遍 ESCD，这就是为什么有些机器在每次启动时都会显示出相关信息的原因。

10. 根据用户指定的启动顺序从启动盘引导操作系统

ESCD 更新完毕后，系统 BIOS 的启动代码将进行它的最后一项工作，即根据用户指定的启动顺序从软盘、硬盘或光驱启动。以从 C 盘启动为例，系统 BIOS 将读取并执行硬盘上的主引导记录，主引导记录接着从分区表中找到第一个活动分区，然后读取并执行这个活动分区的分区引导记录，而分区引导记录将负责读取并执行 IO. SYS（这是 DOS 和 Windows 9x 最基本的系统文件）。Windows 9x 的 IO. SYS 首先要初始化一些重要的系统数据，然后显示出我们熟悉的蓝天白云画面，而 Windows 将继续进行 DOS 部分和 GUI（图形用户界面）部分的引导和初始化工作。

如果系统之中安装有引导多种操作系统的系统软件，通常主引导记录将被替换成该软件的引导代码，这些代码将允许用户选择一种操作系统，然后读取并执行该操作系统的基本引导代码（DOS和Windows的基本引导代码就是分区引导记录）。上面介绍的便是计算机在打开电源开关（或按Reset键）进行冷启动时所要完成的各种初始化工作。如果在DOS下按“Ctrl + Alt + Del”组合键（或从Windows中选择重新启动计算机）来进行热启动，那么POST过程将被跳过去，直接从“执行显卡和其他设备的BIOS”开始，另外“检测CPU和内存”也不会再进行。因此无论是冷启动还是热启动，系统BIOS都一次又一次地重复进行着这些我们平时并不太注意的事情，然而正是这些单调的硬件检测步骤为正常使用电脑奠定了基础。

任务23 其他部件类维护与故障诊断

任务描述

掌握显示器、键盘、鼠标等设备保养方法；掌握显示器、键盘和鼠标等设备故障诊断和排除方法。

知识准备

1. 显示器的维护及保养

显示器是人机交互的主要工具，也是计算机中使用寿命最长的部件，下面分别来讲CRT显示器和液晶显示器保养问题。

CRT显示器的维护及保养。

（1）防高温。显像管是显示器中散热最多的部件，高温会大大缩短显示器的寿命，而其他元器件也会随之加速老化。

（2）防潮。湿度对显示器寿命的影响非常大，长时间不用的显示器要定期通电工作一段时间，以将机内的潮气驱除。

（3）防强光。强光的照射下，机身容易老化变黄，显像管荧光粉也会加速老化，降低发光效率，使显示器的寿命大大缩短。

（4）防尘。由于CRT显示器内的高压（10 ~ 30kV）极易吸引空气中的尘埃粒子，因此显示器内部的印刷电路板会吸附很多灰尘，从而影响电子元器件的散热。建议平时使用时应把显示器放置在干净、清洁的环境中。

（5）防磁。CRT显示器长期暴露在磁场中可能会被磁化或损坏，因此平时使用时应把显示器放在远离其他电磁场的环境，并定期使用显示器上的消磁按钮进行消磁。

液晶显示器的保养。

（1）尽量避免长时间显示同一张画面。

和CRT显示器一样，液晶显示器也会因为长时间的工作而引起内部的老化或烧坏，尤其是长时间内显示同一张画面。如果长时间地连续显示一种固定的内容，就有可能导致某一些像素过热，进而造成内部烧坏，产生坏点，这种损坏是不可逆的，且不能修复。

(2) 尽量使用推荐的最佳分辨率。

这一点和CRT不相同，是由于液晶显示器的显示原理与CRT显示器不一样，它采用的是一种直接的像素一一对应显示方式。

(3) 保持使用环境的干燥，远离一些化学药品。

其实在使用任何电器时都要注意这一点。

(4) 正确地清洁显示屏表面。

如果发现显示屏表面有污迹，可用沾有少许水的软布轻轻地将其擦去。注意：不要将水直接洒到显示屏表面上，水进入LCD将导致屏幕短路。

(5) 避免冲击。

LCD屏幕十分脆弱，因此要避免强烈的冲击和振动。另外，LCD中含有很多玻璃的和灵敏的电气元件，掉落到地板上或者受到其他类似的强烈打击会导致LCD屏幕，以及其他一些单元的损坏。注意：不要对LCD显示表面施加压力。

(6) 请勿私自动手。

有一个规则就是：永远也不要拆卸LCD。因为即使在关闭了很长时间以后，背景照明组件中的CFL换流器依旧可能带有大约1000V的高压，这种高压能够导致严重的人身伤害，所以永远也不要企图拆卸或者更改LCD显示屏，以免遭遇高压。未经许可的维修和变更会导致显示屏暂时甚至永久不能工作。

2. 键盘的保养

键盘和鼠标一样，是整台计算机中最便宜的部件，但这并不是说键盘就不具备仔细维护和保养的价值了。一个键盘如果使用得当，保养得比较好，能用几年，相反有的甚至连一个月都用不了。

(1) 装卸键盘时，应该切断电源。

(2) 定期对键盘除尘，操作时可用干净的湿布擦拭，灰尘可用吸尘器吸净或用压缩空气吹去，必要时可将按键键帽拔出。注意不要让水流入键盘。

(3) 注意保持键盘表面的清洁。

(4) 键盘操作时不要用力过大。打字和玩游戏时，由于过度兴奋，击键的力度明显过大，这样很容易造成键盘按键的失灵。

3. 鼠标的保养

经过一段时间的使用，鼠标的表面和内部都不可避免地受到灰尘的侵袭，这将严重影响到键盘、鼠标的正常工作。相对于键盘，鼠标的清理就要简单一些了。按照结构可以将鼠标分成机械式和光电式。两者清理的方法并不相同，对于机械式鼠标，在使用了一段时间后，橡胶球带入的黏性灰尘附着在传动轴上，会造成滚轴传动不均甚至被卡住，以致灵敏度降低，控制起来不会像刚买时那样方便灵活，这时就需要对鼠标进行清理了。只需要将鼠标翻过来，打开底盖，取出橡胶球，用沾有无水酒精的棉球清洗橡胶球和滚轴，晾干后重新装好，就可以恢复正常了。而光电式鼠标由于没有机械鼠标那样的传动装置，所以内部不会集污垢。在使用光电鼠标时，要特别注意保持感光板的清洁和感光状态良好，尤其是鼠标垫底清洁，避免污垢附着在发光二极管或光敏三极管上，遮挡光线的接收。如果内部进入一些灰尘，千万不要用有机清洁剂进行擦拭，可以找一个皮鼓对着光头吹气，这样可以清除大部分灰尘，鼠标就可以正常使用了。鼠标在使用中有一些需要注意的问题，比如说工作环境，负重程度等，都会影响鼠标的寿命，所以养成一个良好的使用习惯，是延长鼠标寿命的好办法。

（1）远离不良环境。

虽然鼠标对外界环境有一定的适应能力，但还是要尽量为它们提供一个良好的工作环境。

（2）防尘。

灰尘导致鼠标出现故障的现象已经屡见不鲜了，一旦有过多的灰尘遮挡住了“光头”，那么鼠标的移动精度就会大幅度下降。

（3）使用鼠标垫。

有不少廉价的或者自己打造的电脑桌的反光程度和平滑度不符合要求，平滑度不够，那么鼠标移动起来也会很麻烦，鼠标“滑垫”（鼠标的底部一般有2~4个耐磨滑动垫）因长时间的使用，导致磨损或被人为破坏，会导致高度偏离正常位置。

（4）常见移动故障。

光电、无线鼠标常见故障有不能控制、光标移动不平滑、电池耗电量高等。不能控制一般是由鼠标在非平面上使用造成的，比如说腿上等凹凸不平的地方；当移动不平滑时，一般是因为有强光照射，建议在相对正常的可见光下使用；耗电量高，一般是电路方面的问题，不过电池的质量也是一个重要的问题。

4. 实例

实例1：找不到鼠标。

分析：鼠标的故障分析与维修比较简单，大部分故障为接口或按键接触不良、断线、机械定位系统脏污，少数故障为鼠标内部元器件或电路虚焊，这主要存在于某些劣质产品中，以发光二极管、IC电路损坏居多。

解决：鼠标彻底损坏，需要更换新鼠标。鼠标与主机连接串口或PS/2口接触不良，仔细接好线后，重新启动即可。主板上的串口或PS/2口损坏，这种情况很少见，如果是这种情况，只好去更换一个主板或使用多功能卡上的串口。

鼠标线路接触不良，这种情况是最常见的。接触不良的点多在鼠标内部的电线与电路板的连接处，故障只要不是发生在PS/2接头处，一般维修起来不难。通常是由于线路比较短，或比较杂乱而导致鼠标线被用力拉扯的原因，解决方法是将鼠标打开，再使用电烙铁将焊点焊好。还有一种情况就是鼠标线内部接触不良，是由于使用时间长造成老化引起的，这种故障通常难以查找，更换鼠标是最快的解决方法。

总结：不正确的拖拉鼠标，导致鼠标电缆线引出端有断线。拆开鼠标，将电缆排线插头从电路板上拔下，按线芯的颜色与插针的对应关系做好标记后，把线芯按断线的位置剪去5~6cm，如果手头有孔形插针和压线器，就能够照原样压线，否则只能采用焊接的方法，将芯线焊在孔形插针的尾部。键盘也会出现该类故障，维修方法相同。

实例2：鼠标按键失灵。

分析：第一种情况鼠标按键无动作，这可能是由于鼠标按键和电路板上的微动开关距离太远，或点击开关经过一段时间的使用反弹能力下降；第二种情况是鼠标按键无法正常弹起，这可能是由于按键下方微动开关中的碗形接触片断裂引起的，尤其是塑料簧片长期使用后容易断裂。

解决：第一种情况要拆开鼠标，在鼠标按键的下面粘上一块厚度适中的塑料片，厚度要根据实际需要确定，处理完毕后即可使用。第二种情况要焊下微动开关，重新焊接一个新微动开关。

总结：有的部件如果有可替代的，也可以进行维修，有的发光二极管坏掉，也是使用焊接的方式进行维修的。

实例3：CRT显示器的屏幕上出现大面积的偏红或偏蓝现象。

分析：CRT显示器的工作分辨率高达1280×1024时，易受到外界的磁场干扰，引起偏色。

解决：如果显示器的磁化程度比较轻，可通过OSD控制菜单的消磁，使用消磁枪来消磁。如果以上方法无效，则可能是显示器内部的消磁电阻损坏，需要专业人员开机进行检测。

总结：要注意显示器的使用环境。

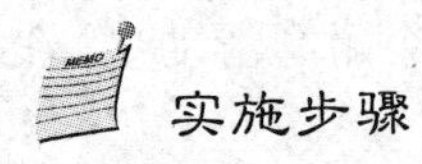

实施步骤

1. 工具准备

采用分组形式，每组有已不使用的键盘、鼠标、显示器等部件或计算机一台，软布、洗耳球、万用表、小十字螺丝刀、平口螺丝刀、烙铁和焊锡。

2. 实训过程

（1）断电，清理显示器外围灰尘。清洁外壳时先用软布浸湿，然后拧到不滴水后再擦外壳，擦拭完外壳后，可用洗耳球来清洁散热孔中的灰尘。

（2）清洗键盘。

首先是拆键帽，所需的工具是平口螺丝刀一把。用螺丝刀在键盘帽的侧面轻轻一撬，键盘帽很容易掉下来了，接着对键盘帽进行彻底的清洗，将键盘里面擦干净。清洗键盘帽相当容易，方式跟洗衣服差不多，将所有的键盘帽放进桶、脸盆等容器里，用洗衣粉或者其他清洁剂清洗，然后用清水将它们彻底洗干净。而键盘里面就相对比较烦琐，可以用废弃的牙刷把灰尘等各种杂物彻底扫干净，再用拧干水的湿毛巾用力擦几遍，为了防止里面有水分，键盘复原后能继续服役，务必要将键盘帽、键盘晾干。最后就是键盘的复原，这就相对比较容易了，将键盘帽按照原来的位置一一装上，这一步骤主要考验对键位的熟悉程度。

（3）实例。

实例4：故障现象为开机无反应，打开机箱，主板指示灯亮，显卡、声卡、网卡集成。在维修前曾有多次开机才有反应的情况。

分析：初步判断为开关故障。

解决：拔下POWER SW开关，使用螺丝刀短接POWER插针，计算机可以启动，如果有类似的开关可以更换上就可以了。拆下计算机机箱前面的面板，拆的时候要仔细观察，小心操作。找到POWER SW开关后，从一捆开关线中仔细抽出POWER SW线，如果有类似的开关更换上就可以了。如果没有，可以把RESET SW连线接到POWER插针上，使用复位键开机或使用RESET SW连线替换POWER SW连线。

总结：机房中计算机使用频繁，有的人用力较大等原因，导致开关无反应。有时候RESET SW开关也会出现故障，故障现象是计算机反复启动。解决的方法是把RESET SW连线拔下来不用，或者更换一个类似的 RESET SW 连线开关。有的品牌机也出现此类故障，由于它的连线是集成在一起形成一个插座的，因此维修不便。如果是 RESET SW 连线开关故障，可以剪断 RESET SW 连线开关的一根线形成断路，如果是 POWER SW 连线开关故障，就只能更换开关了。

实例5：故障现象，某计算机更换鼠标后第三天，选定内容时，单击后才能确定下来。

分析：鼠标设置问题。

解决：平时不注意，很容易到使用的软件中去找故障原因，其实在鼠标的设置中有此项，如图5-4所示，单击勾选复选框“启用单击锁定”即可。

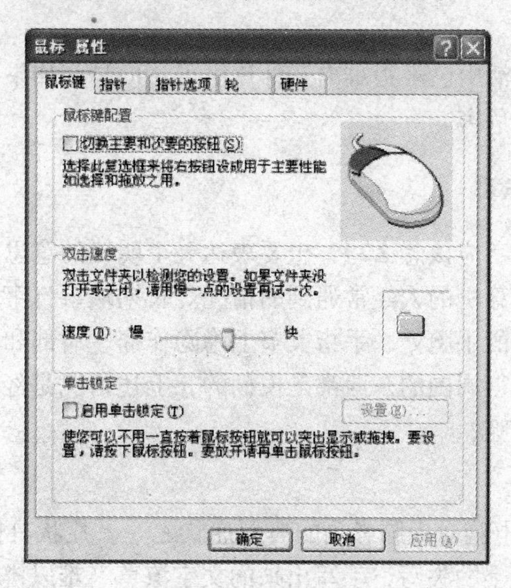

图5-4　鼠标属性

总结：键盘和鼠标都会出现该类故障，很多情况是练习了相关设置，而没有改回。若在很多应用软件中都出现类似该类故障时，可以到键盘属性或鼠标属性中检查一下相关设置。

实例6：鼠标线从PS插头处断，要换根线，怎样更换?

分析：关键是把鼠标线和对应的针脚弄清楚。

解决：对应的关系如图5-5所示，针脚名称对照表5-1所示。要更换的鼠标线可能与使用的鼠标线颜色不一致，要根据针脚的对应关系来确定，找好对应关系，使用焊接的方法进行换线。高档鼠标的主板上有的标着各线的简称。

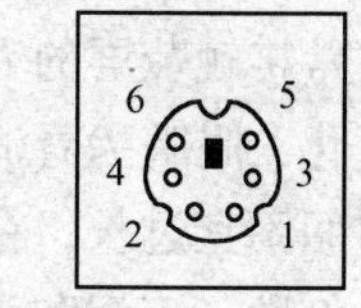

图5-5　鼠标针脚

表5-1　针脚名称对照表

针　脚	简　称	名　称
1	n/c	Not connected
2	DATA	Key Data
3	VCC	Power +5VDC
4	GND	Gnd
5	n/c	Not connected
6	CLK	Clock

总结：线断的情况比较少，针脚歪的情况是常见故障，可以使用锥子或类似的工具来小心扶正。如果在扶正时用力较大，就可能把针脚折断，则就需要更换鼠标线了。

(4) 练习鼠标、键盘（废弃的）线的焊接。

(5) 使用万用表测量鼠标线和鼠标插针对应关系。

3. 实训作业

实训完毕后，完成实训报告。

 知识拓展

我们在日常工作和生活中已经很难离开计算机了，但是，如果不合理地使用计算机，就会对我们的身心健康造成危害。

1. 对人体各部位的危害

拿起笔却不记得某个字应该怎么写，想要表达一个明确的意思但是写出来的内容却完全不对，这些是长期使用计算机的人经常遇到的情况。长期从事打字工作或计算机制图的办公人员可能会常常觉得自己的手腕处、手指关节上隐隐作痛，肩部和肘部有明显的酸痛感，眼睛长期盯着屏幕以后，觉得周围的东西都是模糊的，上述情况是经常碰到的“电脑病”，这些现象后面的原因是什么呢？

1）对人脑的影响

“电脑失写症”就是电脑对人脑影响的典型症状之一。症状具体表现为对手写汉字的暂时性失忆，对大量常用汉字的失写，手写出来的文字潦草、难以辨认，用错别字、网络语言或网络符号代替一般的文字等。一般只要稍微改变一下工作和生活习惯，就能对“电脑失写症”起到很好的防治效果。

2）对眼睛的危害

常接触荧屏的人，由于长时间双眼紧盯荧屏，荧光屏上各视力点间的亮度和视距频繁闪烁变化，眼睛为看清荧屏文字、图形等信息内容，必须紧张地进行自我调节。每次使用电脑的时间不宜过长，在使用一段时间后应该做眼保健操或远眺来保护视力，否则易出现眼睛干涩、红肿、流泪和头晕等状况。

要想减少电脑对眼睛的危害应该从5个方面来注意：

(1) 注意中间休息，避免长时间连续操作电脑。通常连续操作1小时，休息15～30分钟，休息时可以看远处或做眼保健操。

(2) 保持良好的工作姿势。保持一个最适当的姿势，使双眼平视或轻度向下注视荧光屏，这样可使颈部肌肉轻松，并使眼球暴露于空气中的面积减小到最低。

(3) 保持适当的工作距离。眼睛和电脑荧光屏的距离要保持在60cm以上。

(4) 创造并保持良好的工作条件。周围环境的光线要柔和，电脑荧光屏的亮度要适当，清晰度要好。电脑显示器背后至少应有一米的空间，且工作环境色彩应柔和，让电脑使用者的视线可以离开屏幕休息。显示器屏幕位置应在平视视线以下10°～20°之间，且距离在60cm以上。显示器应定期检查，并选择设计科学的显示器。桌椅的高度要和电脑的高度匹配。

（5）出现眼疾及时就医。一旦出现眼睛干涩、发红、有灼热或有异物感、眼皮沉重、看东西模糊，甚至出现眼球胀痛或头痛，休息后仍无明显好转，需及时到医院就诊。

除了这些，最重要的还是要将显示器的刷新率调到合适的频率，以有效地降低因电脑显示器刷新率过低对人眼造成的伤害。

3）对耳朵的危害

戴着耳机玩电脑游戏时，音频都集中在小小耳塞机的振动片上，耳膜接受的音频效应比扬声器放音时集中，且伴随着音乐的起伏，精神始终处于比较紧张的状态。如果使用的耳机品质不高，那么在佩戴时会感到不适，长期佩戴还可能导致耳朵发炎、耳聋等症状。

4）对呼吸系统的危害

电脑、激光打印机、传真机和复印机等办公设备所释放的臭氧气体会危害人的呼吸系统。激光打印机、复印机等输出设备工作时，由于高压静电场作用而产生大量的二甲基亚硝胺等有机废气，充斥在我们的周围，这些有机气体都是致病、致畸、致癌的物质，除了保持办公环境的通风，同时应将打印机、复印机等放在靠近窗户的地方，让有害气体散发出去。

5）对肌肉、骨骼的危害

长时间坐在电脑前打字或玩游戏以后，颈、肩、手腕部都会感觉不舒服，长期处于强迫姿势，必然会导致肌肉骨骼系统的疾患。其中，操作计算机时所累及的主要部位有腰、颈、肩和肘部等。

（1）腰部损伤。

由于专业计算机操作者经常长时间保持一种固定姿势进行工作，这样便会导致操作者的腰部损伤，主要表现为腰部酸痛，严重者可发生腰肌劳损和椎间盘突出。

（2）颈部损伤。

操作者在进行操作时，颈部一般也处于一种前倾姿势，长期处于这种姿势，会导致颈部软组织的劳损和椎间盘的损伤，这些症状统称为颈椎病。

（3）肩部损伤。

由于敲击键盘时，上臂通常处于前伸状态，从而导致肩部疼痛，这个症状常与颈部症状共存，因此称为肩颈综合症。

（4）肘部损伤。

当敲击键盘时，由于键盘高于操作台，腕部常处于上翘状态，可引起操作者的肘部症状，表现为手腕背屈时疼痛加剧，常称为网球肘。

（5）对手腕的危害。

长期使用键盘打字，会导致食指中指疼痛、麻木和拇指肌肉无力感，这种病症已迅速成为一种日渐普遍的现代文明病。

6）电脑可能传播传染病

病毒会通过手与手或手与污染物的接触而广泛传播，所以无论是家庭中的电脑键盘，还是办公室、网吧的电脑键盘，其污染状况都不容忽视。

7）对皮肤的危害

电脑在开机状态产生的静电对皮肤的杀伤力很大，要想保持好的皮肤需要注意如下几点：

（1）保证荧光屏清洁，每天开机前，用干净的细绒布把荧光屏擦一遍，减少上面的灰尘。

（2）“静电吸尘”原理会让你的脸很脏。工作完毕之后，一定要洗脸、洗手。

（3）经常喝绿茶，绿茶中的茶多酚具有很强的抗氧化作用。

2. 电脑躁狂症

其症状是对电脑莫名其妙地大动肝火，破口大骂，进而“拳打脚踢”，把鼠标和键盘乱砸乱扔等，要避免出现电脑狂暴症，需要有效地控制使用电脑的时间。

3. 网络性心理障碍

网络性心理障碍是指患者往往没有一定的理由，无节制地花费大量时间和精力在因特网上持续聊天、浏览，以致影响生活质量，降低工作效率，损害身体健康，并出现各种行为异常、人格障碍、交感神经功能部分失调等。

4. 网络成瘾症

近几年随着因特网的飞速发展，上网成瘾的青少年逐渐增多，多数学者称之为“病理性网瘾”，已引起世界各国科学家和心理学家的高度重视。

知识归纳

（1）电源维护与故障诊断。根据产生的原因将计算机故障分为硬件故障和软件故障。故障的诊断规则为先静后动、先外后内、先软后硬、先电源后负载、先共性后局部。计算机故障常见的检测方法有清洁法、直接观察法、拔插法、交换法、比较法、震动敲击法、升温降温法、程序测试法和测量法等。计算机产生的影响环境的因素主要有温度、湿度、灰尘、静电、电磁干扰及电源的稳定性。引起电源风扇转动不畅发出噪声的原因及排除方法，以及常见的电源故障诊断或排除。

（2）主板维护与故障诊断，主板保养维护，主板常见故障诊断，系统黑屏故障的排除。

（3）硬盘类维护与故障诊断，硬盘的保养，光盘的保养，光驱的保养，常见的硬盘故障实例，硬盘坏道的检测。

（4）板卡类维护与故障诊断，常见故障诊断和排除。计算机启动过程对排除故障很有帮助。

（5）其他部件类维护与故障诊断；显示器的维护及保养；键盘的保养；鼠标的保养；常见的故障诊断和排除。

达标检测

一、填空题

1. 计算机的故障多种多样，有的故障无法严格进行分类，不过一般可以根据故障产生的原因将计算机故障分为________和________。

2. 计算机的设备驱动程序安装不当造成设备运行不正常，是属于________故障。

3. ________就是关机将插件板逐块拔出，每拔出一块就开机观察机器运行状态来检测故障。

4. 如果________，不仅会造成磁盘驱动器运行不稳定而引起读写错误，而且会影响显示器和打印机等外部设备的正常工作。

5. UPS电源品种很多，一般所指的UPS电源大都为静态变换式，它可分为后备式、________、________、________3大类。

6. 光驱维修中，调整激光头功率：在________的侧面有1个像十字螺钉的小电位器。

7. 系统提示“TRACK 0 BAD”是指________。

8. 计算机启动过程中________通过之后，系统BIOS将开始检测系统中安装的一些标准硬件设备，包括硬盘、CD-ROM、串口、并口、软驱等设备。

9. RT显示器的屏幕上出现大面积的偏红、偏蓝现象是________。

10. 如果显示器的磁化程度比较轻，可通过________的消磁，使用消磁枪来消磁。

二、实训题

1. 有Ghost XP SP3快速装机专业版v9.0的Windows XP安装盘一张，用Ghost把映像文件还原到硬盘后，启动后发现只有一个C区，没有其他分区，怎样才能找到其他分区？

2. 进不了系统，典型表现为开机自检通过，在启动画面处停止或显示“The disk is error”等有英文提示现象，怎样解决？

3. 在一台计算机中混插不同频率、不同品牌的DDR内存，观察计算机启动、运行软件的变化。

4. 搜集硬盘的常见故障，进行分类整理。

5. 搜集显示器的常见故障，常见液晶显示器的坏点判断方法，进行分类整理。

第6章 计算机性能测试

任务24 计算机硬件单项性能测试

任务描述

熟悉硬件检测工具软件，能使用各硬件检测工具软件获取相应硬件信息。

知识准备

购买计算机配件后，为确保购买的配件真实、质量可靠，可利用一些工具软件进行检测，下面学习一些常见的专项测试软件。

1. CPU测试软件CPUSpy 1.043

授权方式：共享版

软件类别：汉化补丁/系统测试

应用平台：Windows 2003/Windows XP/Windows 2000/Windows NT/Windows 9x/Windows ME

软件语言：英文

软件大小：48KB

CPUSpy 1.043是一款CPU测试工具软件，可以查询CPU的型号、缓存细节、处理器特性、设计速度和处理器名称，还可测量当前CPU运行速度等。

运行后主界面如图6-1所示，可以看到CPU Processor、Freq和Code Name等主要项目，还可以查看Flagd A、Flags B、L1 Cache、L2 + L3 Cache、Database、OS、Drives和Settings/Help等项目。

2. 内存检测MemTest 3.8汉化版

授权方式：免费软件

软件类别：汉化软件/系统测试

应用平台：Windows 9x/Windows NT/Windows 2000/Windows XP/Windows 2003

软件语言：简体中文

软件大小：934KB

MemTest是一款内存检测工具软件，不但可以彻底检测出内存的稳定度，还可测试存储容量与检索资料的能力，让你了解目前计算机上正在使用的内存是否可靠。运行后界面如图

6-2 所示。超过 1GB 容量时，可以分成两个窗口来测试。单击“开始检测”按钮即可开始运行。建议使其检测时间长一点，最好超过 20 分钟。

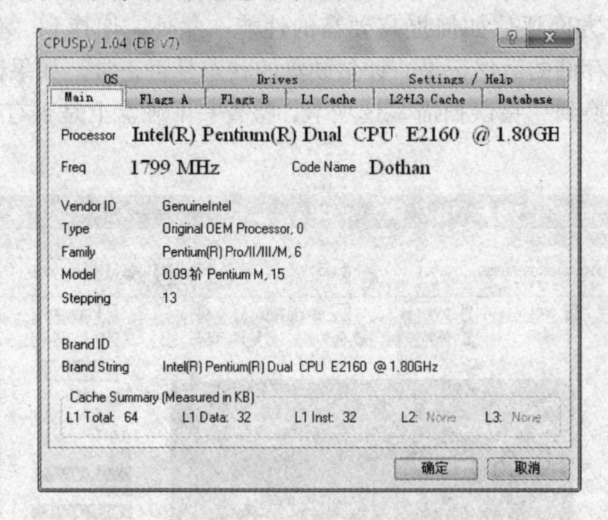

图 6-1　CPUSpy1. 04（DB v7）软件运行界面

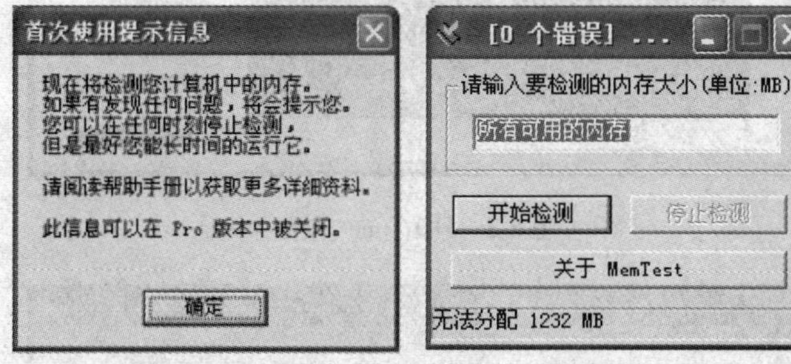

图 6-2　MemTest 软件运行界面

3. 硬盘检测 Tune 3. 50

授权方式：免费软件
软件类别：汉化软件/系统测试
应用平台：Windows NT/Windows XP/Windows 2003
软件语言：简体中文
软件大小：257. 12KB

HD Tune 是一款在国内非常流行的硬盘检测软件，和其他常用的硬盘检测软件一样，都有适合国内用户使用的汉化中文版本。该软件提供了安装版本和解压后即可使用的绿色版本，可以根据自己的喜爱来选择。下载并运行软件后，在软件的主界面上，首先是“基准检查”功能，直接单击右侧的“开始”按钮执行检测，如图 6-3 所示。软件将花费一段时间检测硬盘的传输、存取时间、CPU 占用率，让你直观判断硬盘的性能。如果系统中安装了多个硬盘，可以通过主界面上方的下拉菜单进行切换，包括移动硬盘在内的各种硬盘都能够被 HD Tune 支持。通过 HD Tune 的检测，可以了解硬盘的实际性能与标准值是否吻合，各种移动硬盘设备在实际使用中能够达到的最高速度。

如果希望进一步了解硬盘的信息，可以切换到“信息”选项卡，软件将提供系统中各硬盘的详细信息，如支持的功能与技术标准等，可以通过该选项卡了解硬盘是否能够支持更高的技术标准，从多方面评估如何提高硬盘的性能。此外，切换到“健康状态”选项卡，还可以查阅硬盘内部存储的运作记录，评估硬盘的状态是否正常。如果怀疑硬盘有可能存在不安全因素，可以切换到“错误扫描”选项卡，检查一下硬盘上是否有存取问题，如图 6-4 所示。

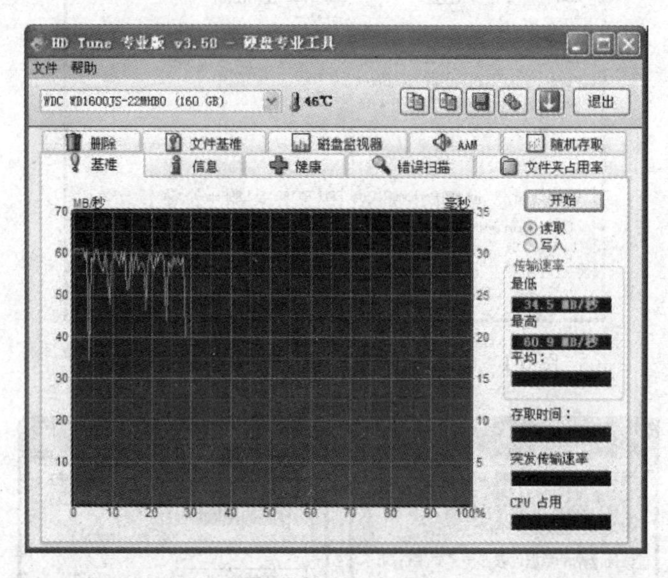

图 6-3 HD Tune 基准

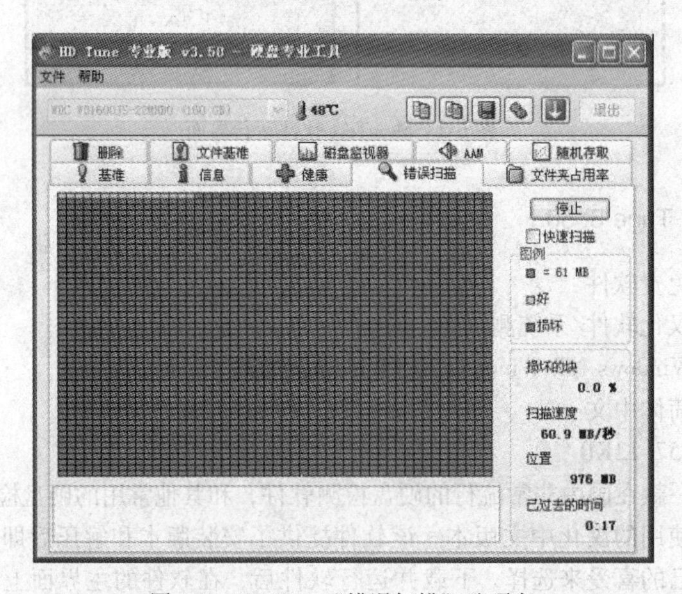

图 6-4 HD Tune“错误扫描”选项卡

4. 图形测试 3DMark 2006 1.1.0

授权方式：共享版

软件分类：系统程序/系统检测

应用平台：Windows XP/Windows 2003/ Windows 2000/ Windows 9x

软件语言：英文

软件大小：577.92MB

自 1998 年发布第一款 3DMark 图形测试软件至今，3DMark 已经逐渐成长为一款最为普及的 3D 图形卡性能基准测试软件，3DMark 的一系列版本以简单清晰的操作界面和公正、准确的 3D 图形测试流程赢得了越来越多人的喜爱。3DMark 06 主要使用最新一代游戏技术衡量 DirectX 9 级别的 3D 硬件。此前的 3DMark 都是随着新版 DirectX 和新一代硬件的发布而推出的，在一定程度上限制了 3DMark 对最新硬件性能的充分挖掘。现在，DirectX 9 已经发布 3 年，该级别的硬件已经遍布高、中、低各个领域，因此 3DMark 06 终于可以完全利用 DirectX 9 的特性。事实上，3DMark 06 所有测试都需要支持 SM3.0 的 DirectX 9 硬件，不过只支持 SM2.x 的硬件也可以运行大部分测试。运行后主界面如图 6-5 所示，单击“Run 3DMark”按钮即可进行相应的项目测试。

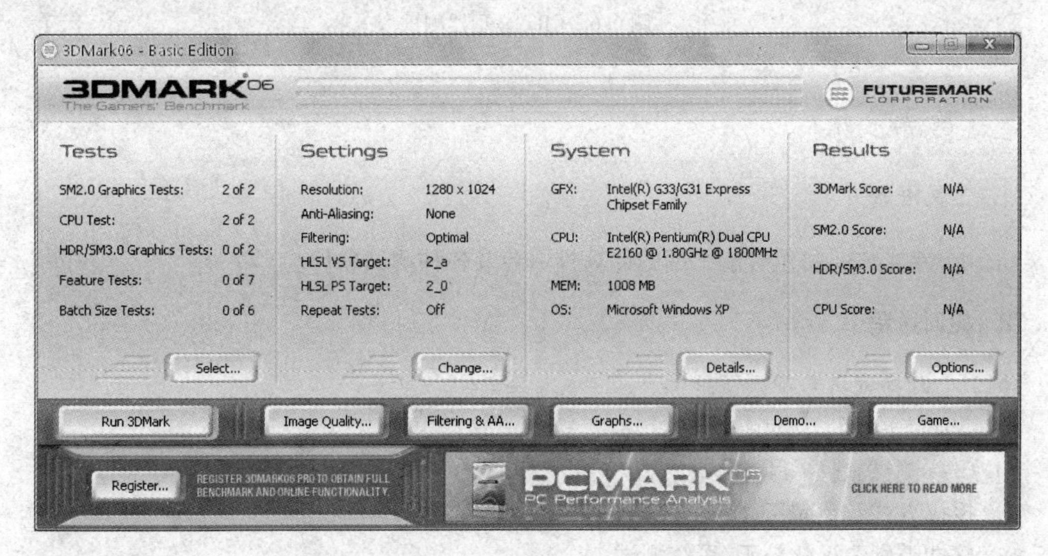

图 6-5　3DMark 06 Basic Edtion 软件运行界面

5. CRT 显示器检测 Nokia Monitor Test

授权方式：免费版

软件分类：系统程序/系统检测软件

应用平台：Windows XP/Windows 2003/ Windows 2000/ Windows 9x

软件语言：简体中文

软件大小：326KB

不少朋友买了 CRT 显示器就直接连接使用了，从未做过任何调试，也不知道自己的显示器是好是坏，现在可以用 Nokia Monitor Test 这个程序来测试并调整你的显示器。这是一款 Nokia 公司推出的显示器测试软件，其界面新颖、独特，功能齐全，能够对几何失真、四角聚焦、白平衡、色彩还原能力等进行测试。运行后的主界面如图 6-6 所示，可以分别用下面的各按钮进行相应的项目测试。第二行最后一个是“退出”按钮，单击它可以退出测试。

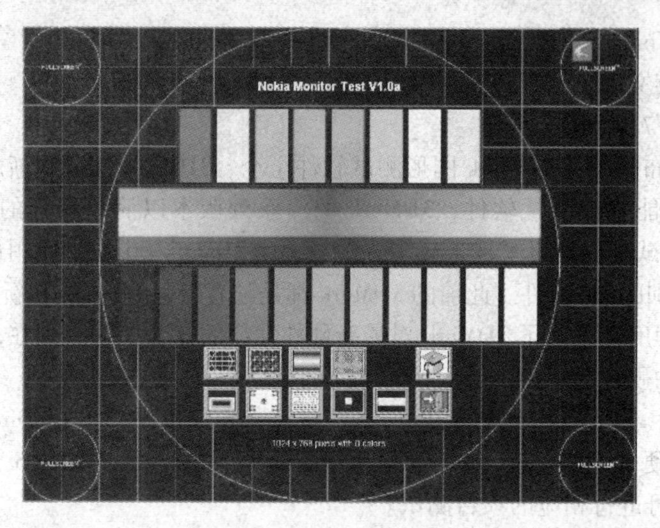

图 6-6　CRT 显示器测试

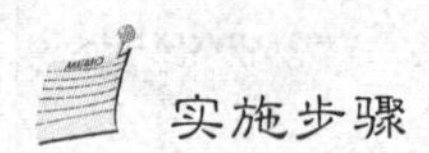
实施步骤

1. 工具准备

采用分组形式，每组有能上网的计算机一台及各种测试软件。

2. 实训过程

（1）上网搜索各专项测试软件。

（2）练习下面的几种测试软件

① CPU 测试软件 CPU-Z

授权方式：免费版

软件类别：汉化补丁/系统测试

应用平台：Windows 7/Windows XP/Windows 2000/Windows 2003/Windows Vista

软件语言：简体中文

软件大小：589KB

该软件可以提供全面的 CPU 相关信息报告，包括处理器的名称、厂商、时钟频率、核心电压、超频检测、CPU 所支持的多媒体指令集，并且还可以显示出关于 CPU 的 L1、L2 资料（大小、速度、技术），支持双处理器。目前的版本不仅可以检测 CPU 的信息，还可以检测包括主板、内存等信息。另外，新版本增加了对 AMD 64 处理器在 64 位 Windows 系统下的支持，以及对新处理器 Celeron M、Pentium 4 Prescott 的支持，还可以检测缓存、主板、内存、SPD、显卡等项目。运行后主界面如图 6-7 所示。

② 液晶显示器测试软件 Monitors Matter CheckScreen V1. 2

软件性质：免费

软件类别：国外软件/系统测试

软件语言：英文

应用平台：Windows 2003/Windows XP/Windows 2000

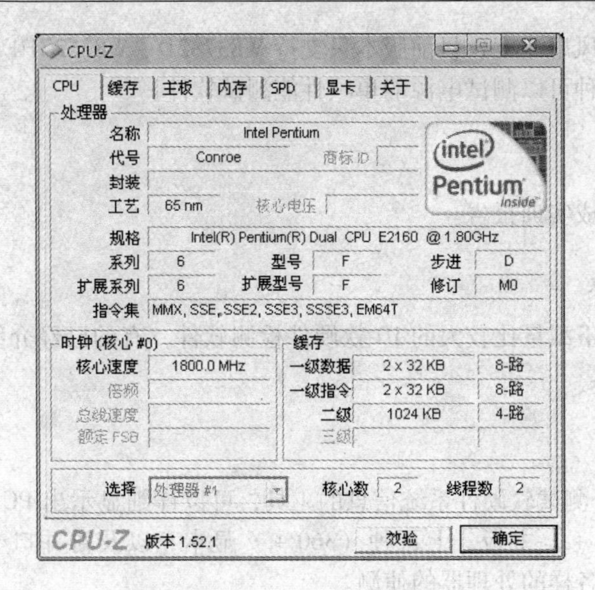

图 6-7　CPU-Z 主界面

这是一款非常专业的液晶显示器测试软件，可以很好地检测液晶显示器的色彩、响应时间、文字显示效果、有无坏点、视频杂讯的程度和调节复杂度等各项参数。

打开 Monitors Matter CheckScreen 程序后，切换到“LCD Display”选项卡，这里列出了相关测试项目。

- Colour：色阶测试，以 3 原色及高达 1670 万种的色阶画面来测试色彩的表现力。无色阶是最好的，但大多数液晶显示器均会有一些偏色，少数采用四灯管技术的品牌在这方面做得比较好，画面光亮、色彩纯正、鲜艳。
- Crosstalk：边缘锐利度测试，屏幕显示对比极强的黑白交错画面，可以借此来检查液晶显示器色彩边缘的锐利程度。由于液晶显示器采用像素点发光的方式来显示画面，因此不会存在 CRT 显示器的聚焦问题。
- Smearing：响应时间，测试画面是一个飞速运动的小方块，如果响应时间比较长，就能看到小方块运行轨迹上有很多同样的色块，这就是所谓的拖尾现象。如果响应时间比较短，看到的色块数量也会比较少，因此建议使用相机的自动连拍功能，将画面拍摄下来再慢慢观察。
- Pixel Check：坏点检测，坏点数不大于 3 的均属 A 级面板。
- Tracking：视频杂讯检测，由于液晶显示较 CRT 显示器具有更强的抗干扰能力，即使稍有杂讯，采用“自动调节”功能后就可以将画面大小、时钟、相位等参数调节到理想状态。

③ 硬件监控工具 SpeedFan 4. 39 final

授权方式：免费软件

软件类别：国外软件/系统测试

应用平台：Windows 9x/Windows NT/Windows 2000/Windows XP/Windows 2003

软件语言：英文

软件大小：1. 8MB

SpeedFan 是一个监视电脑风扇速度及温度的软件，能即时显示芯片温度，可以根据芯片温度来设定不同的风扇速度，目前版本只支持 W83782D、W83627HF 芯片。

（3）上网搜寻一种可以测试电源的单项性能测试软件。

3. 实训作业

实训完毕后，完成实训报告。

 知识拓展

下面列举网络上下载量比较大的 10 款硬件检测软件，有的已经介绍过，有的没有，供大家下载后做练习用。

1. EVEREST

EVEREST 是一个测试软硬件系统信息的工具，可以详细显示出 PC 每一个方面的信息。它支持上千种（3400 +）主板，上百种（360 +）显卡，以及对并口/串口/USB 这些 PNP 设备的检测和对各式各样的处理器的侦测。

2. Z 武器

Z 武器拥有专业而易用的硬件检测，不仅超级准确，而且能够提供中文厂商信息，让电脑配置一目了然。它适合于各种品牌台式机、笔记本电脑、DIY 兼容机，实时地对关键性部件监控、预警全面的电脑硬件信息，能有效预防硬件故障。

3. DisplayX

一个显示器的测试工具，可以帮助你评测显示器的显示能力，尤其适合 LCD 测试。

4. Asus PC Probe II/华硕主板探测器

ProbeII 是华硕根据自己的产品研发的主板探测器，可帮助用户了解 CPU 当前的温度、工作频率、散热风扇的转速、主板的各项电压等关键信息，并通过系统监控各关键发热元件的工作温度及运行状态，自行设定报警、强行关机等状态。最新发布的 PC Probe II 拥有全新的显示界面及更为强大的功能，不过目前仅支持 P5GL-MX、A8N-SLI 主板。

5. DownDig（叮当猫）配件检测工具箱

DownDig（叮当猫）配件检测工具箱集成了 18 款网上流行的硬件专用检测工具，能够对电脑主要配件如显卡、CPU、显示器、硬盘、内存等设备进行检测或识别，是装机必备工具集合，可以避免大家在装机或购买配件时买到水货，甚至伪劣产品。

6. 全能精灵

全能精灵是一款系统辅助软件，它提供了硬件检测、系统优化、系统清理、系统美化，IE 管理和进程管理 6 大功能模块及数个附加的工具软件。其硬件检测包括 CPU 信息、BIOS 信息、内存信息、显卡信息、声卡信息、键盘信息等。

7. SiSoftware Sandra

这是一套功能强大的系统分析评比工具，拥有超过 30 种以上的分析与测试模组，还有

CPU、Drives、CD-ROM/DVD、Memory 的 Benchmark 工具，可将分析结果报告列表存盘。

8. VSO Inspector

VSO Inspector 是出品 BlindWrite 的软件公司的一款免费软件，可以报告 DVD 光驱、刻录机的硬件信息及具体支持的读取、刻录等功能，还能检查光盘是否存在读取错误。

9. System Analyser

System Analyser 可以检测计算机，然后提供全面的硬件信息。其可以检测的信息包括 BIOS 版本、CPU 厂牌及速度、DOS 版本、Windows 版本、内存、显示卡和 AGP 等。

10. 硬件追捕

“硬件追捕”工具可以用来显示电脑里的各种硬件里的信息，包括主板、CPU、内存、键盘、鼠标、软盘、硬盘、光驱的全面检测。“硬件追捕”不通过 Windows 系统直接访问硬件，是防止奸商欺诈的最有力武器。

任务 25　系统优化和硬件综合性能测试

任务描述

掌握计算机性能优化方法，熟悉常见的硬件综合性能测试，并能获取相应的硬件信息。

知识准备

1. 性能优化

整机系统性能的优化可更加充分地利用硬件资源，提高系统的运行速度。系统性能的优化包括对操作系统的优化和对硬盘的优化。

1）Windows XP 系统的优化功能

（1）启动速度加速。

计算机初学者都爱试用各种软件，这些软件还会驻留在“启动”项目中，Windows 启动时就会为此浪费许多时间。要解决这个问题，其实很简单，选择“开始→运行”选项，在出现的对话框中输入“msconfig”，然后单击“确定”按钮，弹出“系统配置实用程序”对话框，如图 6-8 所示。在启动选项卡中将不需要加载启动的程序前面的对钩“√”去掉，并在 BOOT. INI 选项卡中，将“超时（T）”改为“5”或“0”，如图 6-9 所示。

（2）使用朴素界面。

Windows XP 安装后默认的界面在美观漂亮的同时将消耗不少系统资源，可采用下面的方法设置为朴素界面。

用鼠标右键在桌面空白处单击，在弹出的菜单中选择“属性”选项，弹出“显示属性”对话框，将“主题、外观”都设置为“Windows 经典”，如图 6-10 所示，并将桌面背景设置为“无”，单击“确定”按钮退出。

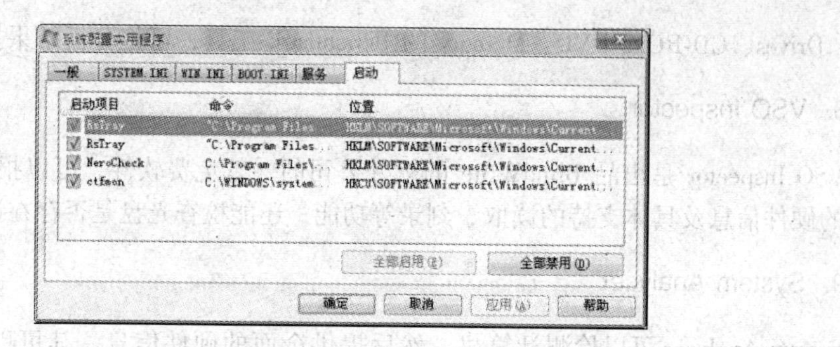

图 6-8 “系统配置实用程序”对话框

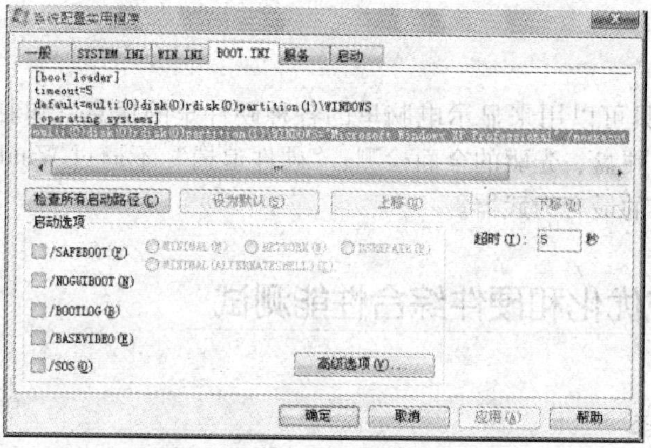

图 6-9 系统配置实用程序 BOOT. INI 项

（3）优化视觉效果。

用鼠标右键单击“我的电脑”图标，选择“属性”选项，弹出“系统属性”对话框，切换到“高级”选项卡下，单击性能“设置”按钮，弹出“性能选项”对话框，切换到“视觉效果”选项卡，在“自定义”列表中选择的效果越多则占用的系统资源越多，如图 6-11 所示，选择“调整为最佳性能”单选按钮将关闭列表中的视觉效果。

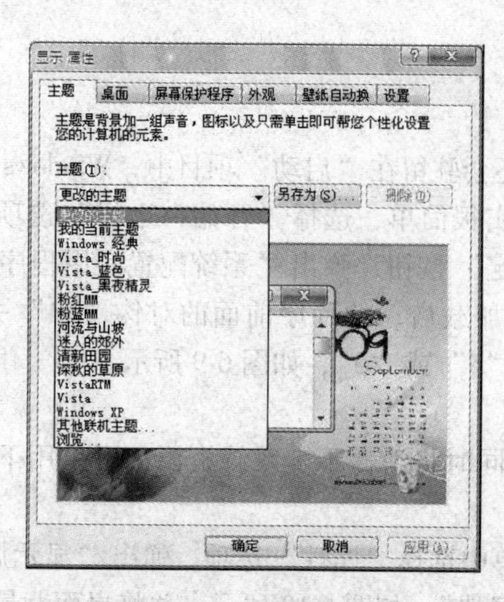

图 6-10 显示属性窗口

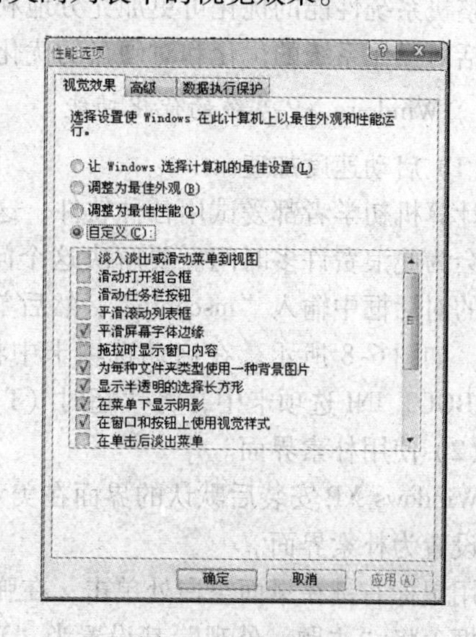

图 6-11 性能选项

(4) 增加虚拟内存。

用鼠标右键单击“我的电脑”图标，打开“系统属性”对话框，切换到“高级”选项卡，单击性能“设置”按钮，性能选项切换到“高级”选项卡下，将“处理器计划”及“内存使用”都调整为“程序”优化模式。单击“更改”按钮进入虚拟内存设置对话框，若大于256MB，建议禁用分页文件。

(5) 减少回收站空间。

操作系统默认的回收站最大空间是驱动器大小的10%，可以通过减少回收站空间以回收可利用的硬盘空间。用鼠标右键单击“回收站”图标，选择“属性”选项，在属性对话框中通过设置，将回收站最大空间的百分比降到2%~3%。

(6) 关闭不必要的还原分区和减少还原点。

操作系统默认的每个硬盘分区均启用系统还原，而每个分区还原点的存储量空间最大为该分区容量的12%，实际上除了系统盘外，其他分区启用还原的必要性不大，所以可以关闭某些分区的系统还原，同时减少开启系统还原的分区的还原点以增加存储空间。

用鼠标右键单击“我的电脑”图标，切换到“系统属性”对话框的“系统还原”选项卡下，选择驱动器，并单击“设置”按钮，在复选项“关闭这个驱动器上的系统还原”前打勾，单击“确定”按钮，该驱动器上的“系统还原”功能将被关闭。

2) 硬盘的优化

许多应用软件运行时都会产生临时文件，而且这些临时文件都会默认保存在启动分区C盘中，长时间频繁读写C盘极易产生大量的文件碎片，从而影响C盘性能。而C盘是储存系统启动核心文件的分区，C盘的性能会直接影响到系统的稳定性与运行效率，因此需要对其进行优化。

其优化方法是更改临时文件的储存路径，在IE主窗口中，依次选择“工具→Internet选项→常规”选项，打开“Internet临时文件”设置界面，单击“移动文件夹”按钮，将原来保存于C盘的临时目录移动到C盘以外的驱动器中；用鼠标右键单击“我的文档”图标选择“属性”选项，在属性设置项中可将“我的文档”默认的保存路径修改到其他驱动器；文件在刻录之前默认保存于C盘临时文件夹中，进入资源管理器，选择刻录机盘符并单击鼠标右键选择“属性”选项，在“录制”选项下可将此临时文件夹安置于其他驱动器中。

如果系统中存在过多的游戏、应用软件和旧资料等，会让计算机运行速度越来越慢，而且开机时间也会越来越长，因此，最好每隔一段时间，对计算机进行一次全面维护。选择“开始→程序→附件→系统工具→磁盘清理”选项，然后单击“确定”按钮，即可对计算机进行一次全面的维护。对于硬盘最好能定期做一次“磁盘碎片整理”，那样会明显加快程序启动速度，选择“开始→程序→附件→系统工具→磁盘碎片整理程序”即可对磁盘碎片进行整理。

2. 性能测试

通过一些常用的测试软件可完成整机性能的测试。

(1) 系统测试软件 SiSoftware Sandra Lite 2009. 1. 15. 124

授权方式：共享版

软件类别：国外软件/系统测试

应用平台：Windows XP/Windows Vista/Windows 7/Windows 2000/Windows 2003

软件语言：英文

软件大小：21 347KB

系统测试软件是硬件检查必不可少的工具，SiSoft Sandra 就是其中十分优秀的一款，除了可以提供详细的硬件信息外，还可以做产品的性能对比，提供性能改进建议，是一款功能强大的必备软件。其拥有超过 30 种以上的分析与测试模组，还有 CPU、Drives、CD-ROM/DVD、Memory 的 Benchmark 工具，可将分析结果报告列表存盘。

安装完毕后运行，主界面如图 6-12 所示，分别是工具栏、选项卡、主窗口，在 Home 选项卡中有 Program Maintenance 和 Computer Maintenance、Module Types 等项目。

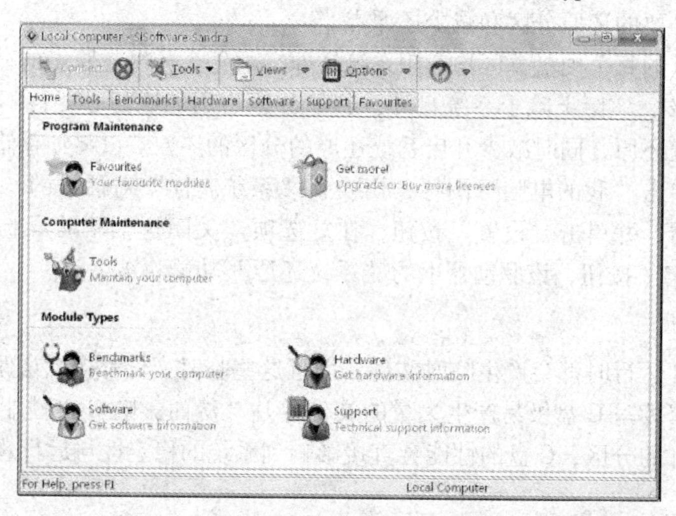

图 6-12　SiSoftware Sandra Homer 软件运行界面

下面来看一个实际操作，在 Tools 选项卡中，如图 6-13 所示，双击“Burn-in”选项，出现如图 6-14 所示的对话框，根据实际情况来设置，最后单击“完成”按钮。系统开始检测，经过耐心等待（不要再进行其他操作），就会出现如图 6-15 所示的结果。单击窗口下方状态栏中的“粘贴”按钮，可以把结果以文本的形式粘贴到需要的地方，如下面是截取的一部分信息。

SiSoftware Sandra

Display on Screen

Connection : Local Computer

Board Temperature : 42. 0°C (Min 42. 0°C; Avg 42. 0°C; Max 42. 0°C)

CPU Temperature : 44. 0°C (Min 44. 0°C; Avg 44. 0°C; Max 44. 0°C)

Auxiliary Temperature : 22. 0°C (Min 22. 0°C; Avg 22. 0°C; Max 22. 0°C)

CPU Fan : 3610rpm (Min 3610rpm; Avg 3610rpm; Max 3610rpm)

CPU DC Line : 1. 33V (Min 1. 33V; Avg 1. 33V; Max 1. 33V)

Aux DC Line : 1. 78V (Min 1. 78V; Avg 1. 78V; Max 1. 78V)

+3. 3V DC Line : 3. 39V (Min 3. 39V; Avg 3. 39V; Max 3. 39V)

+5V DC Line : 5. 08V (Min 5. 08V; Avg 5. 08V; Max 5. 08V)

+12V DC Line : 11. 86V (Min 11. 86V; Avg 11. 86V; Max 11. 86V)

Standby DC Line：4.95V（Min 4.95V；Avg 4.95V；Max 4.95V）

Battery DC Line：3.18V（Min 3.18V；Avg 3.18V；Max 3.18V）

Run 1 executing...

Processor Arithmetic：Started on 2009 年 9 月 2 日 星期三 at 16：47：51...

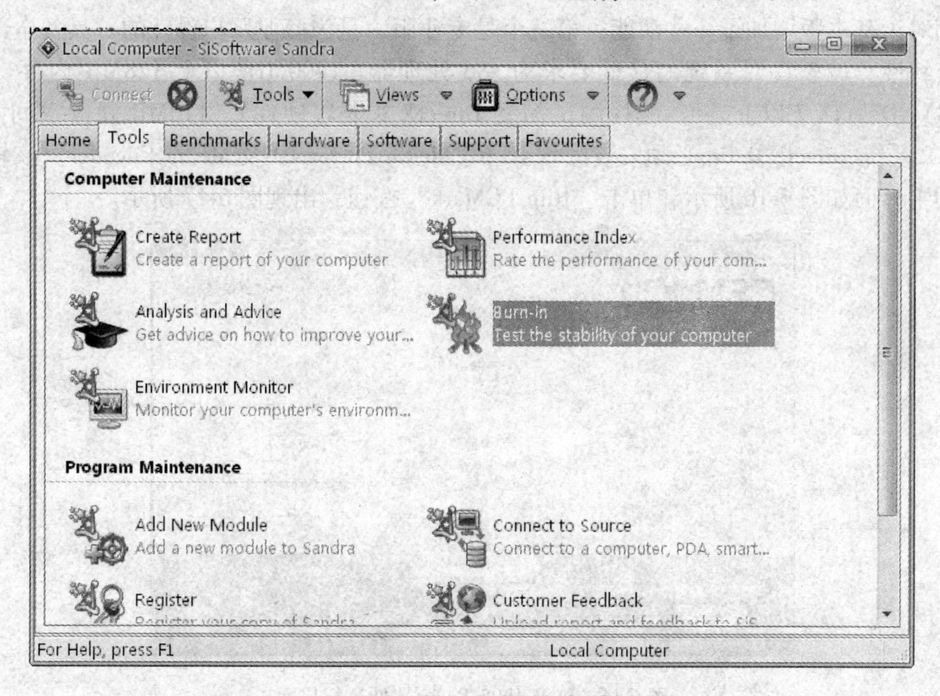

图 6-13　SiSoftware Sandra Burn-in 软件运行界面

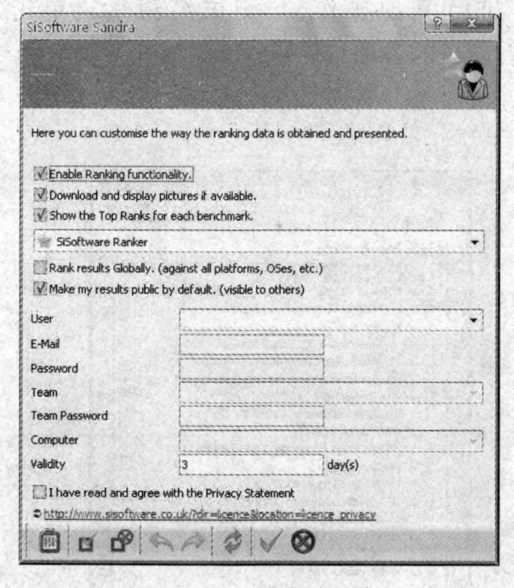

图 6-14　SiSoftware Sandra Burn-in 设置

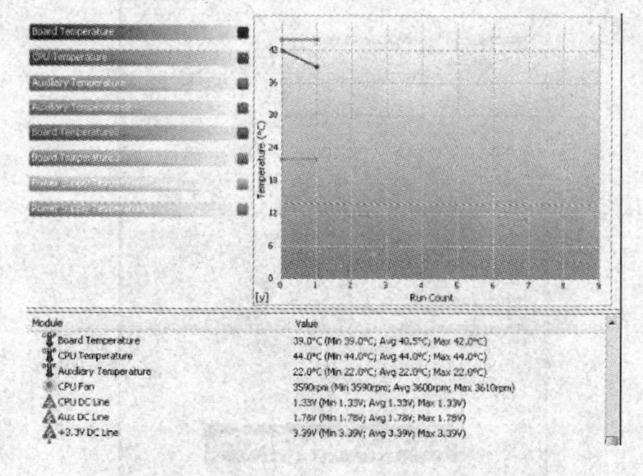

图 6-15　SiSoftware Sandra Burn-in 结果

（2）整机综合性能测试软件　PCMark05 Basic V1.1.0

授权方式：免费软件

软件类别：国外软件/系统测试

应用平台：Windows 9x/Windows NT/Windows 2000/Windows XP/Windows 2003

软件语言：英文

软件大小：75.12MB

PCMark05 Basic V1.1.0 是测试整机综合性能的软件，最新版是 PCMark05，它有三个版本，一个是基本版，是免费软件，但只有有限的功能；另一个是高级版，是为家庭用户设计的，相对于基本版增加了一些功能；第三个是专业版，是为商业用户设计的，具备全部功能及所有特性。该软件对系统的最低要求为 x86 处理器、1400MHz 以上 128MB 内存（推荐 256MB）、DirectX 7 以上显卡（3D 测试需要 DirectX 9 兼容硬件）、110MB 硬盘空间、Windows XP 系统 DirectX 9.0c 必须安装微软 IE 6、Media Player 10 及 Media Encoder。该软件运行后的主界面如图 6-16 所示，单击“Run PCMark”按钮，出现图 6-17 所示。

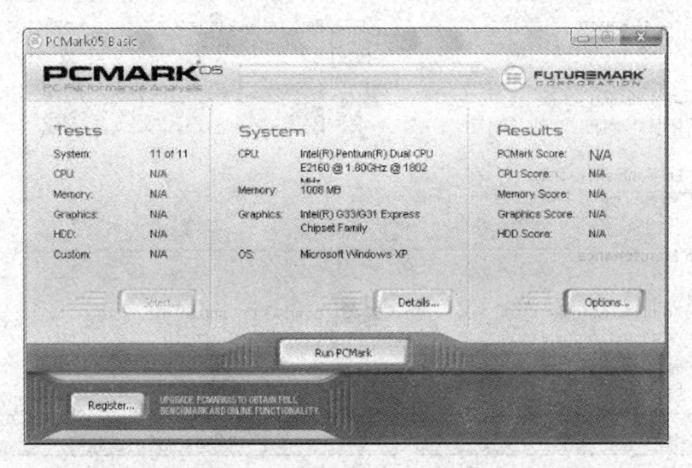

图 6-16 PCMark05 Basic 软件运行界面

根据设置的情况，依次进行测试（不要再进行其他操作）。测试结束后，单击“Details”按钮出现如图 6-18 所示的界面，可以查看测试的各项结果。

图 6-17 PCMark05 Basic 测试中

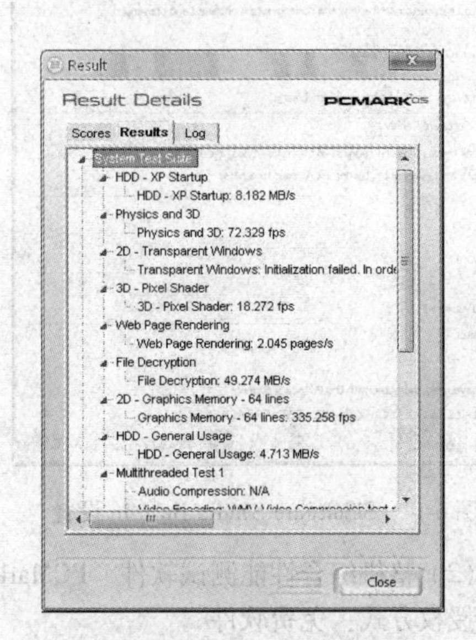

图 6-18 PCMark05 Basic 结果

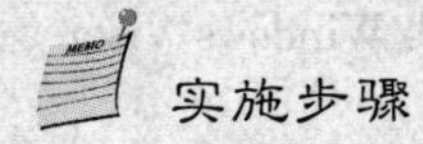
实施步骤

1. 工具准备

采用分组形式，每组有计算机一台，测试的软件准备好。

2. 实训过程

(1) 能上网的计算机，可以上网下载各种测试软件。

(2) 学习常见的两种测试软件

① 系统信息测试　EVEREST Home Edition Beta 2. 20. 475 汉化版

授权方式：免费版

软件类别：汉化补丁/系统测试

应用平台：Windows 9x/Windows Me/Windows NT/Windows 2000/Windows XP/Windows 2003

软件语言：简体中文

软件大小：4 246KB

EVEREST（原名 AIDA32）是一个测试软硬件系统信息的工具，它可以详细显示出 PC 每一个方面的信息，支持上千种（3400 +）主板，上百种（360 +）显卡，以及对并口/串口/USB 这些 PNP 设备的检测和对各式各样的处理器的侦测。新版中增加了可以查看远程系统信息和管理的功能，可将结果导出为 HTML、XML 格式，主界面参见第 4 章的图 4-35。要求学生完成教师指定的测试项目。

② 3D WinBench 2000 1. 1

授权方式：共享版

软件类别：系统测试

应用平台：Windows 9x/Windows Me/Windows NT/Windows 2000/Windows XP/Windows 2003

软件语言：英文

文件大小：84 741KB

如果你是 3D 游戏的玩家，千万不要错过这一套可以分析、测试、并回应报告电脑 3D 表现效果的诊断工具，包括图片品质、贴图速度等重要的参考数据，可以让你看到搭配新一代处理器的效果，其中的 Demo 演示更是精彩绝伦，精彩程度不在任何游戏之下。运行后主界面如图 6-19 所示。要求学生完成教师指定的测试项目。

3. 实训作业

实训完毕后，完成实训报告。

知识拓展

硬件检测软件：鲁大师（原 Z 武器）2. 38 Build 9. 828

软件性质：免费软件

软件类别：国产软件/系统增强

应用平台：Windows NT/Windows 2000/ Windows XP/ Windows 2003/Windows Vista

软件语言：简体中文

软件大小：3.47MB

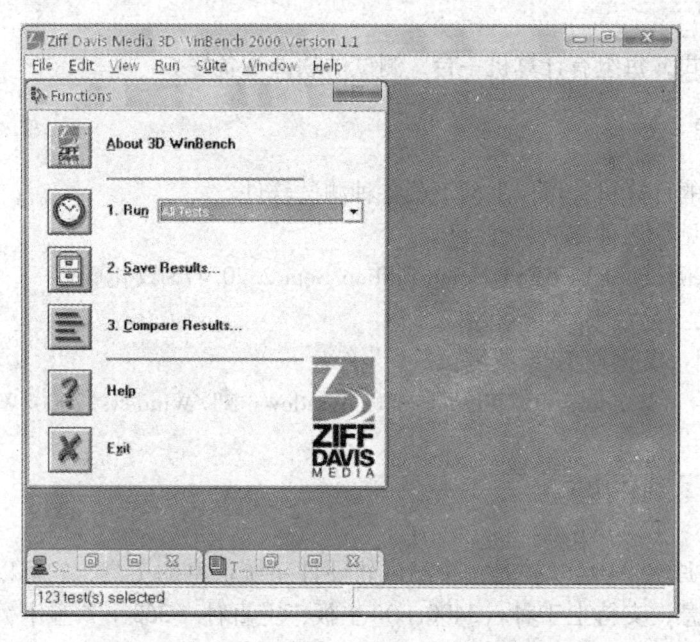

图 6-19 3D WinBench 2000 1.1 软件运行界面

鲁大师拥有专业而易用的硬件检测，不仅超级准确，而且能够提供中文厂商信息，让电脑配置一目了然。它适合于各种品牌台式机、笔记本电脑、DIY 兼容机，实时的关键性部件监控预警，全面的电脑硬件信息，有效预防硬件故障，让电脑免受困扰。鲁大师能够帮你快速升级补丁，安全修复漏洞，系统一键优化、一键清理、驱动更新，更有硬件温度监测等能带给你更稳定的电脑应用体验。运行后主界面如图 6-20 所示，在“首页”项目中有专业的硬件检测、漏洞扫描和修复、清理自己的系统，还可以看到 CPU、硬盘、主板温度等信息。

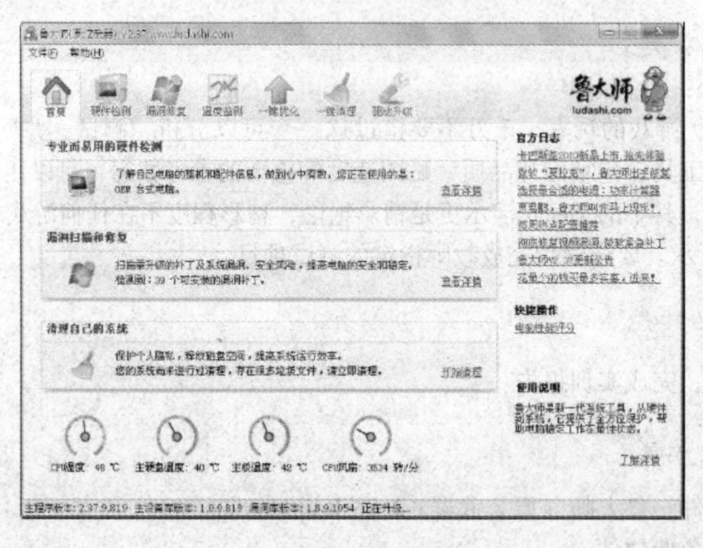

图 6-20 鲁大师（原 Z 武器）首页

在“硬件检测”项目中，可以查看硬件信息，如图 6-21 所示。在“漏洞修复”项目中可以修复漏洞；在“电脑监测”项目中可以实时监测电脑运行中的情况；在“一键优化”项目中可以优化系统。“一键清理”是鲁大师新增的功能模块，可以让电脑运行得更清爽，更快捷，更安全。

图 6-21　鲁大师（原 Z 武器）硬件检测

如图 6-22 所示为一键清理正在对电脑进行扫描。在一键清理进行扫描的同时，其右下角会提示有多少个可清理对象。待一键清理完成扫描后，单击“清理”按钮即可清除系统垃圾。该软件的扫描对象包括网络临时文件、系统历史痕迹或临时文件、应用程序历史记录、注册表等。

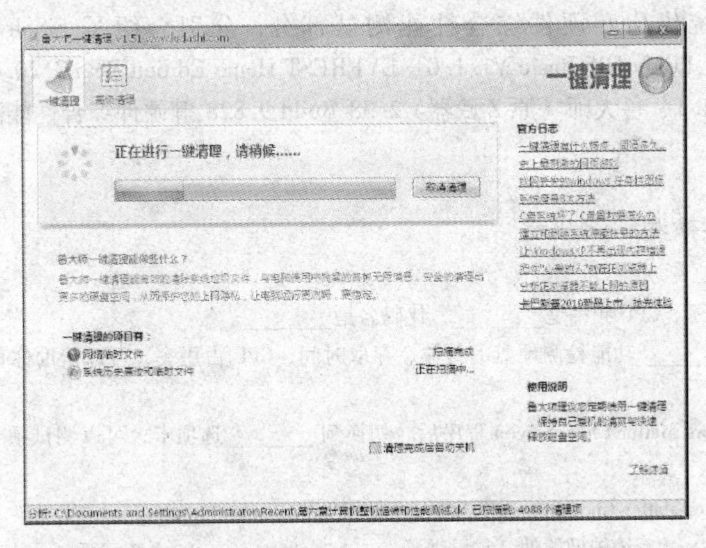

图 6-22　鲁大师（原 Z 武器）一键清理

还可以使用高级清理功能，如图 6-23 所示，对项目进行有选择的清理。另外，单击“推荐”按钮，会把推荐的项目选定。

图6-23 鲁大师（原Z武器）高级清理

清理间隔需根据用户的具体使用情况而定。建议养成良好的使用电脑的习惯，在每天关闭电脑前，对电脑进行一次清理。

知识归纳

（1）在计算机硬件单项性能测试部分，分别介绍了 CPUSpy 1. 043、MemTest 3. 8 汉化版、HDTune 3. 50、3DMark 2006 1. 1. 0、CRT 显示器检测 Nokia Monitor Test、CPU-Z、液晶显示器测试 Monitors Matter CheckScreen V1. 2、SpeedFan 4. 39 final 等单项性能测试软件的功能和简单操作。

（2）在系统优化和硬件综合性能测试部分，分别介绍了 SiSoftware Sandra Lite 2009. 1. 15. 124、PCMark05 Basic V1. 1. 0、EVEREST Home Edition Beta 2. 20. 475 汉化版、3D WinBench 2000 1. 1、鲁大师（原Z武器）2. 38 Build 9. 828 等硬件综合性能测试工具软件的功能。

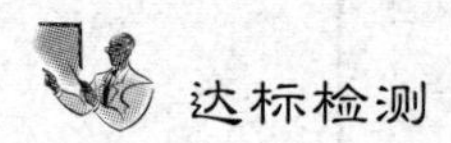

达标检测

一、填空题

1. 如图6-1所示，CPU频率是________，代码名是________。

2. HD Tune ________功能检测硬盘的传输、存取时间、CPU占用率，可以帮助你直观地判断硬盘的性能。

3. 打开 Monitors Matter CheckScreen 程序后，切换到________选项卡，可以测试项目 Colour（色阶测试）。

4. 打开 Monitors Matter CheckScreen 程序后，项目 Pixel Check：________。

5. 全能精灵是一款系统辅助软件，它提供了________、________、系统清理、系统美化、IE管理和进程管理6大功能模块。

6. 系统性能的优化包括对________和________优化。

7. 在“运行”对话框的“打开”文本框中选中输入________，然后单击“确定”按钮，就可以调出“系统配置实用程序”对话框。

8. 要增加虚拟内存，右击“我的电脑→系统属性→高级→________→高级”。

9. SiSoftware Sandra Lite 软件运行后，在 Home 选项卡中有________和 Computer Maintenance、Module Types 等项目。

10. PCMark05 有 3 个版本，一个是基本版，是免费软件，但只有有限的功能；另一个是高级版，是为家庭用户设计的，相对于基本版增加了一些功能；第三个是________，是为商业用户设计的，具备全部功能以及所有特性。

二、实训题

1. 使用一款测试 CPU 的软件（自选），查明 CPU 的名称、代号、工艺、规格并记录下来。

2. 使用一款测试硬盘的软件（自选），查明硬盘的名称、容量、转速、接口形式并记录下来。

3. 使用一款测试硬盘的软件（自选），查明硬盘的坏道并记录下来。

4. 使用一款综合测试的软件（自选），查明声卡、网卡、显卡、内存的各项技术指标。